普通高等院校"十三五"规划教材

房屋建筑学课程设计指南

（含施工图）

陈晓霞　吴双双　主编

中国建材工业出版社

图书在版编目（CIP）数据

房屋建筑学课程设计指南：含施工图 / 陈晓霞，吴双双主编. —北京：中国建材工业出版社，2018.11(2022.8 重印)
ISBN 978-7-5160-2405-8

Ⅰ. ①房…　Ⅱ. ①陈… ②吴…　Ⅲ. ①房屋建筑学-课程设计-高等学校-教学参考资料　Ⅳ. ①TU22

中国版本图书馆 CIP 数据核字（2018）第 204259 号

内 容 提 要

本书根据最新的建筑类规范及相关技术标准编写而成。全书介绍了与房屋建筑学课程设计相关的建筑结构基本知识、建筑制图知识及常见建筑工程单体设计，并配有成套的建筑施工图图纸供读者参考。

本书通俗易懂、图表丰富、资料翔实，可供土木工程专业及相关专业高等院校师生学习参考，也可作为建筑工程设计人员、施工人员及施工管理人员的参考用书。

房屋建筑学课程设计指南(含施工图)
陈晓霞　吴双双　主编

出版发行：中国建材工业出版社
地　　址：北京市海淀区三里河路 11 号
邮　　编：100831
经　　销：全国各地新华书店
印　　刷：北京雁林吉兆印刷有限公司
开　　本：787mm×1092mm　　1/16
印　　张：19.75
字　　数：480 千字
版　　次：2018 年 11 月第 1 版
印　　次：2022 年 8 月第 4 次
定　　价：**59.80 元**

编 委 会

主　编：陈晓霞　吴双双

副主编：申志灵　李　敏　曹　鸽

参　编：张艺霞　冯　超　姚学磊

前　言

　　土木工程专业是实践性很强的工科专业之一，其实践性环节包括课程设计、实验实习、毕业设计等，课程设计掌握的好坏直接影响学生毕业设计的质量。通过课程设计，学生可将学到的专业知识、规范图集与项目工程实际有机地结合起来，学以致用。

　　本书根据《高等学校土木工程本科指导性专业规范》、教育部"卓越工程师教育培养计划"及现行设计规范、有关政策法规与技术标准编写而成。

　　本书分为上、下两篇共 12 章。上篇为建筑结构基本知识，包括概述、建筑制图的一般规定、建筑详图的规定、建筑设计基本知识、建筑结构基本知识、建筑文件编制深度和建筑节能设计；下篇为建筑单体设计，包括住宅楼设计、办公楼设计、学生宿舍楼设计、普通旅馆设计和教学楼设计。附录中包括课程设计任务书、常用规范及标准目录。

　　本书具体分工如下：郑州科技学院李敏编写第 1 章、第 10 章；安阳工学院冯超编写第 2 章；安阳工学院申志灵编写第 3 章 3.1 节、3.2 节，第 12 章 12.1 节、12.2 节；商丘工学院曹鸽编写第 3 章 3.3 节、3.4 节、3.5 节和第 11 章；哈尔滨理工大学吴双双编写第 4 章和第 9 章；安阳工学院陈晓霞编写第 5 章、第 7 章、附录 1、附录 2；安阳工学院张艺霞编写第 6 章和第 8 章 8.1 节、8.2 节；河南智博建筑设计有限公司姚学磊编写第 8 章 8.3 节和第 12 章 12.3 节。本书由陈晓霞、吴双双主编并统稿。

　　在编写过程中参阅了最新的建筑结构规范及国内外同行的著作，并得到了有关业内人士的大力支持，在此表示衷心的感谢。

　　由于编者水平有限，书中疏漏或不妥之处在所难免，恳请广大读者批评指正！

编　者

2018 年 7 月

目 录

上篇 建筑结构基本知识

下篇 建筑单体设计

上篇　建筑结构基本知识

第1章 概　述

1.1　建筑工程设计阶段

　　建筑工程施工图设计一般由设计单位完成，而设计单位要获得某项建设工程的设计权，除了本身具有与该项工程等级相匹配的设计资质外，还需通过设计投标后中标来得到设计资格。当接受建设方委托，签订相关设计合同后，设计单位需要经过一定的设计阶段，在有关部门的监督下，来完成该项建筑工程的设计任务。设计阶段一般分为方案阶段、初步设计阶段和施工图设计三个阶段。一些小型和技术简单的工程项目，可只有方案阶段和施工图设计阶段两个阶段；一些技术复杂的工程项目，还需在初步设计阶段和施工图设计阶段中间增加技术设计阶段。

1.1.1　方案设计阶段

　　方案设计是提出设计方案，即根据设计任务书的要求和收集到的必要基础资料，结合基地环境，综合考虑技术经济条件和建筑艺术的要求，对建筑总体布置、空间组合进行可能与合理的安排，提出两个或多个方案供建设单位选择。

　　1. 熟悉设计任务书

　　设计任务书是上级主管部门批准的供设计单位进行设计的依据性文件，一般包括以下内容：拟建项目类型、用途、规模及一般说明；建设基地大小、形状、地形，周边原有建筑、道路、城市规划要求、地形图；供水、供电、供暖、空调等设备方面要求，并附有水源、电源等工程管网的接用许可文件；建设项目组成，单项工程的房间组成、面积分配和使用用途、要求；建设项目投资及单方造价，土建设备及室外工程的投资分配；设计期限及项目建设进度计划安排要求等。

　　2. 收集设计基础资料

　　（1）气象资料，包含所在地区的气温、日照、降雨量、积雪深度、风向、风速及土壤冻结深度等。

　　（2）地质资料，包括地形、水文、标高、土壤种类及承载力、地下水位及地震烈度等。

　　（3）设备管线资料，包括基地地下的给排水、供热、燃气、电缆等管线布置及基地地上的架空供电线路等。

　　（4）国家和所在地区有关本建设项目的定额指标。

　　（5）已建成的同类型建筑资料。

　　3. 实地调查

　　实地调查包括建设单位的使用要求，建设地段的现场勘查，当地建筑材料及构配件的供应情况和施工技术条件，当地生活习惯、民俗、文化传统以及建筑风格等。

1.1.2　初步设计阶段

初步设计阶段是根据任务书要求及已有资料数据，综合分析建设项目功能、技术、经济、美观、绿色等多方面因素，提出最优设计方案。初步设计内容一般包含设计总说明、设计图纸、主要设备材料表和工程概算书。

1. 设计说明书

设计说明书主要包含设计指导思想和设计意图、方案特点；建设项目概况；设计主要依据；建筑材料和装修做法；主要技术经济指标以及结构设备等说明。

2. 设计图纸

（1）建筑总平面图，表示出建筑用地范围、已有建筑和拟建建筑的位置示意、拟建建筑层数、周围道路和绿化、建筑交通布置、技术经济指标。

（2）建筑平面图，表示建筑平面布置情况，含使用部分位置、尺寸，交通部分位置、数量和尺寸，执行建筑防火通风采光要求的设计。

（3）建筑立面图，表示建筑高度布置情况，含建筑总高、层高、门窗高、装修做法，以及与平面图的一致性。

（4）建筑剖面图，表示建筑剖切内部构造，含墙体门窗、梁板布置、建筑内部尺寸等。

（5）工程概算书，包含建筑物投资估算、主要材料用量及单位消耗量。

（6）大型建筑在必要时还可增加透视图、鸟瞰图或制作模型。

1.1.3　施工图设计阶段

施工图设计阶段是根据批准的初步设计，绘制出正确、完整和详尽的建筑、安装图纸，及建设项目部分工程的详图、零部件结构明细表、验收标准、方法、施工图预算等。

施工图设计图纸及设计文件有：

（1）建筑总平面图，常用比例为 $1:500$、$1:1000$、$1:2000$，应详细标明基地上建筑物、道路、设施等所在位置的尺寸、标高，并附说明。

（2）建筑平面图、立面图及剖面图，常用比例为 $1:100$、$1:150$、$1:200$，除表达初步设计或技术设计内容以外，还应详细标出墙段、门窗洞口及一些细部尺寸、详图索引符号等。

（3）建筑详图，根据需要可采用 $1:1$、$1:2$、$1:5$、$1:20$、$1:50$ 等比例尺。其主要包括檐口、墙身和各构件的连接点，楼梯、厨房、卫生间、门窗以及各部分的装饰大样等。

（4）结构及安装图，包括基础平面图和基础详图、楼板及屋顶结构平面图和详图、梁柱配筋图、结构构造节点详图等结构施工图；给排水、电器照明以及暖气或空调等设备施工图。

（5）建筑、结构及设备等的说明书。

（6）结构及设备设计的计算书。

（7）工程预算书。

1.2 建筑工程审批程序

建筑工程审批程序一般分为立项规划选址阶段、建设用地审批阶段、建设项目招标阶段、报建施工阶段和工程验收阶段等五个阶段。

1. 立项规划选址阶段

立项规划选址阶段经相关部门受理后，工作人员查勘初选地点进行现场调研，然后对建设单位送审文件、图纸进行全面审查，并核查建设项目选址及相邻地区详细规划情况。初审修改完善后，由职能科室核查并报相关部门审定合格后发放《建设项目选址意见书》。

2. 建设用地审批阶段

依据项目建设单位申请，组织专家对建筑设计方案进行技术审查和施工图纸审查，审查通过后办理建设工程规划许可证。

3. 建设项目招标阶段

发布招标公告，提名及发放资格预审文件、招标文件，对施工投标申请人进行资格预审，发出资格预审合格通知书，公布工程控制价，召开开标会并评标，发放中标通知书。

4. 报建施工阶段

现场勘探时应注意以下内容：工程用地位置、范围应当与规划许可一致；规划许可确定的用地红线范围内和代征地范围内施工现场拆迁进度要符合施工要求；施工现场具备安全防护措施；现场供水排水、供电及施工道路应满足施工要求，施工场地应平整，方可开工。

5. 工程验收阶段

工程验收时由建设单位组织，工程勘察单位、设计单位、施工单位、监理单位和建设单位共同参与，对建设项目的建设情况进行总体验收，验收合格后方可投入使用。

第2章 建筑制图的一般规定

工程图纸是建设工程设计、施工、生产、管理等环节中重要的技术文件，不仅包括按照投影原理绘制的表达工程形状的图形，还包括工程的材料、做法、尺寸、说明等内容。由于工程图纸是不同行业工程技术人员相互交流的技术语言，因此，对于工程图纸的绘制，必须符合一定的标准，才能达到工程设计时表达和图形理解上的一致性。

目前房屋建筑工程制图应满足的现行制图标准有《房屋建筑制图统一标准》GB/T 50001—2017、《建筑制图标准》GB/T 50104—2010、《建筑结构制图标准》GB/T 50105—2010。下面就以这三个标准为依据，介绍房屋建筑工程制图的最基本要求，包括图纸幅面、轴线、图线、字体、比例、符号、尺寸标注等。

2.1 图纸幅面规格和图签

2.1.1 图幅规格

图纸的幅面是指图纸宽度与长度组成的图面，图框是指在图纸上绘图范围的界线。图纸幅面及图框尺寸应符合表 2-1 的规定。

表 2-1　图纸幅面及图框尺寸　　　　　　　　　　（mm）

幅面代号	尺寸代号				
	A0	A1	A2	A3	A4
$b \times l$	841×1189	594×841	420×594	297×420	210×297
c	10			5	
a	25				

表 2-1 中各符号含义如下：b 为幅面短边尺寸，l 为幅面长边尺寸，c 为图框线与幅面线间宽度，a 为图框线与装订边间宽度。

需要微缩复制图纸时，其一个边上应附有一段准确米制尺度，四个边上均应附有对中标志，米制尺度的总长应为 100mm，分格应为 10mm。对中标志应画在图纸内框各边的中点处，线宽为 0.35mm，应伸入内框边，在框外为 5mm。对中标志的线段，应于图框长边尺寸 l_1 和图框短边尺寸 b_1 范围取中。

图纸的短边不应加长，A0～A3 幅面长边尺寸可加长，但应符合表 2-2 的规定。图纸以短边作为垂直边应为横式，以短边作为水平边为立式。A0～A3 图纸宜横式使用；必要时也可立式使用。一套工程设计施工图中，每个专业所使用的图纸，不宜多于两种幅面，不含目录及表格所采用的 A4 幅面。

表 2-2　图纸长边加长尺寸　　　　　　　　　　　　　　　（mm）

幅面代号	长边尺寸	长边加长后尺寸
A0	1189	1486（A0+1/4l），1783（A0+1/2l），2080（A0+3/4l）， 2378（A0+l）
A1	841	1051（A1+1/4l），1261（A1+1/2l），1471（A1+3/4l），1682（A1+l）， 1892（A1+5/4l），2102（A1+3/2l）
A2	594	743（A2+1/4l），891（A2+1/2l），1041（A2+3/4l），1189（A2+l）， 1338（A2+5/4l），1486（A2+3/2l），1635（A2+7/4l），1783（A2+2l）， 1932（A2+9/4l），2080（A2+5/2l）
A3	420	630（A3+1/2l），841（A3+l），1051（A3+3/2l），1261（A3+2l）， 1471（A3+5/2l），1682（A3+3l），1892（A3+7/2l）

注：有特殊需要的图纸，可采用 $b×l$ 为 841mm×891mm 与 1189mm×1261mm 的幅面。

《房屋建筑制图统一标准》GB/T 50001—2017 对图纸标题栏、图框线、幅面线、装订边线、对中标志和会签栏的尺寸、格式和内容都有规定，图 2-1～图 2-4 为各种规格的图纸幅面示意图。

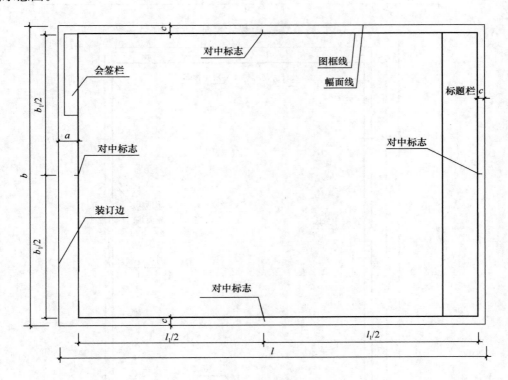

图 2-1　A0～A3 横式幅面（一）

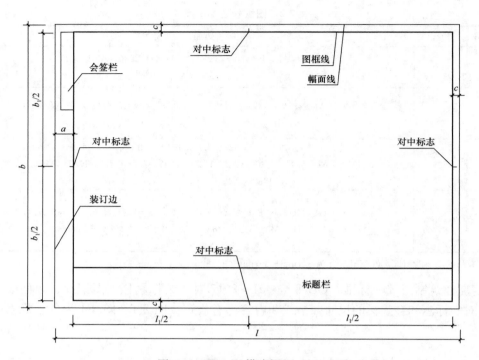

图 2-2　A0～A3 横式幅面（二）

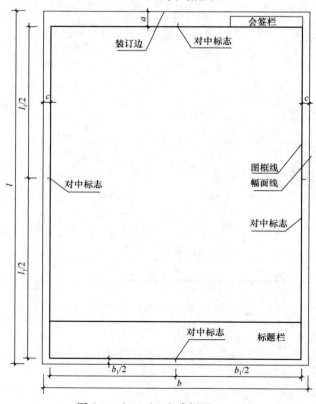

图 2-3　A0～A4 立式幅面（一）

2.1.2　标题栏

在每张施工图中，为了方便查阅图纸，图纸右下角都有标题栏，形式如图 2-5、图 2-6 所示，图纸的标题栏及装订边位置可参见图 2-1～图 2-4。标题栏主要以表格形式表达本张图纸的一些属性，如设计单位名称、工程名称、图样名称、图样类别、编号以及设计、审核、负责人的签名，如涉外工程应加注"中华人民共和国"字样。同时在计算机制图文件中使用电子签名与认证时，应符合国家有关电子签名法的规定。会签栏则是各专业工种负责人签字区，一般位于图纸的左上角图框线外，形式如图 2-6 所示。学生制图作业的标题栏可自行设计。

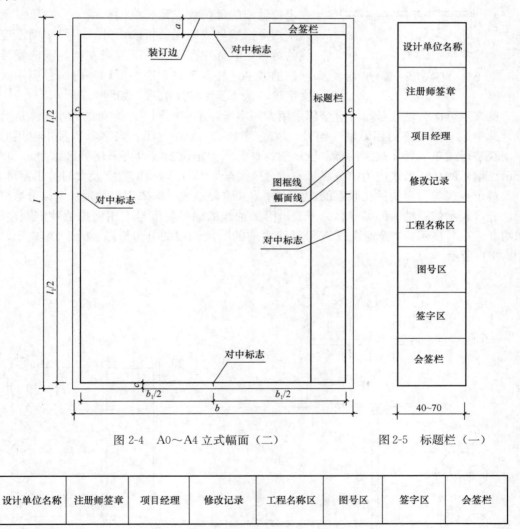

图 2-4　A0～A4 立式幅面（二）　　　　　图 2-5　标题栏（一）

设计单位名称	注册师签章	项目经理	修改记录	工程名称区	图号区	签字区	会签栏

图 2-6　标题栏（二）

2.2　定位轴线

定位轴线是房屋建筑设计和施工中定位、放线的重要依据，凡承重的墙、柱、梁、屋架等构件，都要绘出定位轴线并对轴线进行编号，以确定其位置。对于非承重的隔墙、次要构件等，有时用附加轴线表示其位置，也可注明它们与附近轴线的相关尺寸以确定其位置。

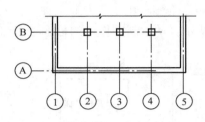

图 2-7　定位轴线的编号顺序

根据国标规定，定位轴线应为细单点长画线绘制，定位轴线应编号，编号应注写在轴线端部的圆内。圆应用细实线绘制，直径为 8～10mm。定位轴线圆的圆心应在定位轴线的延长线或延长线的折线上。除较复杂图形需采用分区编号或圆形、折线形外，一般平面上定位轴线的编号，宜标注在图样的下方或左侧。横向编号应用阿拉伯数字，从左至右顺序编写；竖向编号应用大写英文字母，从下至上顺序编写，如图 2-7 所示。

英文字母作为轴线号时，应全部采用大写字母，不应用同一个字母的大小写来区分轴线号，其中 I、O、Z 不得用做轴线编号，以免与 1、0、2 相混淆。当字母数量不够用时，可增用双字母或单字母加数字注脚。较复杂的平面图中定位轴线也可采用分区编号，如图 2-8 所示。编号的注写形式应为"分区号—该分区编号"，采用阿拉伯数字及大写拉丁字母表示。

对于一些与主要构件相联系的次要构件，其定位轴线一般采用附加轴线，以分数形式表示，分母表示前一轴线的编号，分子表示附加轴线的编号，编号宜用阿拉伯数字顺序编写，如图 2-9（a）所示；1 号轴线或 A 号轴线之前的附加轴线的分母应以 01 或 0A 表示，如图 2-9（b）所示。

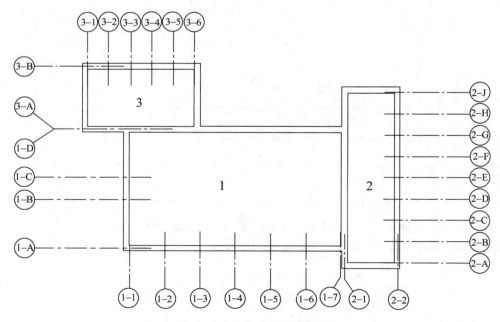

图 2-8　定位轴线的分区编号

　　详图中标注定位轴线时，如果一个详图适用于几根轴线，应同时注明各有关轴线的编号，如图 2-10 所示。而对于通用详图中的定位轴线，应只画圆，不注写轴线编号。

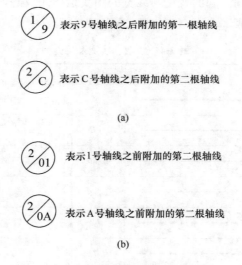

图 2-9　附加定位轴线的编号原则

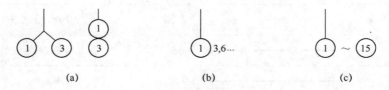

图 2-10　详图中定位轴线的编号

（a）用于两个轴线时；（b）用于三个或三个以上轴线时；（c）用于三个以上连续编号的轴线时

2.3　图线

2.3.1　线宽组

　　工程图纸中的图线应做到粗细均匀，宽窄适当。图线的宽度 b，宜从 1.4mm、1.0mm、0.7mm、0.5mm 线宽系列中选取。应当注意，在同一张图纸内不宜选用过多的线宽组。如确需采用，各不同线宽组中的细线，可统一采用较细的线宽组的细线（表 2-3）。

表 2-3　线宽组　　　　　　　　　　　　　　　　（mm）

线宽比	线宽组			
b	1.4	1.0	0.7	0.5
$0.7b$	1.0	0.7	0.5	0.35
$0.5b$	0.7	0.5	0.35	0.25
$0.25b$	0.35	0.25	0.18	0.13

11

2.3.2 线宽

任何工程图样都是采用不同的线型与线宽的图线绘制而成的，工程建设制图中的各类图线的线型、线宽及用途见表2-4。

表 2-4 线型、线宽及用途

名　称		线　型	线宽	一般用途
实线	粗		b	主要可见轮廓线
	中粗		$0.7b$	可见轮廓线
	中		$0.5b$	可见轮廓线、尺寸线、变更云线
	细		$0.25b$	图例填充线、家具线
虚线	粗		b	参见相关专业制图标准
	中粗		$0.7b$	不可见轮廓线
	中		$0.5b$	不可见轮廓线、图例线
	细		$0.25b$	图例填充线、家具线
单点长画线	粗		b	见各相关专业制图标准
	中		$0.5b$	见各相关专业制图标准
	细		$0.25b$	中心线、对称线、轴线等
双点长画线	粗		b	见相关专业制图标准
	中		$0.5b$	见相关专业制图标准
	细		$0.25b$	假想轮廓线、成型前原始轮廓线
波浪线			$0.25b$	断开界线
折断线			$0.25b$	断开界线

同一张图纸内，相同比例的各图样，应选用相同的线宽组。图纸的图框和标题栏线，可采用表2-5的线宽。

表 2-5 图框线、标题栏线宽度 （mm）

幅面代号	图框线	标题栏外框线	标题栏分格线
A0、A1	b	$0.5b$	$0.25b$
A2、A3、A4	b	$0.7b$	$0.35b$

2.3.3　图线的画法

在图线与线宽确定后，具体画图时还应注意如下事项：

（1）相互平行的图例线，其净间隙或线中间隙不宜小于 0.2mm。

（2）虚线、单点长画线或双点长画线的线段长度和间隔，宜各自相等。

（3）单点长画线或双点长画线，当在较小图形中绘制有困难时，可用实线代替。

（4）单点长画线或双点长画线的两端不应是点。点画线与点画线交接处或点画线与其他图线交接时，应采用线段交接。

（5）虚线与虚线交接或虚线与其他图线交接时，也应是线段交接。虚线为实线的延长线时，不得与实线相接。

（6）图线不得与文字、数字或符号重叠、混淆，不可避免时，应首先保证文字的清晰。

各种图线正误画法示例，见表 2-6。

表 2-6　各种图线正误画法示例

图　线	正　确	错　误	说　明
虚线与单点长画线			① 单点长画线的线段长，通常画 15～20mm，空隙与点 2～3mm。点常常画成很短的短画线； ② 虚线的线段长度通常画 4～6mm，间隙约 1mm
圆的中心线			① 两单点长画线相交，应在线段处相交，单点长画线与其他图线相交，也在线段处相交； ② 单点长画线的起始和终止处必须是线段，不是点； ③ 单点长画线应出头 3～5mm； ④ 单点长画线很短时，可用细实线代替
图线的交接			① 两粗实线相交，应画到交点处，线段两端不出头； ② 两虚线相交，应在线段处相交，不要留间隙； ③ 虚线是实线的延长线时，应留有间隙
折断线与波浪线			① 折断线两端分别超出图形轮廓线； ② 波浪线画到轮廓线为止，不要超出图形轮廓线

13

2.4　比例

各种工程图纸均要按照一定的比例精确绘制。建筑施工图中，图样的比例应为图形与实物相对应的线性尺寸之比。比例的大小是指其比值的大小，如1∶50大于1∶100。建筑施工图所选用的各种比例，宜符合表2-7的规定。

表2-7　绘图所用的比例

常用比例	1∶1、1∶2、1∶5、1∶10、1∶20、1∶30、1∶50、1∶100、 1∶150、1∶200、1∶500、1∶1000、1∶2000
可用比例	1∶3、1∶4、1∶6、1∶15、1∶25、1∶40、1∶60、1∶80、 1∶250、1∶300、1∶400、1∶600、1∶5000、1∶10000、 1∶20000、1∶50000、1∶100000、1∶200000

平面图　1:100　　　⑤　1:10

图 2-11　比例的注写

比例宜注写在图名的右侧，字的基准线应取平，比例的字高应比图名字高小一号或两号，如图2-11所示。

一般情况下，一个图样应选用一种比例。根据专业制图需要，同一图样可选用两种比例。

2.5　尺寸标注

2.5.1　尺寸的组成及其标注的基本规定

如图2-12所示，图样上的尺寸应包括尺寸界线、尺寸线、尺寸起止符号和尺寸数字四个要素。

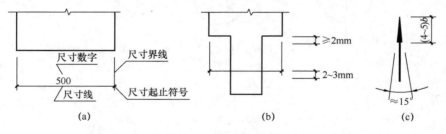

图 2-12　尺寸的组成

(a) 尺寸四要素；(b) (c) 尺寸线、尺寸界线与尺寸起止符号

尺寸线、尺寸界线用细实线绘制，如图2-12（a）所示。

尺寸起止符号一般用中实线的斜短线绘制，其倾斜的方向应与尺寸界线成顺时针45°角，长度宜为2～3mm，如图2-12（b）所示。

半径、直径、角度、弧长的尺寸起止符号宜用箭头表示，箭头的画法如图2-12（c）所示。

尺寸数字的读图方向应按图2-13（a）的规定标注；若尺寸数字在30°斜线区内，宜按图2-13（a）阴影中的形式标注。

为保证图上的尺寸数字清晰，任何图线不得穿过尺寸数字。不可避免时，应将图线断开，如图 2-13（b）图所示。

尺寸数字应依其读数方向写在尺寸线的上方中部，如没有足够的注写位置，最外面的数字可注写在尺寸界线的外侧，中间相邻的尺寸数字可错开注写，也可引出注写，如图 2-13（c）所示。

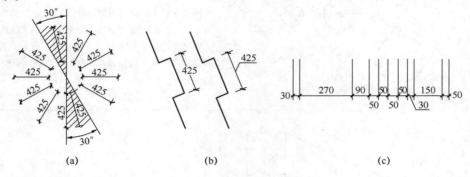

（a）　　　　　　　　　　　（b）　　　　　　　　　　　　（c）

图 2-13　尺寸数字的注写方向

（a）一般形式；（b）图线断开注写；（c）错开注写或引出注写

2.5.2　尺寸的排列和布置

如图 2-14 所示，尺寸的排列与布置应符合以下几点：

（1）尺寸宜注写在图样轮廓线以外，不宜与图线、文字及符号相交。必要时，也可标注在图样轮廓线以内。

（2）互相平行的尺寸线，应从被注写的图样轮廓线由近向远整齐排列，小尺寸在里面，大尺寸在外面。小尺寸距图样轮廓线的距离不小于 10mm，平行排列的尺寸线间距宜为 7～10mm。

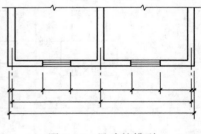

图 2-14　尺寸的排列

（3）总尺寸的尺寸界线，应靠近所指部位，中间分尺寸的尺寸界线可稍短，但其长度应相等。

2.5.3　尺寸标注的其他规定

尺寸标注的其他规定可参阅表 2-8 所示的例图。

表 2-8　尺寸标注示例

注写内容	注法示例	说　明
半径		半圆或小于半圆的圆弧，应标注半径。如左下方的例图所示，标注半径的尺寸线，一般应从圆心开始，另一端画箭头指向圆弧，半径数字前应加注符号"R"。较大圆弧的半径，可按上方两个例图的形式标注；较小圆弧的半径，可按右下方四个例图的形式标注

15

注写内容	注法示例	说　明
直径	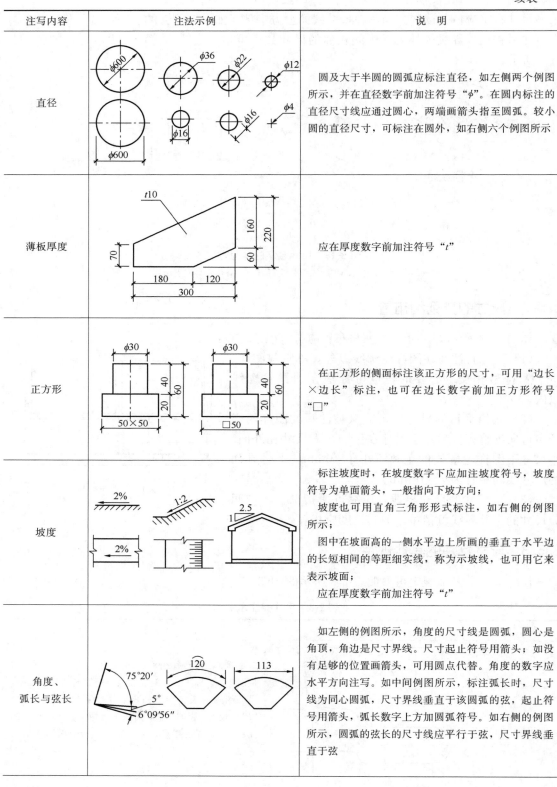	圆及大于半圆的圆弧应标注直径，如左侧两个例图所示，并在直径数字前加注符号"ϕ"。在圆内标注的直径尺寸线应通过圆心，两端画箭头指至圆弧。较小圆的直径尺寸，可标注在圆外，如右侧六个例图所示
薄板厚度		应在厚度数字前加注符号"t"
正方形		在正方形的侧面标注该正方形的尺寸，可用"边长×边长"标注，也可在边长数字前加正方形符号"□"
坡度		标注坡度时，在坡度数字下应加注坡度符号，坡度符号为单面箭头，一般指向下坡方向； 坡度也可用直角三角形形式标注，如右侧的例图所示； 图中在坡面高的一侧水平边上所画的垂直于水平边的长短相间的等距细实线，称为示坡线，也可用它来表示坡面； 应在厚度数字前加注符号"t"
角度、弧长与弦长		如左侧的例图所示，角度的尺寸线是圆弧，圆心是角顶，角边是尺寸界线。尺寸起止符号用箭头；如没有足够的位置画箭头，可用圆点代替。角度的数字应水平方向注写。如中间例图所示，标注弧长时，尺寸线为同心圆弧，尺寸界线垂直于该圆弧的弦，起止符号用箭头，弧长数字上方加圆弧符号。如右侧的例图所示，圆弧的弦长的尺寸线应平行于弦，尺寸界线垂直于弦

注写内容	注法示例	说　明
连续排列的等长尺寸	180　　5×100=500　　60	可用"个数×等长尺寸＝总长"的形式标注
相同要素	6×φ30　φ120　φ200	当构配件内的构造要素（如孔、槽等）相同时，可仅标注其中一个要素的尺寸及个数

2.6　字体

图纸上所需书写的汉字、数字、字母、符号等必须做到笔画清晰、字体端正、排列整齐；标点符号应清楚正确。

字体的号数即为字体的高度 h，文字的高度应从表 2-9 中选用。字高大于 10mm 的文字宜采用 TrueType 字体，如需书写更大的字，其高度应按 $\sqrt{2}$ 的倍数递增。

表 2-9　文字的高度　　　　　　　　　　　　　　　　（mm）

字体种类	汉字矢量字体	TureType 字体及非汉字矢量字体
字高	3.5、5、7、10、14、20	3、4、6、8、10、14、20

2.6.1　汉字

图样及说明中的汉字，宜优先采用 TrueType 字体中的宋体字型，采用矢量字体时应为长仿宋体字型。同一图纸字体种类不应超过两种。长仿宋体的宽度与高度的关系应符合表 2-10 的规定。大标题、图册封面、地形图等的汉字，也可书写成其他字体，但应易于辨认，其宽高比宜为 1。

表 2-10　长仿宋字高宽关系　　　　　　　　　　　（mm）

字高	3.5	5	7	10	14	20
字宽	2.5	3.5	5	7	10	14

在 AutoCAD 中，用于调整各种字体的字宽与字高的比例关系的设置在"文字样式"对话框中的选项"宽度因子"中。应注意对于不同的字体，其字高与字宽的初始比例关系并非完全一致，应根据具体字体的特点设置合适的"宽度因子"，以满足表 2-10 的要求。长仿宋字体示例如图 2-15 所示。

图 2-15　长仿宋字体示例

2.6.2　字母和数字

图样及说明中的字母、数字，宜优先采用 TrueType 字体中的 Roman 字型。斜体字的斜度为 $75°$，小写字母应为大写字母高 h 的 7/10。数字和字母的字高应不应小于 2.5mm。图 2-16 为书写示例。

图 2-16　数字和字母的书写

2.7　符号

2.7.1　剖切符号

剖面的剖切符号应由剖切位置线及剖视方向线组成，均应以粗实线绘制。剖面的剖切符号应符合下列规定：

（1）剖切位置线的长度宜为 6～10mm；剖视方向线应垂直于剖切位置线，长度应短于剖切位置线，宜为 4～6mm，如图 2-17（a）所示。也可采用国际统一和常用的剖视方法，如图 2-18（b）所示。绘制时，剖切符号不应与其他图线相接触。

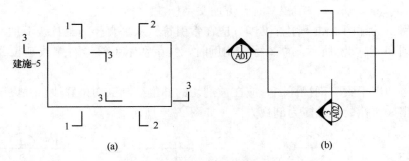

图 2-17 剖切符号表示方法

（a）剖切位置线 6～10mm，剖视方向线 4～6mm；（b）国际统一和常用的剖视方法

（2）剖切符号的编号宜采用粗阿拉伯数字，按剖切顺序由左至右、由下向上连续编排，并应注写在剖视方向线的端部。

（3）需要转折的剖切位置线，应在转角的外侧加注与该符号相同的编号。

（4）建（构）筑物剖面图的剖切符号应标注在±0.000标高的平面图或首层平面图上。

（5）局部剖面图（不含首层）的剖切符号应标注在包含剖切部位的最下面一层的平面图上。

断面的剖切符号应符合下列规定：

（1）断面的剖切符号应只用剖切位置线表示。

（2）断面剖切符号的编号宜采用阿拉伯数字，按顺序连续编排，并应注写在剖切位置线的一侧；编号所在的一侧应为该断面的剖视方向，如图 2-18 所示。

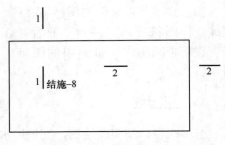

图 2-18 断面的剖切符号

剖面图或断面图，如与被剖切图样不在同一张图内，应在剖切位置线的另一侧注明其所在图纸的编号，也可以在图上集中说明。

2.7.2 索引符号与详图符号

图样中的某一局部或构件，如需另见详图，应以索引符号索引，如图 2-19（a）所示。索引符号是由直径为 8～10mm 的圆和水平直径组成，圆及水平直径应以细实线绘制。索引符号应按下列规定编写：

（1）索引出的详图，如与被索引的详图同在一张图纸内，应在索引符号的上半圆中用阿拉伯数字注明该详图的编号，并在下半圆中间画一段水平细实线，如图 2-19（b）所示。

（2）索引出的详图，如与被索引的详图不在同一张图纸内，应在索引符号的上半圆中用阿拉伯数字注明该详图的编号，在索引符号的下半圆用阿拉伯数字注明该详图所在图纸的编

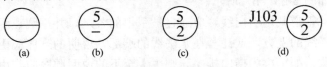

图 2-19 索引符号

（a）局部或构件详图索引；（b）同在一张纸内；（c）不在同一张图纸内；（d）标准图

19

号，如图 2-19（c）所示。数字较多时，可加文字标注。

（3）索引出的详图，如采用标准图，应在索引符号水平直径的延长线上加注该标准图册的编号，如图 2-19（d）所示。需要标注比例时，文字在索引符号右侧或延长线下方，与符号下对齐。

索引符号如用于索引剖视详图，应在被剖切的部位绘制剖切位置线，并以引出线引出索引符号，引出线所在的一侧应为剖视方向。如图 2-20 所示。

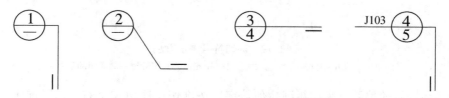

图 2-20　用于索引剖视详图的索引符号

详图的位置和编号，应以详图符号表示。详图符号的圆应以直径为 14mm 粗实线绘制。详图应按下列规定编号：

（1）详图与被索引的图样同在一张图纸内时，应在详图符号内用阿拉伯数字注明详图的编号，如图 2-21（a）所示。

（2）详图与被索引的图样不在同一张图纸内时，应用细实线在详图符号内画一水平直径，在上半圆中注明详图编号，在下半圆中注明被索引的图纸的编号，如图 2-21（b）所示。

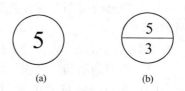

图 2-21　详图符号
（a）同在一张图纸；
（b）不在同一张图纸

2.7.3　引出线

引出线应以细实线绘制，宜采用水平方向的直线，与水平方向成 30°、45°、60°、90° 的直线，或经上述角度再折为水平线。文字说明宜注写在水平线的上方，如图 2-22（a）所示，也可注写在水平线的端部，如图 2-22（b）所示。索引详图的引出线，应与水平直径线相连接，如图 2-22（c）所示。

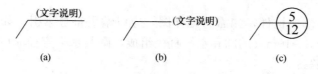

图 2-22　引出线
（a）在水平线上方；（b）在水平线端部；（c）与水平直径线相连

同时引出的几个相同部分的引出线，宜互相平行，如图 2-23（a）所示，也可画成集中于一点的放射线，如图 2-23（b）所示。

多层构造或多层管道共用引出线，应通过被引出的各层，并用圆点示意对应各层次。文字说明宜注写在水平线的上方，或注写在水平线的端部，说明的顺序应由上至下，并应与被说明的层次对应一致；如层次为横向排序，则由上至下的说明顺序应与由左至右的层次对应一致，如图 2-24 所示。

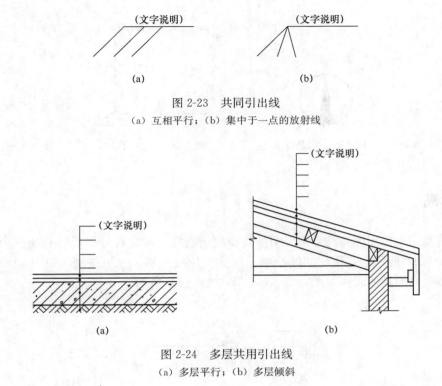

图 2-23　共同引出线

（a）互相平行；（b）集中于一点的放射线

图 2-24　多层共用引出线

（a）多层平行；（b）多层倾斜

2.7.4　其他符号

对称符号由对称线和两端的两对平行线组成。对称线用细单点长画线绘制；平行线用细实线绘制，其长度宜为 6～10mm，每对平行线的间距宜为 2～3mm；对称线垂直平分于两对平行线，两端超出平行线宜为 2～3mm，如图 2-25 所示。

连接符号应以折断线表示需连接的部位。两部位相距过远时，折断线两端靠图样一侧应标注大写英文字母表示连接编号。两个被连接的图样应用相同的字母编号，如图 2-26 所示。

图 2-25　对称符号　　　　图 2-26　连接符号

指北针的形状符合图 2-27 的规定，其圆的直径宜为 24mm，用细实线绘制；指针尾部的宽度宜为 3mm，指针头部应注"北"或"N"字。需用较大直径绘制指北针时，指针尾部的宽度宜为直径的 1/8。在建筑施工图中，指北针应绘制在建筑物±0.000 标高的平面图上，并应放置在明显的位置，坐姿方向应与总图一致，如图 2-27 所示。

对图纸中局部变更部分宜采用云线，并宜注明修改版次，如图 2-28 所示，图中所注数字"1"表示修改次数。

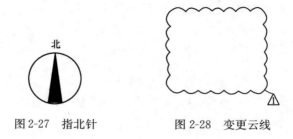

图 2-27　指北针　　　　图 2-28　变更云线

2.8　标高

在建筑制图中采用标高符号来表明标高和建筑高度。标高符号以等腰直角三角形表示，按照图 2-29（a）所示形式用细实线绘制。如标注位置不够，也可按图 2-29（b）所示形式绘制。标高符号的具体画法如图 2-29（c）、图 2-29（d）所示。

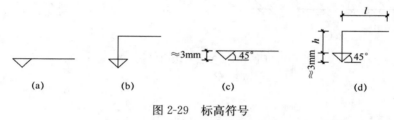

图 2-29　标高符号

（a）细实线引出；（b）标注位置不够时；（c）具体画法；（d）具体画法
l—取适当长度注写标高数字；h—根据需要取适当高度

总平面图室外地坪标高符号，宜用涂黑的三角形表示，具体画法如图 3-30 所示。

标高符号的尖端应指至被注高度的位置。尖端宜向下，也可向上。标高数字应注写在标高符号的上侧或下侧，如图 2-31 所示。标高数字应以米为单位，注写到小数点后第三位。在总平面图中，可注写到小数字点后第二位。零点标高应注写成 ±0.000，正数标高不注"+"，负数标高应注"—"，例如 3.000、—0.600。在图样的同一位置需标注几个不同标高时，标高数字可按图 2-32 的形式注写。

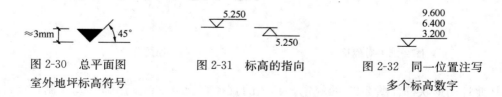

图 2-30　总平面图　　　图 2-31　标高的指向　　　图 2-32　同一位置注写
室外地坪标高符号　　　　　　　　　　　　　　　　　　多个标高数字

2.9　常用图例

常用建筑材料应按表 2-11 所示图例画法进行绘制。

表 2-11　常用建筑材料图例

序号	名称	图例	备注
1	自然土壤		包括各种自然土壤
2	夯实土壤		
3	砂、灰土	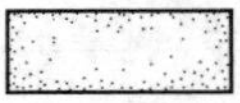	
4	砂砾石、碎砖三合土	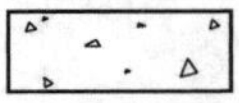	
5	石材	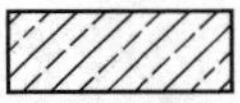	
6	毛石	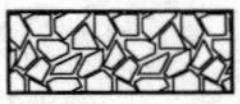	
7	普通砖	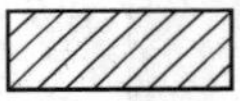	包括实心砖、多孔砖、砌块等砌体。断面较窄不易绘出图例线时，可涂红，并在图纸备注中加注说明，画出该材料图例
8	耐火砖		包括耐酸砖等砌体
9	空心砖	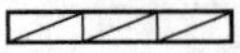	指非承重砖砌体
10	饰面砖		包括铺地砖、马赛克、陶瓷锦砖、人造大理石等
11	焦渣、矿渣	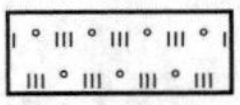	包括与水泥、石灰等混合而成的材料
12	混凝土		1. 本图例指能承重的混凝土
13	钢筋混凝土		2. 包括各种强度等级、骨料、添加剂的混凝土 3. 在剖面图上画出钢筋时，不画图例线 4. 断面图形小，不易画出图例线时，可涂黑
14	多孔材料		包括水泥珍珠岩、沥青珍珠岩、泡沫混凝土、非承重加气混凝土、软木、蛭石制品等
15	纤维材料	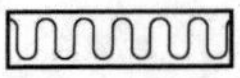	包括矿棉、岩棉、玻璃棉、麻丝、木丝板、纤维板等
16	泡沫塑料材料	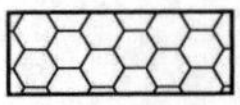	包括聚苯乙烯、聚乙烯、聚氨酯等多孔聚合物类材料
17	木材		1. 上图为横断面，左上图为垫木、木砖或木龙骨 2. 下图为纵断面
18	胶合板	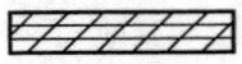	应注明为×层胶合板

续表

序号	名称	图例	备注
19	石膏板		包括圆孔、方孔石膏板、防水石膏板硅钙板、防火板等
20	金属		1. 包括各种金属 2. 图形小时，可涂黑
21	网状材料		1. 包括金属、塑料网状材料 2. 应注明具体材料名称
22	液体		应注明具体液体名称
23	玻璃		包括平板玻璃、磨砂玻璃、夹丝玻璃、钢化玻璃、中空玻璃、夹层玻璃、镀膜玻璃等
24	橡胶		
25	塑料		包括各种软、硬塑料及有机玻璃等
26	防水材料		构造层次多或比较大时，采用上面图例
27	粉刷		本图例采用较稀的点

注：序号1、2、5、7、8、13、14、16、17、18图例中的斜线、短斜线、交叉斜线等均为45°。

第3章　建筑详图的规定

施工图设计应表示出建筑各部位的建筑构造及实体定量情况，要能够指导施工和设备安装。除平面、立面、剖面图外，还应绘制详图，详图应表示各部位的用料、做法、形式、大小尺寸、细部构造等。有些详图还应和结构、设备、电气等专业密切配合，以避免专业矛盾。

建筑详图是表明细部构造、尺寸及用料等全部资料的详细图样。其特点是比例大、尺寸齐全、文字说明详尽。详图可采用视图、剖面图等表示方法，凡在建筑平、立、剖面图中没有表达清楚的细部构造，均需用详图补充表达。在详图上，尺寸标注要齐全，主要部位的标高、用料及做法也要表达清楚。

建筑详图大致可划分为三类：构造详图、配件和设施详图、装饰详图。

构造详图：包括台阶、坡道、散水、楼地面、内外墙面、顶棚、屋面防水保温、地下防水等构造做法，这部分大多可以引用或参见标准图集。另外还有墙身、楼梯、电梯、自动扶梯、阳台、门头、雨篷、卫生间、设备机房等也可采用标准图集或自行绘制。

配件和设施详图：包括内外门窗、幕墙、栏杆、固定的洗台、厨具、壁柜镜箱、格架等。随着国家经济的飞速发展，建筑配件、设施商业化、成套化，同时由于二次装修的出现，有些详图不需要建筑师绘制。除部分门窗、幕墙要绘制分格形式和开启方式的立面图及功能说明外，其他多采用标准图或由专业承包商与装饰设计公司设计、制作和安装。

装饰详图：一些重要、高档的民用建筑，其建筑物的内外表面、空间，还需做进一步的装饰、装修和艺术处理，如不同功能的室内墙、地、顶棚的装饰设计，需绘制大量装饰详图。外立面上的线脚、柱饰、壁饰等，亦要绘制详图方能制作施工。

3.1　楼（电）梯

3.1.1　楼梯

楼梯是上下交通设施，由梯段（包括踏步和斜梁）、平台（包括平台板和平台梁）和栏杆（或栏板）等部分组成。楼梯的数量、宽度和楼梯间形式应满足使用和安全疏散的要求，并符合《建筑设计防火规范》GB 50016—2014（2018年版）和《民用建筑设计统一标准》GB 50352—2019等其他相关单项建筑设计规范的要求。

楼梯的构造比较复杂，一般需另画详图，以表示楼梯的类型、结构形式、各部位尺寸及装修做法。楼梯详图反映了楼梯的布置形式、结构形式等详细构造、尺寸和装修做法。楼梯详图包括楼梯平面图、楼梯剖面图以及踏步、栏杆扶手、防滑条等构造详图。

楼梯平、剖面详图多以1∶50比例绘制，所标注尺寸均为建筑完成面尺寸，应注明墙、柱轴线号、墙厚与轴线关系尺寸，应绘制并标注梯段、休息平台、尺寸和标高，各梯段步数和尺寸，表示上下方向、扶手、栏杆（板）、踏步、梯段侧面、板底装修等做法索引。

1. 楼梯平面图

楼梯平面图是运用水平剖视图方法绘制的,是楼梯某位置上的一个水平剖面图,剖切位置与建筑平面图的剖切位置相同,设在休息平台略低一点处,剖切后向下所作的投影。楼梯平面图主要反映楼梯的外观、结构形式、平面尺寸及楼层平台和休息平台的标高等,原则上有几层,需绘制几层平面图,除一层和顶层平面图外,若中间各层楼梯做法完全相同,可绘制标准层平面图。一般情况下,楼梯平面图应绘制三个,即一层平面图、标准层平面图和顶层平面图。其排图顺序遵循从下到上、从左到右原则。

楼梯平面图应按 1∶50 或 1∶60 比例绘制,一般标注两道外部尺寸,第一道尺寸包括楼层平台尺寸、休息平台尺寸、楼梯段尺寸、外墙上门窗尺寸;第二道尺寸包括楼梯间的开间与进深尺寸,并应标注定位轴线。内部尺寸包括楼梯段净宽与梯井尺寸。节点详图应标注详图索引符号,在一层平面图中应标出楼梯剖面图的剖切位置符号和剖视方向,书写楼梯平面图的名称和绘图比例。

2. 楼梯剖面图

楼梯剖面图是楼梯垂直剖面图的简称,其剖切位置应通过各层的一个梯段和门窗洞口,向另一未剖到的梯段方向投影所得到的剖面图。

楼梯剖面图比例同平面图,一般标注两道尺寸,一道表示门窗洞口尺寸,一道标注每跑楼梯踏步高及踏步数,并应标注楼层和休息平台的标高。

楼梯剖面图主要表达楼梯的梯段数、踏步数、类型及结构形式,表示各梯段、平台、栏杆等的构造及它们的相互关系。三层以上楼房,中间各层楼梯构造相同时,可只画一层、标准层和顶层,标准层处用折断线断开,顶层也用折断线断开,可不画到屋顶。

3. 栏杆、扶手和踏步详图

栏杆、扶手和踏步详图可以索引标准图集,也可以专门设计,应表达出防滑做法、预埋件、扶手栏杆高度、形式、材料及饰面做法等。栏杆扶手的高度和形式应符合规范要求,在起始段及和墙体连接的端部要加强锚固措施。

楼梯详图如图 3-1 所示。

3.1.2 电梯

电梯应绘制标准层井道平面图和机房层平面图,机房楼板留洞先暂按业主选定的样本预留,同时应绘出厅门立面及留洞图。电梯剖面要绘出梯井坑道,不同层高楼层和机房层的剖面,机房顶板上预埋吊钩及荷载,井道墙上预埋轨道预埋件,消防电梯要绘出底排水和集水坑图。

电梯井道详图应能满足电梯安装对土建的技术要求,除符合建筑规范的要求外,还应满足《电梯制造与安装安全规范 第 1 部分:乘客电梯和载货电梯》GB/T 7588.1—2020、《电梯制造与安装安全规范 第 2 部分:电梯部件的设计原则、计算和检验》GB/T 7588.2—2020、《电梯主参数及轿厢、井道、机房的型式与尺寸 第 1 部分:Ⅰ、Ⅱ、Ⅲ、Ⅵ类电梯》GB/T 7025.1—2008、《电梯主参数及轿厢、井道、机房的型式与尺寸 第 2 部分:Ⅳ类电梯》GB/T 7025.2—2008、《电梯主参数及轿厢、井道机房的型式与尺寸 第 3 部分:Ⅴ类电梯》GB/T 7025∶3—1997、《液压电梯》JG 5071—1996 等的要求,并参考厂家的样本。在不确定厂家时,一般选尺寸适中、有实力的厂家样本作参考。要绘制的图纸一般包括电梯井道和机房平面图、井道剖面图。

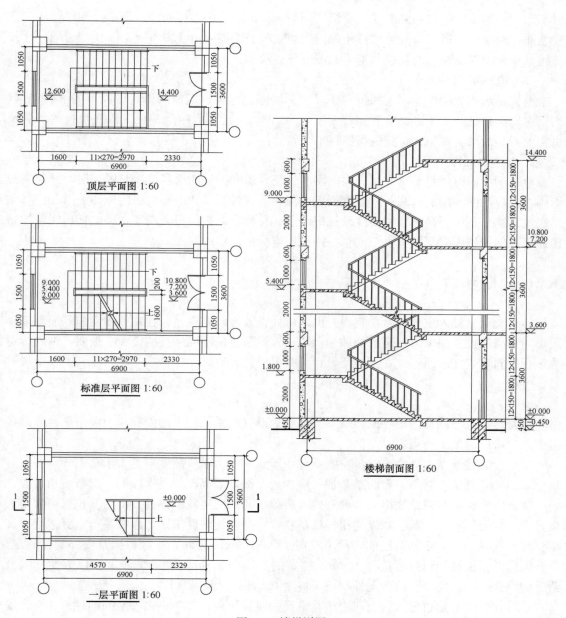

图 3-1　楼梯详图

1. 电梯井道和机房平面图

电梯井道和机房平面图按 1∶50 绘制，一般有两道尺寸线，外面一道表示井道净尺寸、墙厚和到轴线的距离；里面一道标注门洞定位尺寸。平面图上应标注标高。

（1）井道底坑平面图

井道底坑平面图应绘制电梯底坑净尺寸、墙厚、标高，坑底如果有集水坑或其他排水设施，应同时绘出。另外还应绘制固定爬梯的位置和做法。

（2）井道平面图

井道平面图应标注电梯井道净尺寸、墙厚、标高、层门开口的准确定位。井道平面相同时不用一一绘出，但每一停站层均要标注标高。标准层有多个标高应自下而上顺序标注。应注意非停站层须在层门口处封堵，相邻两层地坎间的距离超过 11m 时，其间应设置安全门。非停站层和设置安全门的楼层井道平面图应单独绘制。

（3）电梯机房平面图

电梯机房平面图应绘制电梯机房净尺寸、墙厚、标高、门窗洞口、通风口的准确定位。当机房地面包括几个不同高度并相差大于 0.5m 时，应绘制台阶及护栏。机房楼板的留洞及吊钩位置、荷载应按甲方选定的厂家样本预留。

2. 井道剖面图

电梯剖面图可以只画出底层、中间层和顶层，层高一样的楼层可以只画一层，其他断开不画，但应注明各层的标高；井道剖面应画出底坑、各楼层和电梯机房的标高关系。应标注出底坑深度、各层层高、顶层高度及机房高度，并标出电梯的提升高度，即电梯从底层端站楼面至顶层端楼面之间的垂直距离。在停站层应标出门洞的高度。

3.2 台阶和坡道

为避免雨水侵入室内，常在室内外出入口处设置台阶或坡道。在室外或室内的地坪或楼层不同标高处设置的供人行走的阶梯为台阶；坡道是连接不同标高的楼面、地面，供人行走或车行的斜坡式交通通道。在不方便设台阶时可设置坡道。

3.2.1 台阶

台阶是在室外或室内地坪或楼层不同标高处设置的供人行走的阶梯，一般由平台和踏步组成。台阶应满足下列规定：

（1）公共建筑室内外台阶踏步宽度不宜小于 0.30m，踏步高度不宜大于 0.15m，并不宜小于 0.10m，踏步应防滑。台阶踏步数不应少于 2 级，当高差不足 2 级时，应按坡道设置。

（2）室外台阶是建筑物出入口处室内外高差之间的交通联系部件。由于其位置明显，人流量大，并处于室外，踏步宽度应比楼梯踏步大一些，使坡度平缓，以提高行走舒适度。其踏步高一般在 100～150mm 之间，踏步宽在 300～400mm 之间，步数根据室内外高差确定。一些医院及运输港的台阶常选择 100mm 左右的步高和 400mm 左右的步宽，以方便病人及负重的旅客行走。室外台阶应向外找坡，坡度 0.5%～1%。

（3）在台阶与建筑出入口大门之间，常设一缓冲平台，作为室内外空间的过渡。平台深度一般不应小于 1000mm，平台需向外做 1%～2% 左右的排水坡度，以利于雨水排除。设计时应根据使用部位确定平台的宽度。从消防疏散的角度考虑，疏散出口门内外 1.4m 范围内不能设台阶踏步，平台的宽度至少需要 1.4m。从无障碍的角度考虑，无障碍建筑出入口内外应有不小于 1.50m×1.50m 的轮椅回转面积。所以小型公共建筑和七层及七层以上住宅、公寓建筑为避免轮椅使用者与正常人流的交叉干扰，建筑入口平台宽度不应小于 2.00m。

（4）人流密集的场所台阶高度超过 0.70m 并侧面临空时，应有防护设施。

（5）残疾人使用的台阶超过三级时，在台阶两侧应设扶手，并符合《无障碍设计规范》GB 50763—2012 的规定。

（6）台阶形式应依据不同的人流状况及服务对象进行选用，有突缘的踏步形式不符合无障碍设计规范和老年人建筑设计规范的要求，因此设计时应慎重考虑。另外还应考虑防滑和抗风化问题。

3.2.2 坡道

坡道是连接不同标高的楼面、地面，供人行或车行的斜坡式交通道。坡道大致分为人行坡道、无障碍坡道、自行车坡道和汽车坡道。坡道应满足下列规定：

（1）室内坡道坡度不宜大于1：8，室外坡道坡度不宜大于1：10。

（2）室内坡道水平投影长度超过15m时，宜设休息平台，平台宽度应根据使用功能或设备尺寸所需缓冲空间而定。

（3）供轮椅使用的坡道坡度不应大于1：12，困难地段不应大于1：8。

（4）自行车推行坡道每段坡长不宜超过6m，坡度不宜大于1：5。

（5）机动车行坡道应符合国家现行标准《车库建筑设计规范》JGJ 100—2015 的规定。

（6）坡道应采取防滑措施。

3.3 厨房与卫生间

3.3.1 厨房

本书主要讲述住宅、公寓内每户使用的专用厨房，食堂、餐厅、饭店等的厨房较复杂，但其基本原理和设计方法与住宅、公寓内的专用厨房基本相同。专用厨房的主要设备有灶台、案台、水池、储藏设施及排烟装置等，其使用现状包括厨房、餐厅合用和厨房、餐厅分开两种情况。

厨房设计应满足下列条件：具有良好的采光和通风条件；尽量利用厨房的有效空间布置足够的储藏设施，如壁龛、吊柜等；厨房的地面、墙面应考虑防水，便于清洁；室内布置应符合操作流程，并保证必要的操作空间，为使用方便、提高效率、节约时间创造条件。

1. 厨房的面积

厨房的使用面积应符合下列规定：

① 由卧室、起居室（厅）、厨房和卫生间等组成的住宅套型的厨房使用面积，不应小于 4.0m^2。

② 由兼起居的卧室、厨房和卫生间等组成的住宅最小套型的厨房使用面积，不应小于 3.5m^2。

厨房的面积一般比较紧凑，设备之间的距离要符合人体活动的要求。厨房采用单排布置时，其净宽不应小于1.5m，双面布置设备的厨房其两排设备的净距不应小于0.9m。

当住宅不设置供洗漱用的卫生间时，厨房还兼有洗漱、洗涤甚至沐浴的功能，有的厨房兼作用餐，此时应将厨房面积适当加大，以满足使用要求。

2. 厨房的布置

厨房按其功能组合可以分为工作厨房及餐室厨房两类。工作厨房仅安排炊事活动，餐室厨房则兼有炊事和进餐两种功能。

厨房按洗、切、烧的顺序布置洗池、案台、炉灶，尽量布置在光线好、空气流通、使用方便的位置。

设备布置要考虑操作时的方便，操作空间一般不小于750mm×750mm。设备间距过大，会增加往返走动的距离。厨房设备的布置形式如图3-2所示。

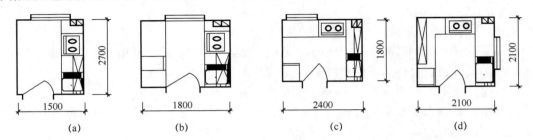

图3-2 厨房布置形式
(a) 单排布置；(b) 双排布置；(c) L形布置；(d) U形布置

（1）单排布置。适用于宽度只能单排布置设备的狭长平面或在另一侧布置餐桌的厨房。由于每件设备都要留出自己的操作面积，面积利用不够充分。

（2）双排布置。将设备分列两侧，操作时会造成180°转身往复走动，从而增加体力的消耗，适用于设阳台门的厨房及相对有两道门的厨房，条件允许时可以分别在两侧设洗池以减少往复跑动。

（3）L形及U形布置。设备成90°角布置，操作省力方便。设备的布置会形成一些死角而使面积利用不够充分。L形布置可保留一面完整墙面布置餐桌，而U形布置一般适用于人口较多的家庭及设备较多的厨房。这两种布置方式适用于平面接近方形的厨房。

设备的布置还要考虑不同地区的气候特点，炎热地区宜将灶炉靠窗布置，以利排除烟气；而寒冷地区要避免洗池靠窗布置，以免冻结。

3. 厨房的细部设计

厨房面积虽然不大，但牵涉的问题很多，若考虑不周，还会影响其他房间的使用。

厨房内主要考虑炊具、餐具、粮食、蔬菜、杂物等的储藏。一般应尽量利用空间，设置壁龛、搁板、吊柜等设备，但要注意存取方便。一般经常存取的搁板高度，应不超过1.7m高。而不常用的杂物可放置在更高的空间，有些较重而又经常取用的物品，如粮食、蔬菜等，可用案台下的空间存放。

厨房应有外窗，窗宽不小于0.9m，厨房门宽不小于0.8m。厨房应有良好的通风，要防止油烟、煤气、灰尘窜入居室。厨房还应注意防火，墙和地面要便于清洗，也要注意防水，一般厨房地面比居室地面低20～30mm。

3.3.2 卫生间

卫生间按其使用特点可分为专用卫生间和公共卫生间。

1. 卫生间设备及数量

卫生间设备首先应考虑人体活动所需空间和卫生器具所需的基本尺寸，再结合使用人数确定卫生间所需要的卫生器具数量和房间基本尺寸、布置形式。

卫生间设备有大便器、小便器、洗手盆、污水池等。大便器有蹲式和坐式两种，小便器有小便斗和小便槽两种。一般卫生器具尺寸如图3-3所示，常用卫生器具组合尺寸如图3-4所示，常用卫生洁具平面尺寸和使用空间见表3-1。

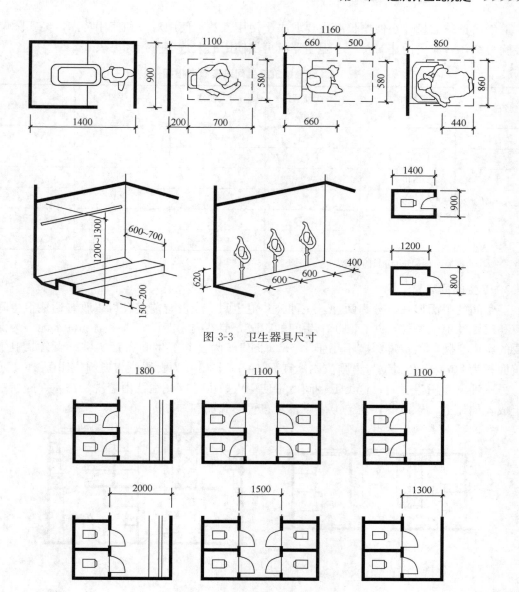

图 3-3 卫生器具尺寸

图 3-4 常用卫生器具组合尺寸

表 3-1 常用卫生洁具平面尺寸和使用空间

洁 具	平面尺寸（mm×mm）	使用空间（宽度 mm×进深 mm）
洗手盆	500×400	800×600
坐便器（低位、整体水箱）	700×500	800×600
蹲便器	800×500	800×600
卫生间便盆（靠墙式或悬挂式）	600×400	800×600
碗形小便器	400×400	700×500
水槽（桶/清洁工用）	500×400	800×800
烘手器	400×300	650×600

卫生设备的数量及小便槽长度主要取决于使用人数、使用对象和使用特点。经实际调查和经验总结，一般民用建筑每一个卫生器具可供使用的人数参考指标见表3-2。

表 3-2 部分建筑卫生间设备参考指标

建筑类型	男小便器（人/个）	女大便器（人/个）	男大便器（人/个）	洗手盆（人/个）	女男比例
体育馆	80	250	100	150	2∶1
电影院	50	150	50	200	1∶1
中小学	40	40	20	90	1∶1
火车站	80	80	40	150	7∶3
宿舍	20	20	15	12	按实际情况
旅馆	15	15	12	10	按设计要求

注：一个小便器，折合 0.6m 长的便槽。

2. 卫生间的布置

卫生间的平面形式可分为两种，一种公共卫生间，应设置前室，可以改善通往卫生间的走道和过厅的卫生条件，并有利于卫生间的隐蔽。前室内一般设有洗手盆和污水池，为保证必要的实用空间，前室进深应不小于1.5m。图3-5为公共卫生间布置实例。当公共卫生间建筑面积为70m²，女厕位与男厕位比例宜为2∶1；图3-6为女厕位与男厕位比例2∶1示意图。另一种是专用卫生间，这类卫生间由于使用人数少，因此往往由盥洗、浴室、厕所三部分组成，如住宅、旅馆等，住宅卫生设备及布置形式如图3-7所示。

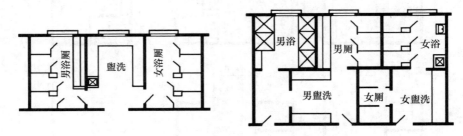

图 3-5 公共卫生间布置实例

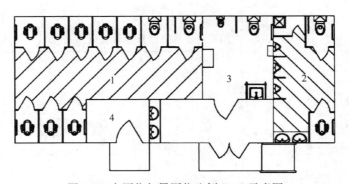

图 3-6 女厕位与男厕位比例 2∶1 示意图

1—女厕；2—男厕；3—第三卫生间；4—管理间

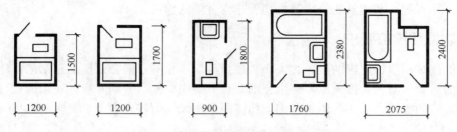

图 3-7 专用卫生间平面布置举例

3. 设计要求

（1）公共卫生间设计一般应考虑以下要求：

① 卫生间处于人流交通线上，与走道及楼梯间联系，如走道两端、楼梯间入口处、建筑转角处等。

② 大量人群使用的卫生间，应有良好的天然采光和通风。少数人使用的卫生间允许间接采光，但应安装抽风设施。为保证主题功能空间的良好朝向，卫生间可以布置在朝向较差的一侧。

③ 卫生间布置应利于节省管道，减少立管并靠近室外给排水管道。同楼层中男、女卫生间最好并排布置，避免管道分散。不同楼层卫生间应尽可能布置在上下相应的位置。

④ 公共卫生间无障碍设施应与公共卫生间同步设计、同步建设。在现有的建筑中，应建造无障碍厕位或无障碍专用卫生间，其设计应符合现行国家标准《无障碍设计规范》GB 50763—2012 的有关规定。

（2）专用卫生间设计要求：

① 在确定专用卫生间位置时，一般应与主题空间综合考虑。

② 每套住宅应设卫生间，应至少配置便器、洗浴器、洗面器三件卫生设备或为其预留的设置位置。

③ 三件卫生设备集中配置的卫生间的使用面积不应小于 2.5m²。卫生间可根据使用功能要求组合不同的设备。

④ 不同组合的空间使用面积应符合下列规定：设便器、洗面器时不应小于 1.8m²；设便器、洗浴器时不应小于 2.0m²；设洗面器、洗浴器时不应小于 2.0m²；设洗面器、洗衣机时不应小于 1.8m²；单设便器时不应小于 1.1m²。

⑤ 无前室的卫生间的门不应直接开向起居室（厅）或厨房。

⑥ 卫生间不应直接布置在下层住户的卧室、起居室（厅）、厨房和餐厅的上层。当卫生间布置在本套内的卧室、起居室（厅）、厨房和餐厅的上层时，均应有防水和便于检修的措施。

3.4 门窗

门和窗是房屋建筑中非常重要的构配件。门的主要作用是交通联系、紧急疏散并兼有采光、通风的作用；窗在建筑中的主要作用是采光、通风、接受日照和供人眺望。当门和窗位于外墙上时，作为建筑物外墙的组成部分，其对于保证外墙的维护需求（如保温、隔热、隔声、防风、挡雨等）和建筑的外观形象起着非常重要的作用。

3.4.1 功能和疏散要求

不同的建筑功能，门窗的设置、大小、数量等均不相同，但都要满足正常的使用功能和安全疏散的需要。对大量性人流，疏散门的开启方向应向疏散方向开启，还应通过计算疏散宽度来设置门的数量和大小。建筑各部位门洞的最小尺寸应符合表 3-3 的规定。

表 3-3　门洞最小尺寸

类　别	洞口宽度（m）	洞口高度（m）
公用外门	1.20	2.00
户（套）门	1.00	2.00
起居室（厅）门	0.90	2.00
卧室门	0.90	2.00
厨房门	0.80	2.00
卫生间门	0.70	2.00
阳台门（单扇）	0.70	2.00

注：1. 表中门洞口高度不包括门上亮子高度，宽度以平开门为准。
　　2. 洞口两侧地面有高低差时，以高地面为起算高度。

3.4.2 门窗的基本性能要求

（1）自然通风是保证室内空气质量的重要因素，为获取良好的天然采光，保证房间足够的照度，设计时应保证外窗可开启面积，尽可能使房间空气对流，外窗面积应根据房间功能相应的窗地比来确定。

（2）门窗材料、尺寸、功能和质量等应符合使用要求，并应符合建筑门窗产品标准的规定；门窗的配件应与门窗主体相匹配，并应符合各种材料的技术要求。

（3）门窗与墙体应连接牢固，且满足抗风压、水密性、气密性的要求，对不同材料的门窗应选择相应的密封材料。

（4）应推广应用具有节能、密封、隔声、防结露等优良性能的建筑门窗。

3.4.3 设计要求

1. 门的设计要求

（1）外门构造应开启方便，坚固耐用。

（2）手动开启的大门扇应有制动装置，推拉门应有防脱轨的措施。

（3）双面弹簧门应在可视高度部分装透明安全玻璃。

（4）旋转门、电动门、卷帘门和大型门的邻近应另设平开疏散门，或在门上设疏散门。

（5）开向疏散走道及楼梯间的门扇开足时，不应影响走道及楼梯平台的疏散宽度。

（6）全玻璃门应选用安全玻璃或采取防护措施，并应设防撞提示标志。

（7）门的开启不应跨越变形缝。

2. 窗的设计要求

（1）窗扇的开启形式应方便使用、安全和易于维修、清洗。

（2）当采用外开窗时应加强牢固窗扇的措施。

（3）开向公共走道的窗扇，其窗台高度不应低于 2m。

（4）临空的窗台低于 0.8m 时，应采取防护措施，防护高度由楼地面起计算不应低于 0.8m。

（5）防火墙上必须开设窗洞时，应按防火规范设置。

（6）住宅窗外没有阳台或平台的外窗，窗台距楼面、地面的净高低于 0.9m 时，应设置防护设施。

3.4.4　门窗的形式和尺度

门窗的形式主要取决于门窗的开启方式，不论其材料如何，开启方式均大致相同。

1. 门的形式及门的尺度

按开启方式，门通常有平开门、弹簧门、推拉门、折叠门、旋转门等，如图 3-8 所示。

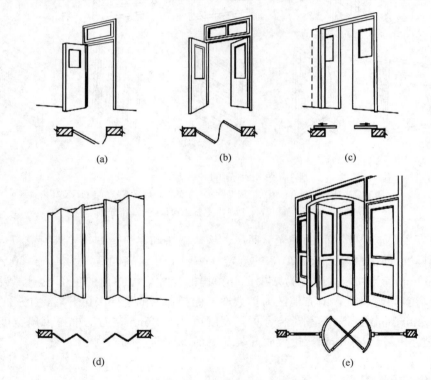

图 3-8　门的开启方式
(a) 平开门；(b) 弹簧门；(c) 推拉门；(d) 折叠门；(e) 旋转门

门的尺度通常指门洞的高宽尺寸。门作为交通疏散通道，其尺度取决于人的通行要求、家具器械的搬运及建筑物的比例关系等，并要符合现行《建筑模数协调标准》GB/T 50002—2013 的规定。

一般民用建筑门的高度不宜小于 2100mm，如门设有亮子时，亮子高度一般为 300～600mm，则门洞高度为门扇高加亮子高，即门洞高度一般为 2400～3000mm。公共建筑大门的高度可视需要适当提高。

门的宽度，单扇门为 700～1000mm，双扇门为 1200～1800mm。宽度在 2100mm 以上时，则多做成三扇门、四扇门或双扇带固定扇的门。辅助房间（如浴厕、储藏室等）门的宽度可窄些，一般为 700～800mm。

为了使用方便，一般民用建筑门（木门、铝合金门、塑料门）均编制成标准图，在图上注明类型及有关尺寸，设计时可根据需要直接选用。

2. 窗的形式和尺度

窗按开启方式通常有固定窗、平开窗、上旋窗、中悬窗、下悬窗、立转窗、上下推拉窗、左右推拉窗和百叶窗等，如图 3-9 所示。

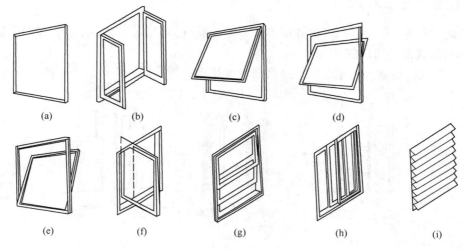

图 3-9　窗的开启方式
（a）固定窗；（b）平开窗；（c）上旋窗；（d）中悬窗；（e）下悬窗；（f）立转窗；
（g）上下推拉窗；（h）左右推拉窗；（i）百叶窗

窗的尺度主要取决于房间的采光、通风、构造做法和建筑造型等要求，应符合现行《建筑模数协调标准》GB/T 50002—2013 的规定。一般平开窗扇的宽度为 400～600mm，高度为 800～1500mm。当窗较大时，为减少可开窗扇的尺寸，可在窗的上部或下部设亮窗，北方地区的亮窗多固定设置，南方地区为扩大通风面积，窗的上亮多可开启，上亮的高度一般取 300～600mm。固定窗扇不需安装合页，宽度可达 900mm 左右。推拉窗扇宽度也可达到 900mm，高度不大于 1500mm，过大时开关不灵活。

3.5　阳台与雨篷

3.5.1　阳台

阳台是多层或高层建筑中不可缺少的室内外过渡空间，为人们提供户外活动的场所。阳台的设置对建筑物的外部形象起着重要的作用。

1. 阳台的类型、组成及要求

（1）类型

按使用要求的不同，阳台可分为生活阳台和服务阳台；按其与建筑物外墙的关系，阳台可分为挑阳台（凸阳台）、半挑半凹阳台和凹阳台，如图 3-10 所示；按阳台在外立面的位置又可分为转角阳台和中间阳台；按阳台栏板上部的形式又可分为封闭阳台和开敞式阳台；按施工形式，阳台可分为现浇式阳台和预制装配式阳台；按悬臂结构的形式，阳台又可分为板悬臂式阳台与梁悬臂式阳台等。

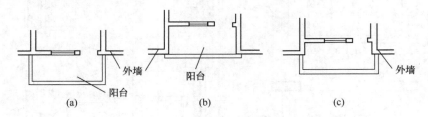

图 3-10　阳台的类型
（a）挑阳台；（b）凹阳台；（c）半挑半凹阳台

（2）组成

阳台由承重结构（梁、板）和围护结构（栏杆或栏板）组成。

（3）要求

阳台的结构及构造设计应满足以下要求：

① 安全、坚固。阳台出挑部分的承重结构均为悬臂结构，所以阳台的出挑长度应满足结构抗倾覆的要求，以保证结构安全。阳台栏杆、扶手构造应坚固、耐久，并给人们以足够的安全感。

② 适用、美观。阳台的出挑长度应根据使用要求确定。阳台的地面应低于相邻楼地面 20～50mm，以免雨水流入室内，并应做一定坡度和布置排水设施，使排水顺畅。阳台的栏杆（栏板）应结合地区气候特点，并满足立面造型的需要。

2. 阳台的栏杆（栏板）

（1）阳台栏杆高度

阳台栏杆高度依据建筑使用对象不同而有所区别，根据《民用建筑设计统一标准》GB 50352—2019 和《住宅设计规范》GB 50096—2011 中规定：临空高度在 24.0m 以下时不应低于 1.05m；临空高度在 24.0m 及以上时不应低于 1.10m。阳台栏杆设计必须采用防止儿童攀登的构造，栏杆的垂直杆件间净距不应大于 0.11m，放置花盆处必须采取防坠落措施。栏杆离地面或屋面 100mm 高度内不宜留空。封闭阳台栏板或栏杆也应满足阳台栏板或栏杆净高要求。七层及七层以上住宅和寒冷、严寒地区住宅宜采用实体栏板。

（2）阳台栏杆类型

按阳台栏杆的空透情况不同有空心栏板、空花栏杆和部分空透的组合式栏杆。根据阳台栏杆（栏板）使用的材料不同，有金属栏杆、钢筋混凝土栏杆、玻璃栏板，还有不同材料组成的混合栏杆。金属栏杆如采用钢栏杆易锈蚀，如为其他合金则造价较高；钢筋混凝土栏杆耐久性、整体性好，用途较为广泛。

（3）阳台栏杆的连接构造

金属栏杆扶手一般采用预埋铁件焊接连接，或预留孔洞用水泥砂浆锚固。钢筋混凝土栏板扶手可与阳台板一起浇筑而成，也可用预制栏杆（栏板）借预埋铁件焊接。

扶手与墙体的连接，多在墙内预留孔洞，将扶手或扶手中的铁件插入孔内，用细石混凝土填实锚固；或与墙上预埋铁件焊接连接，如图 3-11 所示。

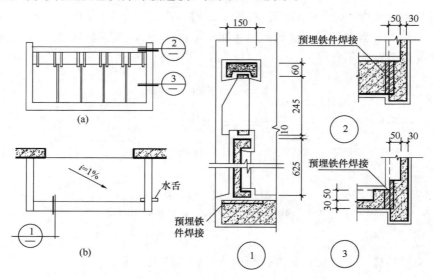

图 3-11　阳台栏杆扶手的连接构造
（a）立面；（b）平面

3. 阳台的排水

阳台排水方式分为内排水和外排水两种，后者适用于低层建筑，排水口处设置 ϕ40mm 或 ϕ50mm 镀锌管或塑料管水舌，水舌向外挑出至少 80mm，以防积水污染下层阳台，如图 3-12 所示。高层建筑阳台应采用内排水。最上层的阳台顶部应设置雨罩进行防雨。

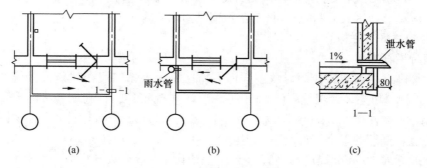

图 3-12　阳台排水处理
（a）外排水；（b）内排水；（c）1-1

3.5.2　雨篷

雨篷是位于建筑物出入口上方用来遮挡雨水、保护外门免受雨水侵蚀的水平构件。

雨篷板可以采用门洞过梁悬挑，也可采用墙或柱支承，前者构造简单，如图 3-13 所示。

现代建筑中多采用钢结构和钢化玻璃的新型雨篷，其特点是结构轻巧，造型美观，透明新颖，富有现代感。

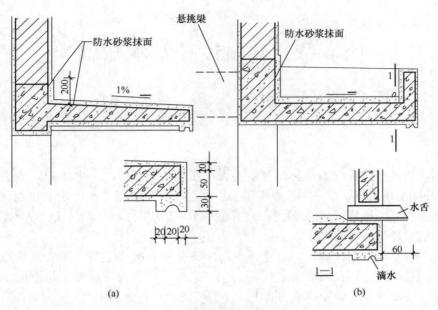

图 3-13　钢筋混凝土悬挑雨篷

（a）板式雨篷；（b）梁板式雨篷

第4章 建筑设计基本知识

4.1 概述

建筑是建筑物和构筑物的总称。凡是供人们在其内进行生产、生活或其他活动的房屋（或场所）都称为建筑物，如住宅、教学楼、厂房等；只为满足某一特定的功能建造的，人们一般不直接在其内进行活动的场所则称为构筑物，如水塔、电视塔、烟囱等。本书所指的建筑主要是房屋建筑。

建筑设计包括两方面内容，即对建筑空间的研究和对构成建筑空间的建筑物实体的研究。建筑空间是供人使用的场所，它们的大小、形态、组合及流通关系与使用功能密切相关，同时往往还反映了一种精神上的需求。人类漫长的发展史，从为了躲避自然环境对自身的伤害栖树、岩洞而居（图4-1），逐步发展，最终创造出了各式各样的建筑物。例如为了满足居住和生活的而建造的住宅，为了买卖交易而建造的商场，为了在其中生产某些产品而建造的厂房等。而无论是建筑遗迹，还是现代的各种建筑，其空间的围合形式、空间尺度等都带有强烈的精神方面的指向，并反映着当时人类宗教活动的痕迹。例如当今最为普遍的建筑——住宅，其在考虑空间组合时，也是既要满足居住者使用上的方便：将厨房靠近户门、将厨房与餐厅就近安排等，还要注意保证卧室的私密性等与人生活有关的内容。因此，对建筑空间的研究，是建筑设计的核心工作。

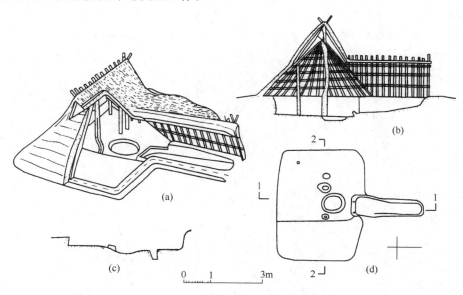

图 4-1 西安半坡村遗址

（a）剖面图复原想象；（b）断面图 1-1 复原想象；（c）断面图 2-2；（d）发掘平面

所有空间都需要围合和分隔才能形成。作为人类栖息活动的场所，建筑还应满足保温、隔热、隔声、防风、防雨、防雪、防火等物质方面的需求。因此在建筑设计过程中，设计人员还必须注重对建筑物实体的研究，使建筑物实体既满足使用价值，又具有观赏价值。建筑物的使用价值，是指其对空间的界定作用，而观赏价值是指对建筑形态的构成作用。例如北京市人民检察院新办公楼（图 4-2），建筑外部材料采用清水混凝体挂板、U 形玻璃及铝合金格架幕墙的组合方式，给人形成新的材料体验感，成功地演绎了国家司法机关简明、透明、明朗、明确的文化特质。

图 4-2 北京市人民检察院新办公楼

4.2 建筑的分类

建筑可以根据它的使用性质、特征和防火要求等进行分类。

4.2.1 按建筑的使用性质分类

建筑根据其使用性质，通常可以分为生产性建筑和非生产性建筑两大类。

生产性建筑根据其生产内容可以分为工业建筑、农业建筑等类别。工业建筑主要包括生产厂房、辅助生产厂房、动力建筑、储藏建筑等。农业建筑即指农副业生产建筑，如温室、畜禽饲养场、水产品养殖场、农副产品加工厂、粮仓等。生产性建筑的形式和规模主要由产品的生产工艺决定，所以当生产内容或生产工艺发生变化时，建筑往往也需要随之改变。

非生产性建筑则可统称为民用建筑。民用建筑根据使用功能可再分为居住建筑和公共建筑两个大类。居住建筑是供人们居住使用的建筑，如住宅建筑、宿舍建筑等。公共建筑是供人们进行各种公共活动的建筑，如行政办公建筑、文教建筑、科研建筑、医疗建筑、托幼建筑、商业建筑等。

4.2.2 按建筑的层数分类

建筑按地上层数或高度可分为低层建筑、多层建筑、高层建筑和超高层建筑。

（1）住宅建筑按层数分类，一层至三层为低层住宅；四层至六层为多层住宅；七层至九层为中高层住宅；十层及十层以上为高层住宅。

（2）除住宅建筑之外的民用建筑高度不大于24m者为单层和多层建筑，大于24m者为高层建筑（不包括建筑高度大于24m的单层公共建筑）。

（3）建筑物高度超过100m的民用建筑为超高层建筑。

（4）工业建筑（厂房）分为单层厂房、多层厂房和混合层数厂房。

4.2.3　按防火要求分类

高层民用建筑根据其建筑高度、使用功能和楼层的建筑面积可分为一类和二类。民用建筑的分类应符合《建筑设计防火规范》GB 50016—2014（2018年版）的规定，见表4-1。

表4-1　民用建筑的分类

名称	高层民用建筑		单层、多层民用建筑
	一类	二类	
住宅建筑	建筑高度大于54m的住宅建筑（包括设置商业服务网点的住宅建筑）	建筑高度大于27m，但不大于54m的住宅建筑（包括设置商业服务网点的住宅建筑）	建筑高度不大于27m的住宅建筑（包括设置商业服务网点的住宅建筑）
公共建筑	1. 建筑高度大于50m的公共建筑； 2. 建筑高度24m以上的部分任一楼层建筑面积大于1000m²的商店、展览、电信、邮政、财贸金融建筑和其他多种功能组合的建筑； 3. 医疗建筑、重要公共建筑、独立建造的老年人照料设施； 4. 省级及以上的广播电视和防灾指挥调度建筑、网局级和省级电力调度建筑； 5. 藏书超过100万册的图书馆、书库	除一类高层公共建筑外的其他高层公共建筑	1. 建筑高度大于24m的单层公共建筑； 2. 建筑高度不大于24m的其他公共建筑

注：1. 表中未列入的建筑，其类别应根据本表类比确定。

2. 除本规范另有规定外，宿舍、公寓等非住宅类居住建筑的防火要求，应符合本规范有关公共建筑的规定。

3. 除本规范另有规定外，裙房的防火要求应符合本规范有关高层民用建筑的规定。

4.3　建筑防火设计

为了预防建筑火灾，减少火灾危害，保护人身和财产安全，建筑设计时应符合《建筑设计防火规范》GB 50016—2014（2018年版）的要求。

4.3.1　民用建筑的耐火等级

民用建筑的耐火等级可分为一级、二级、三级、四级。除《建筑设计防火规范》GB 50016—2014（2018年版）另有规定外，不同耐火等级建筑相应构件的燃烧性能和耐火极限不应低于表 4-2 的规定。

表 4-2　不同耐火等级建筑相应构件的燃烧性能和耐火极限　　　　（h）

构件名称		耐火等级			
		一级	二级	三级	四级
墙	防火墙	不燃性 3.00	不燃性 3.00	不燃性 3.00	不燃性 3.00
	承重墙	不燃性 3.00	不燃性 2.50	不燃性 2.00	难燃性 0.50
	非承重外墙	不燃性 1.00	不燃性 1.00	不燃性 0.50	可燃性
	楼梯间和前室的墙 电梯井的墙 住宅建筑单元之间的墙和分户墙	不燃性 2.00	不燃性 2.00	不燃性 1.50	难燃性 0.50
	疏散走道两侧的隔墙	不燃性 1.00	不燃性 1.00	不燃性 0.50	难燃性 0.25
	房间隔墙	不燃性 0.75	不燃性 0.50	不燃性 0.50	难燃性 0.25
柱		不燃性 3.00	不燃性 2.50	不燃性 2.00	难燃性 0.50
梁		不燃性 2.00	不燃性 1.50	不燃性 1.00	难燃性 0.50
楼板		不燃性 1.50	不燃性 1.00	不燃性 0.50	可燃性
屋顶承重构件		不燃性 1.50	不燃性 1.00	可燃性 0.50	可燃性
疏散楼梯		不燃性 1.50	不燃性 1.00	不燃性 0.50	可燃性
吊顶（包括吊顶搁栅）		不燃性 0.25	难燃性 0.25	难燃性 0.15	可燃性

　　注：1. 除《建筑设计防火规范》GB 50016—2014（2018 年版）另有规定外，以木柱承重且墙体采用不燃材料的建筑，其耐火等级应按四级确定。

　　　　2. 住宅建筑构件的耐火极限和燃烧性能可按现行国家标准《住宅建筑规范》GB 50368—2005 的规定执行。

　　民用建筑的耐火等级根据其建筑高度、使用功能、重要性和火灾扑救难度等确定，并应符合下列规定：

（1）地下或半地下建筑（室）和一类高层建筑的耐火等级不应低于一级。

（2）单层、多层重要公共建筑和二类高层建筑的耐火等级不应低于二级。

（3）除木结构建筑外，老年人照料设施的耐火等级不应低于三级。

建筑高度大于 100m 的民用建筑，其楼板的耐火极限不应低于 2.00h。一级、二级耐火等级建筑的上人平屋顶，其屋面板的耐火极限分别不应低于 1.50h 和 1.00h。

4.3.2 民用建筑的防火间距

民用建筑之间的防火间距不应小于表 4-3 的规定，与其他建筑的防火间距，还应符合《建筑设计防火规范》GB 50016—2014（2018 年版）相关章节的规定。

表 4-3 民用建筑之间的防火间距 (m)

建筑类别		高层民用建筑	裙房和其他民用建筑		
		一级、二级	一级、二级	三级	四级
高层民用建筑	一级、二级	13	9	11	14
裙房和其他民用建筑	一级、二级	9	6	7	9
	三级	11	7	8	10
	四级	14	9	10	12

注：1. 相邻两座单层、多层建筑，当相邻外墙为不燃性墙体且无外露的可燃性屋檐，每面外墙上无防火保护的门、窗、洞口不正对开设且该门、窗、洞口的面积之和不大于外墙面积的 5% 时，其防火间距可按本表的规定减少 25%。
  2. 两座建筑相邻较高一面外墙为防火墙，或高出相邻较低一座一级、二级耐火等级建筑的屋面 15m 及以下范围内的外墙为防火墙时，其防火间距不限。
  3. 相邻两座高度相同的一级、二级耐火等级建筑中相邻任一侧外墙为防火墙，屋顶的耐火极限不低于 1.00h 时，其防火间距不限。
  4. 相邻两座建筑中较低一座建筑的耐火等级不低于二级，相邻较低一面外墙为防火墙且屋顶无天窗，屋顶的耐火极限不低于 1.00h 时，其防火间距不应小于 35m；对于高层建筑，不应小于 4m。
  5. 相邻两座建筑中较低一座建筑的耐火等级不低于二级且屋顶无天窗，相邻较高一面外墙高出较低一座建筑的屋面 15m 及以下范围内的开口部位设置甲级防火门、窗，或设置符合现行国家标注《自动喷水灭火系统设计规范》GB 50084—2017 规定的防火分隔水幕或《建筑设计防火规范》GB 50016—2014 第 6.5.3 条规定的防火卷帘时，其防火间距不应小于 3.5m；对于高层建筑，不应小于 4m。
  6. 相邻建筑通过连廊、天桥或底部的建筑物等连接时，其间距不应小于本表的规定。
  7. 耐火等级低于四级的既有建筑，其耐火等级可按四级确定。

4.3.3 民用建筑的防火分区和层数

独立建造的一级、二级耐火等级老年人照料设施的建筑高度不宜大于 32m，不应大于 54m；独立建造的三级耐火等级老年人照料设施，不应超过 2 层。除《建筑设计防火规范》GB 50016—2014（2018 年版）另有规定外，不同耐火等级建筑的允许建筑高度或层数、防火分区最大允许建筑面积应符合表 4-4 的规定。

表 4-4 不同耐火等级建筑的允许建筑高度或层数、防火分区最大允许建筑面积

名称	耐火等级	允许建筑高度或层数	防火分区的最大允许建筑面积（m²）	备注
高层民用建筑	一级、二级	按表 4-1 确定	1500	对于体育馆、剧场的观众厅，防火分区的最大允许建筑面积可适当增加
单、多层民用建筑	一级、二级	按表 4-1 确定	2500	
	三级	5 层	1200	
	四级	2 层	600	
地下或半地下建筑（室）	一级	—	500	设备用房的防火分区最大允许建筑面积不应大于 1000m²

注：1. 表中规定的防火分区最大允许建筑面积，当建筑内设置自动灭火系统时，可按本表的规定增加 1.0 倍；局部设置时，防火分区的增加面积可按该局部面积的 1.0 倍计算。
  2. 裙房与高层建筑主体之间设置防火墙时，裙房的防火分区可按单层、多层建筑的要求确定。

4.3.4　民用建筑的平面布置

民用建筑的平面布置应结合建筑的耐火等级、火灾危险性、使用功能和安全疏散等因素合理布置。

商店建筑、展览建筑采用三级耐火等级建筑时，不应超过 2 层；采用四级耐火等级建筑时，应为单层。营业厅、展览厅设置在三级耐火等级的建筑内时，应布置在首层或二层；设置在四级耐火等级的建筑内时，应布置在首层。

托儿所、幼儿园的儿童用房和儿童游乐厅等儿童活动场所宜设置在独立的建筑内，且不应设置在地下或半地下；当采用一级、二级耐火等级的建筑时，不应超过 3 层；采用三级耐火等级的建筑时，不应超过 2 层；采用四级耐火等级的建筑时，应为单层；确需设置在其他民用建筑内时，应符合下列规定：

（1）设置在一级、二级耐火等级的建筑内时，应布置在首层、二层或三层。

（2）设置在三级耐火等级的建筑内时，应布置在首层或二层。

（3）设置在四级耐火等级的建筑内时，应布置在首层。

（4）设置在高层建筑内时，应设置独立的安全出口和疏散楼梯。

（5）设置在单层、多层建筑内时，宜设置独立的安全出口和疏散楼梯。

老年人照料设施宜独立设置。当老年人照料设施与其他建筑上、下组合时，老年人照料设施宜设置在建筑的下部，并应符合下列规定：

（1）老年人照料设施部分的建筑层数、建筑高度或所在楼层位置的高度应符合"独立建造的一级、二级耐火等级老年人照料设施的建筑高度不宜大于 32m，不应大于 54m；独立建造的三级耐火等级老年人照料设施，不应超过 2 层"的规定。

（2）老年人照料设施部分，应采用耐火极限不低于 2.00h 的防火隔墙和 1.00h 的楼板与其他场所或部位进行防火分隔，墙上必须设置的门、窗应采用乙级防火门、窗。

当老年人照料设施中的老年人公共活动用房、康复与医疗用房设置在地下、半地下时，应设置在地下一层，每间用房的建筑面积不应大于 200m² 且使用人数不应大于 30 人。老年人照料设施中的老年人公共活动用房、康复与医疗用房设置在地上四层及以上时，每间用房的建筑面积不应大于 200m² 且使用人数不应大于 30 人。

4.3.5　安全疏散和避难

1. 一般要求

民用建筑应根据其建筑高度、规模、使用功能和耐火等级等因素合理设置安全疏散和避难设施。安全出口和疏散门的位置、数量、宽度及疏散楼梯间的形式，应满足人员安全疏散的要求。

建筑内的安全出口和疏散门应分散布置，且建筑内每个防火分区或一个防火分区的每个楼层、每个住宅单元每层相邻两个安全出口以及每个房间相邻两个疏散门最近边缘之间的水平距离不应小于 5m。

建筑的楼梯间宜通至屋面，通向屋面的门或窗应向外开启。自动扶梯和电梯不应计作安全疏散设施。除人员密集场所外，建筑面积不大于 500m²、使用人数不超过 30 人且埋深不大于 10m 的地下或半地下建筑（室），当需要设置 2 个安全出口时，其中一个安全出口可利

45

用直通室外的金属竖向梯。

除歌舞、娱乐、放映、游艺场所外，防火分区建筑面积不大于 200m² 的地下或半地下设备间、防火分区建筑面积不大于 50m² 且经常停留人数不超过 15 人的其他地下或半地下建筑（室），可设置 1 个安全出口或 1 部疏散楼梯。

除《建筑设计防火规范》GB 50016—2014（2018 年版）另有规定外，建筑面积不大于 200m² 的地下或半地下设备间、建筑面积不大于 50m² 且经常停留人数不超过 15 人的其他地下或半地下房间，可设置 1 个疏散门。

直通建筑内附设汽车库的电梯，应在汽车库部分设置电梯候梯厅，并应采用耐火极限不低于 2.00h 的防火隔墙和乙级防火门与汽车库分隔。

高层建筑直通室外的安全出口上方，应设置挑出宽度不小于 1.0m 的防护挑檐。

2. 公共建筑

公共建筑内每个防火分区或一个防火分区的每个楼层，其安全出口的数量应经计算确定，且不应少于 2 个。设置 1 个安全出口或 1 部疏散楼梯的公共建筑应符合下列条件之一：

（1）除托儿所、幼儿园外，建筑面积不大于 200m² 且人数不超过 50 人的单层公共建筑或多层公共建筑的首层。

（2）除医疗建筑，老年人照料设施，托儿所、幼儿园的儿童用房，儿童游乐厅等儿童活动场所和歌舞、娱乐、放映、游艺场所等外，符合表 4-5 规定的公共建筑。

表 4-5　设置 1 部疏散楼梯的公共建筑

耐火等级	最多层数	每层最大建筑面积（m²）	人数
一级、二级	3 层	200	第二、第三层的人数之和不超过 50 人
三级	3 层	200	第二、第三层的人数之和不超过 25 人
四级	2 层	200	第二层人数不超过 15 人

一级、二级耐火等级公共建筑内的安全出口全部直通室外确有困难的防火分区，可利用通向相邻防火分区的甲级防火门作为安全出口，但应符合下列要求：

（1）利用通向相邻防火分区的甲级防火门作为安全出口时，应采用防火墙与相邻防火分区进行分隔。

（2）建筑面积大于 1000m² 的防火分区，直通室外的安全出口不应少于 2 个；建筑面积不大于 1000m² 的防火分区，直通室外的安全出口不应少于 1 个。

（3）该防火分区通向相邻防火分区的疏散净宽度不应大于其按表 4-10 规定计算所需疏散总净宽度的 30%，建筑各层直通室外的安全出口总净宽度不应小于按照表 4-10 规定计算所需疏散总净宽度。

高层公共建筑的疏散楼梯，当分散设置确有困难且从任一疏散门至最近疏散楼梯间入口的距离不大于 10m 时，可采用剪刀楼梯间，但应符合下列规定：

（1）楼梯间应为防烟楼梯间。

（2）梯段之间应设置耐火极限不低于 1.00h 的防火隔墙。

（3）楼梯间的前室应分别设置。

设置不少于 2 部疏散楼梯的一级、二级耐火等级多层公共建筑，如顶层局部升高，当高出部分的层数不超过 2 层、人数之和不超过 50 人且每层建筑面积不大于 200m² 时，高出部分可设置 1 部疏散楼梯，但至少应另外设置 1 个直通建筑主体上人平屋面的安全出口，且上人屋面应符合人员安全疏散的要求。

一类高层公共建筑和建筑高度大于 32m 的二类高层公共建筑，其疏散楼梯应采用防烟楼梯间。裙房和建筑高度不大于 32m 的二类高层公共建筑，其疏散楼梯应采用封闭楼梯间。

注：当裙房与高层建筑主体之间设置防火墙时，裙房的疏散楼梯可按《建筑设计防火规范》GB 50016—2014（2018 年版）中有关单、多层建筑的要求确定。

下列多层公共建筑的疏散楼梯，除与敞开式外廊直接相连的楼梯间外，均应采用封闭楼梯间：

（1）医疗建筑、旅馆、公寓类似使用功能的建筑。

（2）设置歌舞、娱乐、放映、游艺场所的建筑。

（3）商店、图书馆、展览建筑、会议中心及类似使用功能的建筑。

（4）6 层及以上的其他建筑。

老年人照料设施的疏散楼梯或疏散楼梯间宜与敞开式外廊直接连通，不能与敞开式外廊直接连通的室内疏散楼梯应采用封闭楼梯间。建筑高度大于 24m 的老年人照料设施，其室内疏散楼梯应采用防烟楼梯间。建筑高度大于 32m 的老年人照料设施，宜在 32m 以上部分增设能连通老年人居室和公共活动场所的连廊，各层连廊应直接与疏散楼梯、安全出口或室外避难场地连通。

公共建筑内的客、货电梯宜设置电梯候梯厅，不宜直接设置在营业厅、展览厅、多功能厅等场所内。老年人照料设施内的非消防电梯应采取防烟措施，当火灾情况下需用于辅助人员疏散时，该电梯及其设置应符合《建筑设计防火规范》GB 50016—2014（2018 年版）有关消防电梯及其设置的要求。

公共建筑内房间的疏散门数量应经计算确定且不应少于 2 个。除托儿所、幼儿园、老年人照料设施、医疗建筑、教学建筑内位于走道尽端的房间外，符合下列条件之一的房间可设置 1 个疏散门：

（1）位于 2 个安全出口之间或袋形走道两侧的房间，对于托儿所、幼儿园、老年人照料设施，建筑面积不大于 50m^2；对于医疗建筑、教学建筑，建筑面积不大于 75m^2；对于其他建筑或场所，建筑面积不大于 120m^2。

（2）位于走道尽端的房间，建筑面积小于 50m^2 且疏散门的净宽度不小于 0.90m，或由房间内任一点至疏散门的直线距离不大于 15m、建筑面积不大于 200m^2 且疏散门的净宽度不小于 1.40m。

（3）歌舞、娱乐、放映、游艺场所内建筑面积不大于 50m^2 且经常停留人数不超过 15 人的厅、室。

剧场、电影院、礼堂和体育馆的观众厅或多功能厅，其疏散门的数量应经计算确定且不应少于 2 个，并应符合下列规定：

（1）对于剧场、电影院、礼堂的观众厅或多功能厅，每个疏散门的平均疏散人数不应超过 250 人；当容纳人数超过 2000 人时，其超过 2000 人的部分，每个疏散门的平均疏散人数不应超过 400 人。

（2）对于体育馆的观众厅，每个疏散门的平均疏散人数不宜超过 400～700 人。

公共建筑的安全疏散距离应符合下列规定：

（1）直通疏散走道的房间疏散门至最近安全出口的直线距离不应大于表 4-6 的规定。

表 4-6　直通疏散走道的房间疏散门至最近安全出口的直线距离　　　　　　（m）

名称			位于两个安全出口之间的疏散门			位于袋形走道两侧或尽端的疏散门		
			一级、二级	三级	四级	一级、二级	三级	四级
托儿所、幼儿园老年人照料设施			25	20	15	20	15	10
歌舞、娱乐、放映、游艺场所			25	20	15	9	—	—
医疗建筑	单层、多层		35	30	25	20	15	10
	高层	病房部分	24	—	—	12	—	—
		其他部分	30	—	—	15	—	—
教学建筑	单层、多层		35	30	25	22	20	10
	高层		30	—	—	15	—	—
高层旅馆、展览建筑			30	—	—	15	—	—
其他建筑	单层、多层		40	35	25	22	20	15
	高层		40	—	—	20	—	—

注：1. 建筑内开向敞开式外廊的房间疏散门至最近安全出口的直线距离可按本表的规定增加 5m。
　　2. 直通疏散走道的房间疏散门至最近敞开楼梯间的直线距离，当房间位于两个楼梯间之间时，应按本表的规定减少 5m；当房间位于袋形走道两侧或尽端时，应按本表的规定减少 2m。
　　3. 建筑物内全部设置自动喷水灭火系统时，其安全疏散距离可按本表的规定增加 25%。

（2）楼梯间应在首层直通室外，确有困难时，可在首层采用扩大的封闭楼梯间或防烟楼梯间前室。当层数不超过 4 层且未采用扩大的封闭楼梯间或防烟楼梯间前室时，可将直通室外的门设置在离楼梯间不大于 15m 处。

（3）房间内任一点至房间直通疏散走道的疏散门的直线距离，不应大于表 4-6 规定的袋形走道两侧或尽端的疏散门至最近安全出口的直线距离。

（4）一级、二级耐火等级建筑内疏散门或安全出口不少于 2 个的观众厅、展览厅、多功能厅、餐厅、营业厅等，其室内任一点至最近疏散门或安全出口的直线距离不应大于 30m；当疏散门不能直通室外地面或疏散楼梯间时，应采用长度不大于 10m 的疏散走道通至最近的安全出口。当该场所设置自动喷水灭火系统时，室内任一点至最近安全出口的安全疏散距离可分别增加 25%。

除《建筑设计防火规范》GB 50016—2014（2018 年版）另有规定外，公共建筑内疏散门和安全出口的净宽度不应小于 0.90m，疏散走道和疏散楼梯的净宽度不应小于 1.10m。

高层公共建筑内楼梯间的首层疏散门、首层疏散外门、疏散走道和疏散楼梯的最小净宽度应符合表 4-7 的规定。

表 4-7　高层公共建筑内楼梯间的首层疏散门、首层疏散外门、疏散走道和疏散楼梯的最小净宽度

（m）

建筑类别	楼梯间的首层疏散门、首层疏散外门	走道		疏散楼梯
		单面布房	双面布房	
高层医疗建筑	1.30	1.40	1.50	1.30
其他高层公共建筑	1.20	1.30	1.40	1.20

人员密集的公共场所、观众厅的疏散门不应设置门槛，其净宽度不应小于 1.40m，且紧靠门口内外各 1.40m 范围内不应设置踏步。人员密集的公共场所的室外疏散通道的净宽度不应小于 3.00m，并应直接通向宽敞地带。

剧场、电影院、礼堂、体育馆等场所的疏散走道、疏散楼梯、疏散门、安全出口的各自总净宽度，应符合下列规定：

（1）观众厅内疏散走道的净宽度应按每 100 人不小于 0.60m 计算，且不应小于 1.00m；边走道的净宽度不宜小于 0.80m。布置疏散走道时，横走道之间的座位排数不宜超过 20 排；纵走道之间的座位数：剧场、电影院、礼堂等，每排不宜超过 22 个；体育馆，每排不宜超过 26 个；前后排座椅的排距不小于 0.90m 时，可增加 1.0 倍，但不得超过 50 个；仅一侧有纵走道时，座位数应减少一半。

（2）剧场、电影院、礼堂等场所供观众疏散的所有内门、外门、楼梯和走道的各自总净宽度，应根据疏散人数按每 100 人的最小疏散净宽度不小于表 4-8 的规定计算确定。

表 4-8　剧场、电影院、礼堂等场所每 100 人所需最小疏散净宽度　　（m/百人）

观众厅座位数（座）			≤2500	≤1200
耐火等级			一级、二级	三级
疏散部位	门和走道	平坡地面	0.65	0.85
		阶梯地面	0.75	1.00
	楼梯		0.75	1.00

（3）体育馆供观众疏散的所有内门、外门、楼梯和走道的各自总净宽度，应根据疏散人数按每 100 人的最小疏散净宽度不小于表 4-9 的规定计算确定。

表 4-9　体育馆每 100 人所需最小疏散净宽度　　（m/百人）

观众厅座位数范围（座）			3000～5000	5001～10000	10001～20000
疏散部位	门和走道	平坡地面	0.43	0.37	0.32
		阶梯地面	0.50	0.43	0.37
	楼梯		0.50	0.43	0.37

注：本表中对应较大座位数范围按规定计算的疏散总净宽度，不应小于对应相邻较小座位数范围按其最多座位数计算的疏散总净宽度。对于观众厅座位数少于 3000 个的体育馆，计算供观众疏散的所有内门、外门、楼梯和走道的各自总净宽度时，每 100 人的最小疏散净宽度不应小于表 4-8 的规定。

（4）有等场需要的入场门不应作为观众厅的疏散门。

除剧场、电影院、礼堂、体育馆外的其他公共建筑，其房间疏散门、安全出口、疏散走道和疏散楼梯的各自总净宽度，应符合下列规定：

（1）每层的房间疏散门、安全出口、疏散走道和疏散楼梯的各自总净宽度，应根据疏散人数按每 100 人的最小疏散净宽度不小于表 4-10 的规定计算确定。当每层疏散人数不等时，疏散楼梯的总净宽度可分层计算，地上建筑内下层楼梯的总净宽度应按层及以上疏散人数最多一层的人数计算；地下建筑内上层楼梯的总净宽度应按该层及以下疏散人数最多一层的人数计算。

表 4-10　每层的房间疏散门、安全出口、疏散走道和疏散楼梯的每 100 人最小疏散净宽度

(m/百人)

建筑层数		建筑的耐火等级		
		一级、二级	三级	四级
地上楼层	1～2层	0.65	0.75	1.00
	3层	0.75	1.00	—
	≥4层	1.00	1.25	—
地下楼层	与地面出入口地面的高层 ΔH≤10m	0.75	—	—
	与地面出入口地面的高层 ΔH≥10m	1.00	—	—

（2）地下或半地下人员密集的厅、室和歌舞娱乐放映游艺场所，房间疏散门、安全出口、疏散走道和疏散楼梯的各自总净宽度，应根据疏散人数按每 100 人不小于 1.00m 计算确定。

（3）首层外门的总净宽度应按该建筑疏散人数最多一层的人数计算确定，不供其他楼层人员疏散的外门，可按本层的疏散人数计算确定。

（4）歌舞、娱乐、放映、游艺场所中录像厅的疏散人数，应根据厅、室的建筑面积按不小于 1.0 人/m² 计算；其他歌舞娱乐放映游艺场所的疏散人数，应根据厅、室的建筑面积按不小于 0.5 人/m² 计算。

有固定座位的场所，其疏散人数可按实际座位数的 1.1 倍计算。展览厅的疏散人数应根据展览厅的建筑面积和人员密度计算，展览厅内的人员密度不宜小于 0.75 人/m²。

商店的疏散人数应按每层营业厅的建筑面积乘以表 4-11 规定的人员密度计算。对于建材商店、家具和灯饰展示建筑，其人员密度可按表 4-11 规定值的 30％确定。

表 4-11　商店营业厅内的人员密度　　　　　　　　　　（人/m²）

楼层位置	地下第二层	地下第一层	地上第一、第二层	地上第三层	地上第四层及以上各层
人员密度	0.56	0.60	0.43～0.60	0.39～0.54	0.30～0.42

人员密集的公共建筑不宜在窗口、阳台等部位设置封闭的金属栅栏，确需设置时，应能从内部易于开启；窗口、阳台等部位宜根据其高度设置辅助疏散逃生设施。

建筑高度大于 100m 的公共建筑，应设置避难层（间）。避难层（间）应符合下列条件：

（1）第一个避难层（间）的楼地面至灭火救援场地地面的高度不应大于 50m，两个避难层（间）之间的高度不宜大于 50m。

（2）通向避难层（间）的疏散楼梯应在避难层分离、同层错位或上下层断开。

（3）避难层（间）的净面积应能满足设计避难人数避难的要求，并宜按 5.0 人/m² 计算。

（4）避难层可兼作设备层。设备管道宜集中布置，其中的易燃、可燃液体或气体管道应集中布置，设备管道区应采用耐火极限不低于 3.00h 的防火隔墙与避难区分隔。管道井和设备间应采用耐火极限不低于 2.00h 的防火隔墙与避难区分隔，管道井和设备间的门不应直接开向避难区；确需直接开向避难区时，与避难层区出入口的距离不应小于 5m，且应采用甲级防火门。避难间内不应设置易燃、可燃液体或气体管道，不应开设除外窗、疏散门之外的其他开口。

（5）避难层应设置消防电梯出口。

（6）应设置消火栓和消防软管卷盘。

（7）应设置消防专线电话和应急广播。

（8）在避难层（间）进入楼梯间的入口处和疏散楼梯通向避难层（间）的出口处，应设置明显的指示标志。

（9）应设置直接对外的可开启窗口或独立的机械防烟设施，外窗应采用乙级防火窗。

高层病房楼应在二层及以上的病房楼层和洁净手术部设置避难间。避难间应符合下列规定：

（1）避难间服务的护理单元不应超过 2 个，其净面积应按每个护理单元不小于 25.0m² 确定。

（2）避难间兼作其他用途时，应保证人员的避难安全，且不得减少可供避难的净面积。

（3）应靠近楼梯间，并应采用耐火极限不低于 2.00h 的防火隔墙和甲级防火门与其他部位分隔。

（4）应设置消防专线电话和消防应急广播。

（5）避难间的入口处应设置明显的指示标志。

（6）应设置直接对外的可开启窗口或独立的机械防烟设施，外窗应采用乙级防火窗。

3 层及 3 层以上总建筑面积大于 3000m²（包括设置在其他建筑内三层及以上楼层）的老年人照料设施，应在二层及以上各层老年人照料设施部分的每座疏散楼梯间的相邻部位设置 1 间避难间；当老年人照料设施设置与疏散楼梯或安全出口直接连通的开敞式外廊、与疏散走道直接连通且符合人员避难要求的室外平台等时，可不设置避难间。避难间内可供避难的净面积不应小于 12m²，避难间可利用疏散楼梯间的前室或消防电梯的前室，其他要求应符合高层病房楼避难间的规定。

3. 住宅建筑

住宅建筑安全出口的设置应符合下列规定：

（1）建筑高度不大于 27m 的建筑，当每个单元任一层的建筑面积大于 650m²，或任一户门至最近安全出口的距离大于 15m 时，每个单元每层的安全出口不应少于 2 个。

（2）建筑高度大于 27m、不大于 54m 的建筑，当每个单元任一层的建筑面积大于 650m²，或任一户门至最近安全出口的距离大于 10m 时，每个单元每层的安全出口不应少于 2 个。

（3）建筑高度大于 54m 的建筑，每个单元每层的安全出口不应少于 2 个。

建筑高度大于 27m，但不大于 54m 的住宅建筑，每个单元设置一座疏散楼梯时，疏散楼梯应通至屋面，且单元之间的疏散楼梯应能通过屋面连通，户门应采用乙级防火门。当不能通至屋面或不能通过屋面连通时，应设置 2 个安全出口。

住宅建筑的疏散楼梯设置应符合下列规定：

（1）建筑高度不大于 21m 的住宅建筑可采用敞开楼梯间；与电梯井相邻布置的疏散楼梯应采用封闭楼梯间，当户门采用乙级防火门时，仍可采用敞开楼梯间。

（2）建筑高度大于 21m、不大于 33m 的住宅建筑应采用封闭楼梯间；当户门采用乙级防火门时，可采用敞开楼梯间。

（3）建筑高度大于 33m 的住宅建筑应采用防烟楼梯间。户门不宜直接开向前室，确有困难时，每层开向同一前室的户门不应大于 3 樘且应采用乙级防火门。

住宅单元的疏散楼梯，当分散设置确有困难且任一户门至最近疏散楼梯间入口的距离不大于 10m 时，可采用剪刀楼梯间，但应符合下列规定：

（1）应采用防烟楼梯间。

（2）梯段之间应设置耐火极限不低于 1.00h 的防火隔墙。

（3）楼梯间的前室不宜共用；共用时，前室的使用面积不应小于 6.0m^2。

（4）楼梯间的前室或共用前室不宜与消防电梯的前室合用；楼梯间的共用前室与消防电梯的前室合用时，合用前室的使用面积不应小于 12.0m^2，且短边不应小于 2.4m。

住宅建筑的安全疏散距离应符合下列规定：

（1）直通疏散走道的户门至安全出口的直线距离不应大于表 4-12 的规定。

表 4-12　住宅建筑直通疏散走道的户门至最近安全出口的直线距离　　　（m）

住宅建筑类别	位于两个安全出口之间的户门			位于袋形走道两侧或尽端的户门		
	一级、二级	三级	四级	一级、二级	三级	四级
单层、多层	40	35	25	22	20	15
高层	40	—	—	20	—	—

注：1. 开向敞开式外廊的户门至最近安全出口的最大直线距离可按本表的规定增加 5m。
　　2. 直通疏散走道的户门至最近敞开楼梯间的直线距离，当户门位于两个楼梯间之间时，应按本表的规定减少 5m；当户门位于袋形走道两侧或尽端时，应按本表的规定减少 2m。
　　3. 住宅建筑全部设置自动喷水灭火系统时，其安全疏散距离可按本表的规定增加 25%。
　　4. 跃层式住宅的户门至最近安全出口的距离，应从户门算起，小楼梯的一段距离可按其水平投影长度的 1.50 倍计算。

（2）楼梯间应在首层直通室外，或在首层采用扩大的封闭楼梯间或防烟楼梯间前室。层数不超过 4 层时，可将直通室外的门设置在离楼梯间不大于 15m 处。

（3）户内任一点至直通疏散走道的户门的直线距离不应大于表 4-12 规定的袋形走道两侧或尽端的疏散门至最近安全出口的最大直线距离（注：跃层式住宅，户内楼梯的距离可按其梯段水平投影长度的 1.50 倍计算）。

（4）住宅建筑的户门、安全出口、疏散走道和疏散楼梯的各自总净宽度应经计算确定，且户门和安全出口的净宽度不应小于 0.90m，疏散走道、疏散楼梯和首层疏散外门的净宽度不应小于 1.10m。建筑高度不大于 18m 的住宅中一边设置栏杆的疏散楼梯，其净宽度不应小于 1.0m。

（5）建筑高度大于 100m 的住宅建筑应设置避难层，避难层的设置应符合建筑高度大于 100m 的公共建筑有关避难层的要求。

建筑高度大于 54m 的住宅建筑，每户应有一间房间符合下列规定：

（1）应靠外墙设置，并应设置可开启外窗。

（2）内、外墙体的耐火极限不应低于 1.00h，该房间的门宜采用乙级防火门，外窗的耐火完整性不宜低于 1.00h。

4.4　无障碍设计

4.4.1　概述

"无障碍设计"（Barrier Free Design）是通过规划、设计减少或消除残疾人、老年人等弱势群体在公共空间（包括建筑空间、城市环境）活动中行为障碍进行的设计工作。广义的无障碍设计是在满足残疾人、老年人等弱势群体特殊要求的同时，能为所有健全人使用的设计。它既包括硬件设施上的无障碍设计，例如盲道、坡道、扶手等常见的无障碍硬件设施，也包括图形化的信息指示，多元化的信息传达方式（如色彩、材料、光影等手段的运用）、各种便捷的服务（问询处等）、人性化的视觉引导系统等软件上的无障碍设计工作。

为了建设城市的无障碍环境，提高人们的社会生活质量，确保有需求的人能够安全地、方便地使用各种设施，建筑需进行无障碍设计。有障碍者的环境障碍及无障碍设计的设计内容见表 4-13、表 4-14、表 4-15。

表 4-13　有障碍者的环境障碍与设计内容

人员类别		动作特点	环境中的障碍	设计内容
视觉障碍者	盲	1. 不能自行定向、定位地从事活动，而需通过感官功能了解环境以后才能定向、定位地从事活动； 2. 需借助盲杖行进，步速慢，特别是在生疏环境中易产生意外损伤	1. 经常改变环境，缺乏导向措施，走道有意外突出物； 2. 旋转门、弹簧门、手动推拉门； 3. 只有单侧扶手和不连贯的楼梯扶手； 4. 拉线开关	1. 简化行动路线，地面平整； 2. 行走空间突出物应有安全措施； 3. 强化听觉、嗅觉和触觉信息的环境，以便引导（如扶手、盲文标志、音响信号等）； 4. 电器开关应有安全措施，且易辨别，不应采用拉线开关
	低视力	1. 形象大小、色彩反差及光照强弱会直接影响视觉辨认； 2. 需借助有关感官动能设施来行动	1. 视觉标志尺寸偏小； 2. 光照弱、色彩反差小	加大标志图形、加强光照，有效利用色彩反差，强化视觉信息
肢体障碍者	上肢障碍	1. 手活动范围小于普通人； 2. 难以承担各种精巧动作，持续力差； 3. 难以完成双手并用的动作	难以操作球形门门把手、对号锁、钥匙门锁、门窗插销、拉线开关以及密排的按键等	1. 缩小操作半径； 2. 采用肘式开关、长柄执手、大号按键
	偏瘫	半侧身体功能不全，兼有上下肢残疾特点，虽可拄杖独立跛行，或乘坐特种轮椅，但动作总偏在身体一侧，有方向性	1. 只设单侧不易抓握的楼梯扶手； 2. 卫生设备安全抓杆的位置和方向与行动便利一侧不对应； 3. 地面滑而不平	1. 楼梯安装双侧扶手并连贯； 2. 抓杆与行动便利一侧对应，或对称设置； 3. 采用平整防滑的地面
	下肢障碍独立乘轮椅者	1. 行进依靠轮椅； 2. 较高和较低的设施称为障碍； 3. 卫生间需要设置安全抓杆，才能稳定安全地移动	1. 台阶、楼梯和高于 15mm 的高差及过长的坡道； 2. 强力弹簧门以及小于 800mm 净宽的门和小于 1200mm 的走道； 3. 没有适合障碍人士使用的无障碍卫生间及其他设施； 4. 不平整的地面、坡面及长绒地毯等	1. 门、走道及通行空间均以方便轮椅通行为准； 2. 楼层间应有升降设施； 3. 按轮椅乘坐者的需要设计无障碍厕所、浴室及有关设施； 4. 择优选用合适的长度、宽度和坡度的坡道

人员类别		动作特点	环境中的障碍	设计内容
肢体障碍者	下肢障碍拄杖者	1. 攀登动作困难，行动缓慢，不适应常规运动节奏； 2. 拄双杖者，只有坐姿时才能使用双手； 3. 拄双杖者，行走时需要950mm 的宽度； 4. 使用卫生设备时需安全抓杆	1. 较高的台阶，有直角突缘的踏步、较高和较陡的楼梯及坡道、宽度不足的楼梯、门及走道； 2. 旋转门、强力弹簧门； 3. 光滑、积水的地面；宽度大于15mm 的地面缝隙和大于15mm×15mm 的孔洞； 4. 扶手不完备，卫生设备缺少安全抓杆	1. 地面平坦、防滑、缝隙及孔洞小于等于15mm； 2. 台阶、坡道平缓，设有适宜扶手； 3. 选用自动门、平开门及折叠门； 4. 卫生间设备应安装相应的安全抓杆； 5. 通行空间满足拄双杖者所需宽度； 6. 各项设施安装要考虑行动特点和安全需要
听力障碍者		1. 一般无行动困难，单纯语言障碍者困难更少； 2. 在与外界交往中，常借助增音设备； 3. 重度听力障碍者及聋者需借助视觉及振动信号	1. 只有常规音响系统的环境，如一般影剧院及会堂； 2. 不完善的安全报警设备及视觉信息	1. 改善音响信息系统，如在各类观演厅、会议厅设增音设备、环形天线，使配备助听器者改善收音效果； 2. 在安全疏散方面，配备音响信号的同时，完善同步视觉和振动报警

注：本表是根据不同有障碍人士的动作特点及在生活环境中可能遇到的障碍进行分析和总结，归纳出在工程中应进行无障碍设计的内容，仅供参考。

表 4-14　健全人与使用辅助器材者的比较　　　　　　　　　　（mm）

类别	身高	面　宽	侧　宽	眼　高	水平移动	180°	垂直移动
健全人	1700	450	300	1600	1m/s	600×600	≥25
乘轮椅者	1200	650~700(1.5倍)	1100(4倍)	1100(0.8倍)	1.5~2.0m/s	φ1500(6倍)	2~2.5(0.1倍)
拄双杖者	1600	900~1200(2倍)	700~1000(3倍)	1500(0.9倍)	0.7~1.0m/s	φ1200(4倍)	≤15
拄盲杖者	—	600~1000(2倍)	700~900(2倍)	—	0.7~1.0m/s	φ1500(6倍)	≥25(容易跌倒)

表 4-15　建筑无障碍设计要求

建筑类型	无障碍设计	室外道路	建筑出入口	无障碍通道	无障碍楼梯	无障碍电梯	无障碍厕所	无障碍厕位	轮椅席位	低位服务设施	无障碍停车位	休息区	无障碍浴室	盲道	标识	信息系统
居住建筑	住宅及公寓	○	○			○	○									
	宿舍建筑	○	○	○		○	○									○
办公、科研、司法	为公众办理业务与信访接待的办公建筑	○	○	○	○	○	○	○	○	○	○			○	○	○
	其他办公建筑	○	○			○	○	○		○	○					○

续表

建筑类型 / 无障碍设计		室外道路	建筑出入口	无障碍通道	无障碍楼梯	无障碍电梯	无障碍厕所	无障碍厕位	轮椅席位	低位服务设施	无障碍停车位	休息区	无障碍浴室	盲道	标识	信息系统
教育建筑	普通教育建筑	○	○			○		○								
	残疾生源教育建筑	○	○		○	○	○	○	○						○	
医疗康复建筑		○	○	○	○	○	○	○		○	○	○	○		○	○
福利及特殊服务建筑		○	○	○	○	○	○	○		○	○	○	○		○	○
体育建筑		○	○	○	○	○	○	○	○	○	○	○	○		○	○
文化建筑		○	○	○	○	○	○	○		○	○	○	○	○*	○	○
商业服务建筑		○	○	○	○	○	○	○		○	○	○	○		○	○
汽车客运站		○	○	○	○	○	○	○		○	○	○	○		○	○

注：1. 表中"○"为各类建筑中应设置无障碍设施的主要内容，设计中还应结合《无障碍设计规范》的具体要求进行设计。

　　2. 表中"＊"表示仅在盲人专用图书室（角）时设置。

4.4.2　无障碍设施设计要点

1. 无障碍出入口

无障碍出入口是指在坡度、宽度、高度上以及地面材质、扶手形式等方面方便行动障碍者通行的出入口，一般可以分为平坡出入口、同时设置台阶和轮椅坡道的出入口、同时设置台阶和升降平台的出入口三种。

平坡出入口地面坡度不大于 1：20 且不设扶手，在工程中，特别是大型公共建筑中优先选用。同时设置台阶和升降平台的出入口宜只应用于受场地限制无法改造坡道的工程，一般的新建建筑不提倡。

无障碍出入口的地面应平整、防滑。一般不提倡将室外地面滤水箅子设置在常用的人行通路上，室外地面滤水箅子的孔洞不应大于 15mm。

无障碍出入口的上方应设置雨篷，入口平台也要求有足够的深度。除平坡出入口外，在门完全开启的状态下，建筑物无障碍出入口的平台的净深度不应小于 1.50m。

建筑物无障碍出入口门厅、过厅设两道门时，为避免在门扇同时开启后碰撞通行期间的乘轮椅者，门扇同时开启时两道门的间距不应小于 1.50m。

平坡出入口的地面坡度不应大于 1：20，当场地条件比较好时，不宜大于 1：30。

2. 轮椅坡道

轮椅坡道宜设计成直线形、直角形或折返形（图 4-3）。轮椅坡道宽度的设计首先应满足疏散的要求，轮椅坡道的净宽度不应小于 1.00m，无障碍出入口轮椅坡道的净宽度不应小于 1.20m。轮椅坡道的高度超过 300mm 且坡度大于 1：20 时，乘轮椅者及其他行动不便的人需要借助扶手才更为安全，因此有这种情况时，坡道应在两侧设置扶手，且坡道与休息平台的扶手应保持连贯。不同坡度的轮椅坡道给使用者的使用感受是不同的，使用者可承受的最大坡道高度和水平长度也相应变化。为了最大限度满足使用者的安全与舒适的需求，轮椅坡道的最大高度和水平长度应符合表 4-16 的要求。

　　轮椅坡道的坡面应平整、防滑、无反光。起点、终点和中间休息平台的水平长度不应小于 1.50m。轮椅坡道临空侧应设置安全阻挡设施（图 4-3），并应设置无障碍标志。

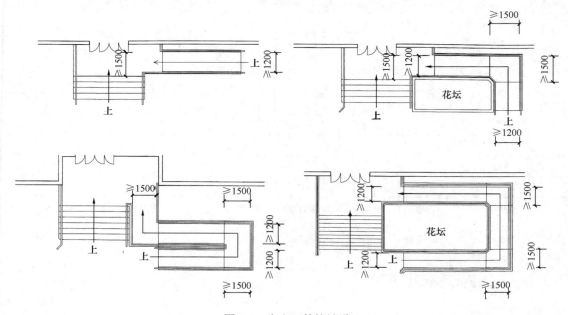

图 4-3　出入口轮椅坡道

表 4-16　轮椅坡道的最大高度和水平长度

坡度	1：20	1：16	1：12	1：10	1：8
最大高度（m）	1：20	0.90	0.75	0.60	0.30
水平长度（m）	24.00	14.40	9.00	6.00	2.40

注：其他坡度可用插入法进行计算。

3. 无障碍通道、门

（1）无障碍通道

　　① 室内走道不应小于 1.20m，人流较多或较集中的大型公共建筑的室内走道宽度不宜小于 1.8m；室外通道不宜小于 1.50m（图 4-4）。

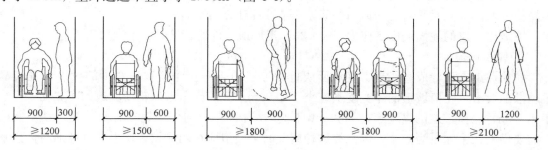

图 4-4　无障碍通道宽度

② 检票口、结算口轮椅通道不应小于 900mm（图 4-5）。

③ 无障碍通道应连续，地面应平整、防滑、反光小或无反光，不宜设置厚地毯。

④ 无障碍通道上有高差时，应设置轮椅坡道。

⑤ 斜向的自动扶梯、楼梯等下部空间可以进入时，应设置安全挡牌，如图 4-6 所示。

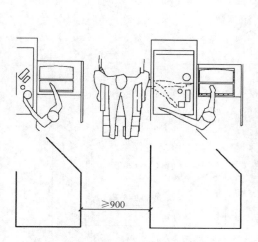

图 4-5 结算通道无障碍设计宽度

图 4-6 保护区域示意图

⑥ 固定在无障碍通道的墙、立柱上的物体或标牌距地面的高度不应小于 2.00m；如小于 2.00m 时，探出部分的宽度不应大于 100mm；如探出部分大于 100mm，则其距地面的高度应小于 600mm（图 4-7）。

（a）

（b）

图 4-7 无障碍通道障碍物位置

（a）以杖探测墙；（b）以杖探测障碍物

（2）门的无障碍设计

① 在门的无障碍设计中，不应采用力度大的弹簧门并不宜采用弹簧门、玻璃门；当采用玻璃门时，应有醒目的提示标志。门宜与周围墙面有一定的色彩反差，方便识别。

② 自动门开启后通行净宽不应小于 1.00m。平开门、推拉门、折叠门开启后的通行净宽度不应小于 800mm，有条件时，不宜小于 900mm（图 4-8）。

③ 在无障碍门的设计中，两道门间距尺寸要求如图 4-9 所示。在门扇内外应留有直径不小于 1.50m 的轮椅回转空间。

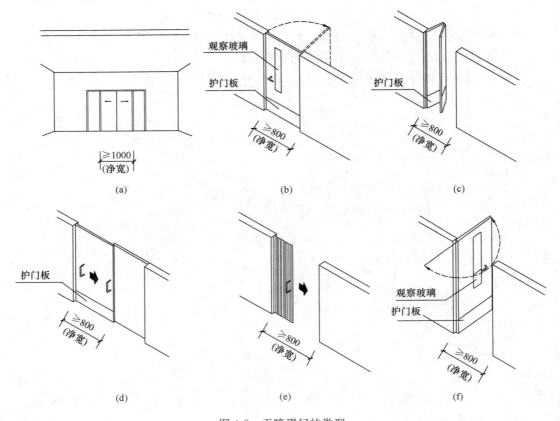

图 4-8 无障碍门的类型

（a）自动门；（b）平开门；（c）折叠门；（d）推拉门；（e）多折门；（f）小力度弹簧门

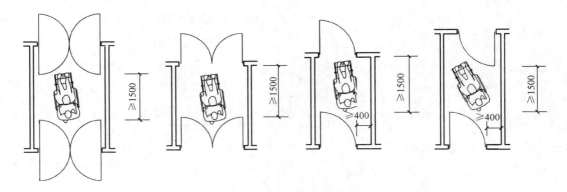

图 4-9 两道门的间距

④ 在单扇平开门、推拉门、折叠门的门把手一侧的墙面，应设宽度不小于 400mm 的墙面。无障碍通道上的门扇应便于开关，平开门、推拉门、折叠门的门扇应设距地 900mm 的把手，宜设视线观察玻璃，并宜在距地 350mm 范围内安装护门板（图 4-10）。

⑤ 门槛高度及门内外地面高差不应大于 15mm，并以斜面过渡。

4. 无障碍楼梯、台阶

无障碍楼梯（图 4-11）宜采用直线形楼梯。公共建筑楼梯的踏步宽度不应小于 280mm，

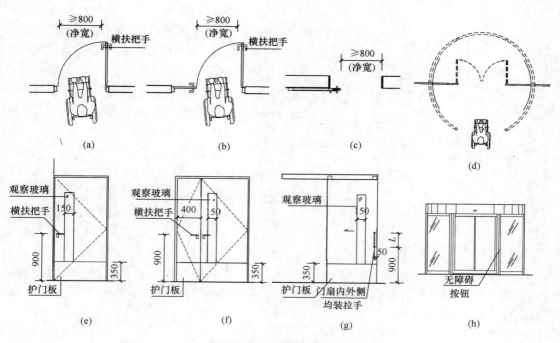

图 4-10　无障碍门的设计

（a）单扇平开门平面；（b）双扇平开门平面；（c）单扇推拉门平面；（d）旋转门平面；（e）单扇平开门立面；

（f）双扇平开门立面；（g）单扇推拉门立面；（h）旋转门立面

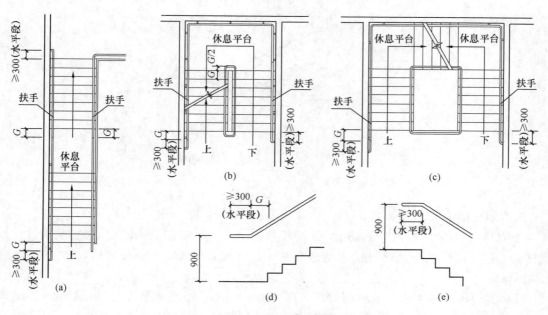

图 4-11　无障碍楼梯

（a）直跑楼梯平面；（b）双跑楼梯平面；（c）三跑楼梯平面；

（d）靠墙扶手起点水平段；（e）靠墙扶手终点水平段

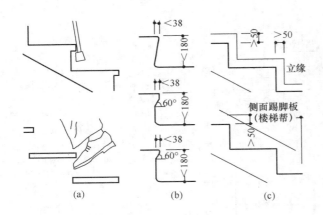

图 4-12　踏步的安全措施

（a）不可用，有直角突缘或无踢面踏步对上行不利；
（b）可用，踏步线性应光滑流畅；（c）可用，踏步凌
空一侧应设立缘或踢脚板

踏步高度不应大于 160mm。不应采用无踢面和直角形突缘的踏步（图 4-12）。宜在两侧均做扶手。如采用栏杆式楼梯，在栏杆下方宜设置安全阻挡措施。踏面应平整防滑或在踏面前缘设防滑条。距踏步起点和终点 250～300mm 宜设提示盲道（图 4-13）。踏面和踢面的颜色宜有区分和对比楼梯上行及下行的第一阶宜在颜色或材质上与平台有明显区别。

台阶的无障碍设计中要注意，踏步应防滑，三级及三级以上的台阶应在两侧设置扶手，台阶上行及下行的第一阶宜在颜色或材质上与其他阶有

明显区别。公共建筑的室内外台阶踏步宽度不宜小于 300mm，踏步高度不宜大于 150mm，并不应小于 100mm。

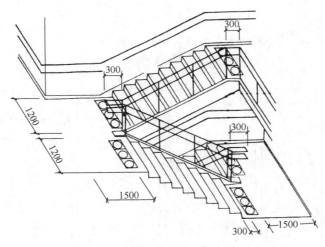

图 4-13　梯段、休息平台宽度及水平扶手尺寸

5. 无障碍电梯、升降平台

无障碍电梯的候梯厅（图 4-14）深度宜≥1.50m，公共建筑及设置病床梯的候梯厅深度宜≥1.80m；呼叫按钮高度 0.90～1.10m；电梯出入口设提示盲道，门洞口净宽≥900mm。

无障碍电梯（图 4-15）的轿厢门开启净宽≥800mm，轿厢最小规格≥1.40m×1.10m，中型规格≥1.60m×1.40m，医疗建筑与老年人建筑宜选病床专用电梯。

升降平台只适用于场地有限改造工程。处置升降平台深度≥1.20m，宽度≥0.90m；斜向升降平台深度≥1.00m，宽度≥0.90m；应设扶手、挡板、控制按钮等；垂直升降平台的基坑和传送装置应有安全防护装置和措施，如图 4-16 所示。

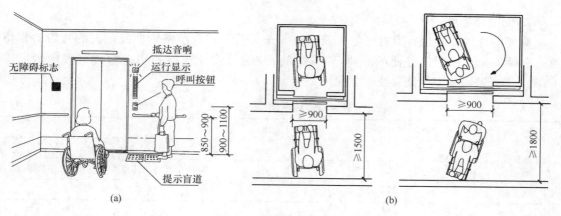

图 4-14 无障碍候梯厅
（a）候梯厅无障碍设施；（b）公共建筑及设置病床梯的候梯厅

图 4-15 无障碍电梯

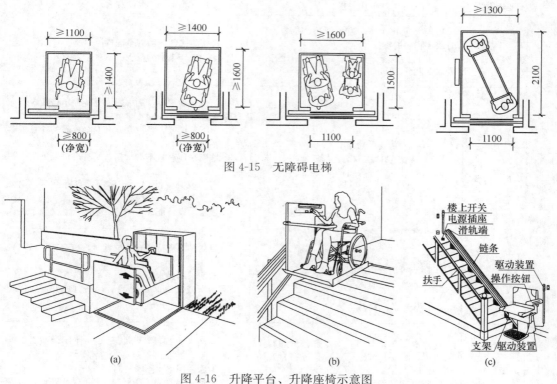

图 4-16 升降平台、升降座椅示意图
（a）垂直式升降平台示意图；（b）斜向式升降平台示意图；（c）升降座椅示意图

6. 扶手

无障碍单层扶手的高度为 850～900mm，无障碍双层扶手的上层扶手高度应为 850～900mm，下层扶手高度应为 650～700mm。扶手应保持连贯、靠墙面的扶手的起点和终点处应水平延伸不小于 300mm 的长度。扶手末端应向内拐到墙面或向下延伸不小于 100mm，栏杆式扶手应向下成弧形或延伸到地面上固定。扶手内侧与墙面的距离不应小于 40mm。

扶手应安装坚固，形状易于抓握。圆形扶手的直径应为 35～50mm，矩形扶手的截面尺寸应为 35～50mm。扶手的材质宜选用防滑、热惰性指标好的材料。

7. 无障碍厕所

厕所的合理设计与适用对老年人及残疾人至关重要，应严格依据残疾人的行为动作特征，强调安全、适用、方便的原则，重视支持物的尺度、选材和构造设计（表 4-17、表 4-18），选择适用的卫生洁具及五金配件。

表 4-17 厕所需要的支持物

卫生洁具	乘轮椅者	扶杖者	偏瘫者	支持物类型
小便器	—	○	○	支架、抓杆
坐便器	○	○	○	固定抓杆、转动抓杆、吊环、吊梯等
洗面盆	—	○	○	支架

注：○表示需要设置。

表 4-18 厕所的设计对策

行动不便者类别			使用要求	设计对策
肢体残疾	上肢残疾者		1. 尽量简化操作，避免精巧、费力、耗时、多程序的操作 2. 尽可能以腰、肘、肩、膝动作代替手或双上肢的动作	1. 选用操作简便的五金配件 2. 注意操作半径的范围（适度、方便）
	下肢残疾者	乘轮椅者	1. 可以独立进入或退出 2. 可以靠近并使用相应设备 3. 必要时有护理者照料	1. 门的位置适宜，净宽不小于 800mm，内部应有轮椅活动空间 2. 上下轮椅或转换位置应有安全可靠的抓杆或其他支持物 3. 地面采用遇水不滑材料，所有可触及处无尖锐棱角 4. 厕所或其隔间门上闩后，可自外开启，以便救援 5. 建筑及设备配件应与轮椅空间尺寸配套考虑
		扶杖者	1. 防止出现滑倒事故 2. 独自入厕遇有困难可得到救援	1. 脱离杖类支持或转换位置时，应有抓杆或其他支持物 2. 地面采用遇水不滑材料 3. 厕所或其隔间门上闩后，可自外开启，以便救援
	偏瘫者		1. 起坐卫生洁具时，要发挥健全侧肢体的作用，使用非对称布置的支持物有方向性选择的要求 2. 防止出现滑倒事故 3. 独自入厕遇有困难可得到救援	1. 各洁具的布置要与偏瘫者的使用习惯方向一致，应有安全可靠的抓杆或支持物 2. 地面采用遇水不滑材料 3. 厕所或其隔间门上闩后，可自外开启，以便救援
视力残疾	全盲者		1. 进入各空间前，可识别内容、位置 2. 可找到相应设备	1. 门外设置盲文室铭牌及触感提示设施 2. 主要卫生洁具应有感触提示设施 3. 小便器宜为落地式或小便槽
	低视力者			1. 门外设大字室铭牌 2. 卫生洁具及其周围墙面、地面应有较强的明暗反差 3. 小便器宜为落地式或小便槽

肢体残疾者使用卫生设备时，对支持物的设计要求是：整体性能良好，在支持体重的情况下，不出现意外的变化、位移或解体；位置、尺寸、构造和截面形状能充分发挥手或其他肢体作用；偏瘫者有方向性，使用非对称布置支持物应有选择。图 4-17 中提供的是适用于各类残疾人的安全抓杆。

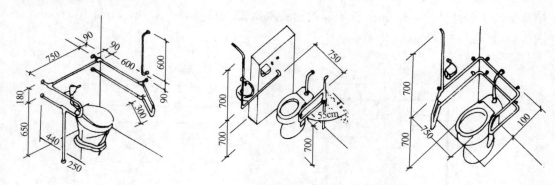

图 4-17　适用于各类残疾人的安全抓杆

公共厕所进行无障碍设计（图 4-18）时，女厕所内设至少 1 个无障碍厕位，1 个无障碍洗手盆；男厕所内至少设 1 个无障碍厕位，1 个无障碍小便器，1 个无障碍洗手盆。厕所内应设轮椅回转空间，厕所门开启的净宽≥800mm。

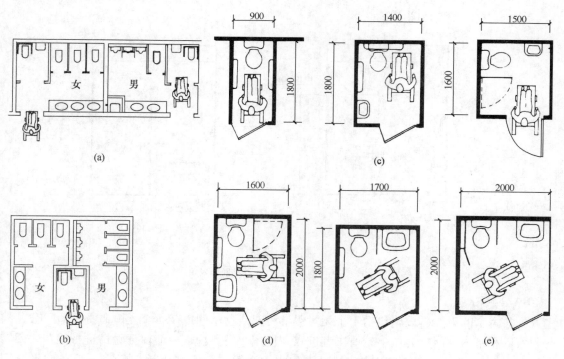

图 4-18　残疾人使用的厕所类型

（a）结合型轮椅隔间厕所；（b）专用型厕所；（c）轮椅最小间及小型间厕所；

（d）轮椅标准间厕所（可旋转 90°）；（e）轮椅大型间

　　无障碍厕位尺寸 2.00m×1.50m，不应小于 1.80m×1.00m；门宜向外开启，如向内开启，需留有≥1.50m 轮椅回转空间。平开门外侧设高 900mm 横扶把手，内设高 900mm 关门拉手；无障碍厕所应设坐便器、洗手盆、多功能台、挂衣钩和呼叫按钮，其面积≥4.00m²；多功能台长度≥700mm，宽度≥400mm，高度为 600mm；挂衣钩距地≥1.20m，坐便器旁墙上距地 400～500mm 设呼叫按钮；取纸器在坐便器侧前方，高度 400～500mm，如图 4-19 所示。

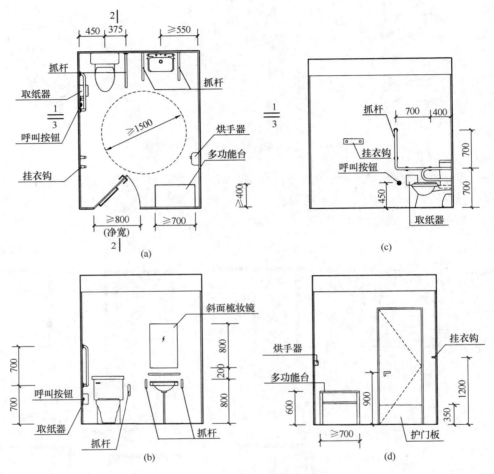

图 4-19　独立公共厕所示意图

（a）平面图；（b）1—1 剖面图；（c）2—2 剖面图；（d）3—3 剖面图

8. 公共浴室

　　公共浴室的无障碍设施包括 1 个无障碍淋浴间或盆浴间以及 1 个无障碍洗手盆。公共浴室的入口和室内空间应方便乘轮椅车者进入和使用，浴室内部应能保证轮椅进行回转，回转直径不小于 1.50m；浴室地面应防滑、不积水；浴间入口宜采用活动门帘，当采用平开门时，门扇应向外开启，设高 900mm 的横扶把手，在关闭的门扇里侧设高 900mm 的关门拉手，并应采用门外可紧急开启的插销；应设置一个无障碍厕位。

　　无障碍淋浴间的短边宽度不应小于 1.50m；浴间坐台高度宜为 450mm，深度不宜小于

450mm；淋浴间应设距地面高 700mm 的水平抓杆和高 1.40～1.60m 的垂直抓杆；淋浴间内的淋浴喷头的控制开关的高度距地面不应大于 1.20m；毛巾架的高度不应大于 1.20m。

无障碍盆浴间在浴盆一端设置方便进入和使用的坐台，其深度不应小于 400mm；浴盆内侧应设高 600mm 和 900mm 的两层水平抓杆，水平长度不小于 800mm；洗浴坐台一侧的墙上设高 900mm、水平长度不小于 600mm 的安全抓杆；毛巾架的高度不应大于 1.20m。

9. 无障碍客房

无障碍客房应设在便于到达、进出和疏散的位置。房间内应有空间能保证轮椅进行回转，回转直径不小于 1.50m。无障碍客房的门应符合无障碍门的规定。无障碍客房卫生间内应保证轮椅进行回转，回转直径不小于 1.50m，卫生器具应设置安全抓杆，其地面、门、内部设施应符合《无障碍设计规范》GB 50763—2012 的有关规定。

床间距离不应小于 1.20m；家具和电器控制开关的位置和高度应方便乘轮椅者靠近和使用，床的使用高度为 450mm；客房及卫生间应设高 400～500mm 的救助呼叫按钮；客房应设置为听力障碍者服务的闪光提示门铃。

10. 无障碍住房及宿舍

户门及户内门开启后的净宽应符合无障碍通道、门的有关规定。通往卧室、起居室（厅）、厨房、卫生间、储藏室及阳台的通道应为无障碍通道，并按照扶手的无障碍要求在一侧或两侧设置扶手。浴盆、淋浴、坐便器、洗手盆及安全抓杆等应符合无障碍厕所及公共浴室的有关规定。

单人卧室面积不应小于 7.00m²，双人卧室面积不应小于 10.50m²，兼起居室的卧室面积不应小于 16.00m²，起居室面积不应小于 14.00m²，厨房面积不应小于 6.00m²；设坐便器、洗浴器（浴盆或淋浴）、洗面盆三件卫生洁具的卫生间面积不应小于 4.00m²；设坐便器、洗浴器两件卫生洁具的卫生间面积不应小于 3.00m²；设坐便器、洗面盆两件卫生洁具的卫生间面积不应小于 2.50m²；单设坐便器的卫生间面积不应小于 2.00m²；供乘轮椅者使用的厨房，操作台下方净宽和高度都不应小于 650mm，深度不应小于 250mm；居室和卫生间内应设求助呼叫按钮；家具和电器控制开关的位置和高度应方便乘轮椅者靠近和使用；供听力障碍者使用的住宅和公寓应安装闪光提示门铃。

11. 轮椅席位

轮椅席位应设在便于到达疏散口及通道的附近，不得设在公共通道范围内。每个轮椅席位的占地面积不应小于 1.10m×0.80m。

观众厅内通往轮椅席位的通道宽度不应小于 1.20m。轮椅席位的地面应平整、防滑，在边缘处宜安装栏杆或栏板。轮椅席位处地面上应设置无障碍标志，无障碍标志应符合无障碍标识系统的规定。

在轮椅席位上观看演出和比赛的视线不应受到遮挡，但也不应遮挡他人的视线。在轮椅席位旁或在邻近的观众席内宜设置 1:1 的陪护席位。

12. 低位服务设施

设置低位服务设施的范围包括问询台、服务窗口、电话台、安检验证台、行李托运台、借阅台、各种业务台、饮水机等。

低位服务设施上表面距地面高度宜为 700～850mm，其下部宜至少留出宽 750mm，高 650mm，深 450mm 供乘轮椅者膝部和足尖部的移动空间。低位服务设施前应有轮椅回转空间，回转直径不小于 1.50m。挂式电话离地不应高于 900mm。

13. 无障碍标识系统，信息无障碍

图 4-20 表示的是残疾人国际通用标志。标识、标牌能够指引人们找到相关设施的重要信息，它们应安装在人们行走时需要做出决定的地方，并且标识、标牌的大小、位置要结合实际情况进行设计，楼层示意图应布置在建筑入口和电梯附近（图 4-21）。

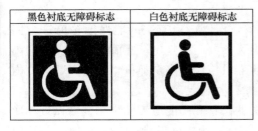

图 4-20　残疾人国际通用标志

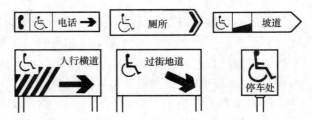

图 4-21　带指方向和停车车位标志牌的一般形式

第5章 建筑结构基本知识

5.1 常用结构类型

建筑结构是房屋的承重骨架，是由许多结构构件组成的一个系统。建筑结构能承荷传力，开辟空间，起骨架作用，保证使用期间房屋不坍塌。建筑师在建筑方案设计阶段，就应该同时思考、确定并采用最适宜的建筑结构体系，并使之与建筑的空间、体形及建筑形象有机地融合起来。

民用建筑的结构体系依据使用性质和规模的不同可分为单层、多层、大跨和高层建筑。大跨建筑常见的有拱结构、网架结构以及薄壳、折板、悬索等空间结构体系。

民用建筑按其承重结构体系类型可以分为：砌体结构、框架结构、剪力墙结构、框架—剪力墙结构、筒体结构。砌体结构和框架结构是两种最常用的结构支承系统，前者主要用于低层和多层居住建筑，而后者则适用于多层公共建筑。

1. 砌体结构

砌体结构一般是指采用钢筋混凝土楼（屋）盖和砖或其他块体（如混凝土砌块）砌筑的承重墙组成的结构体系，又称为砖混结构。砖墙和砌块墙体能够隔热和保温，所以既是承重结构，也是围护结构。砌体结构建筑常有重复的建筑单元空间，往往需要固定的分隔墙体来划分空间，承重墙布置较为容易，而且施工方便、造价较为低廉。

砌体结构抗震性能较差，一般不超过七层，故一般适用于低层和多层的民用建筑，特别是多层住宅、办公楼、学校、小型庭院等，一般不适用于高层建筑及需要大空间的建筑。

2. 框架结构

框架结构（图5-1）是采用梁、柱组成的结构体系。框架结构的主要构件是梁和柱，其墙体不承重，仅起围护和分隔作用，一般用加气混凝土砌块、普通砖或多孔砖等砌筑而成。框架结构平面布置灵活，可以获得较大的使用空间，能够满足生产工艺和使用功能的要求，

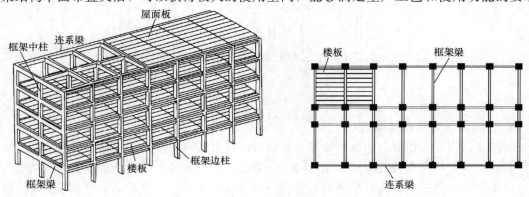

图 5-1 框架结构

广泛应用于多层工业厂房及多高层办公楼、医院、旅馆、教学楼、图书馆等公共建筑。框架结构的适用高度为 6～15 层，非地震区也可建到 15～20 层。

5.2 建筑墙体

墙包括承重墙与非承重墙。作为承重构件，它承受着建筑物由屋顶、楼板层等传来的荷载，并将这些荷载再传给基础；作为围护构件，主要起围护、分隔空间的作用。外墙起着抵御自然界各种有害因素对室内侵袭的作用；内墙起着分隔空间、组成房间、隔声及保证室内环境舒适的作用。因此墙体要有足够的强度和稳定性，具有保温、隔热、隔声、防火、防水的能力，并符合经济性和耐久性的要求。综合考虑围护、承重、节能、美观等因素，设计合理的墙体方案，是建筑构造的重要任务。

柱是框架结构的主要承重构件，和承重墙一样，承受着屋顶、楼板层等传来的荷载。柱必须具有足够的强度和刚度。

5.2.1 墙体的类型

1. 按墙体所处位置不同分类

根据墙体在平面上所处位置不同，有内墙和外墙、纵墙和横墙之分。凡位于房屋内部的墙体统称为内墙，它主要起分隔房间的作用；位于房屋周边的墙体统称为外墙，它主要是抵御风、霜、雨、雪的侵袭和保温、隔热，起围护作用；沿建筑物短轴方向布置的墙体称为横墙，分为内横墙和外横墙，外横墙称为山墙；沿建筑物长轴方向布置的墙体称为纵墙，有内纵墙和外纵墙之分。在一片墙上，窗与窗或窗与门之间的墙体称为窗间墙，窗洞下部的墙称为窗下墙，又称窗肚墙。外墙凸出屋顶的部分称为女儿墙。各种墙体名称如图 5-2 所示。

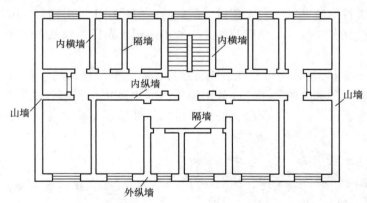

图 5-2 墙体各部分名称

2. 按墙体受力情况分类

墙体按结构受力情况分为承重墙和非承重墙。凡直接承受楼板、屋顶等传来荷载的墙为承重墙；不承受外来荷载的墙称非承重墙。在非承重墙中，虽不承受外来荷载，但承受自身重量，下部有基础的墙称为自承重墙。仅起分隔房间的作用，自身重量由楼板或梁来承担的墙称为隔墙。框架结构中，填充在柱子之间的墙称为填充墙。悬挂在建筑物结构外部的轻质外墙称为幕墙，有金属幕墙、玻璃幕墙等。

5.2.2　墙体的材料

砖墙是用砂浆将砖按一定规律砌筑而成的墙体，其主要材料是砖和砂浆。

1. 砖

砖墙属于砌筑墙体，具有保温、隔热、隔声等许多优点。但也存在着施工速度慢、自重大、劳动强度大等诸多不利因素。砖墙由砖和砂浆两种材料组成，砂浆将砖胶结在一起筑成墙体或砌块。砖的种类很多，从所采用的原材料上看有灰砂砖、页岩砖、煤矸石砖、水泥砖、矿渣砖等。从形状上看有实心砖及多孔砖。砖的规格与尺寸也有多种形式，烧结普通砖是全国统一规格的标准尺寸，即 240mm×115mm×53mm，砖的长宽厚之比为 4∶2∶1，但与现行的模数制不协调。有的空心砖尺寸为 190mm×190mm×90mm 或 240mm×115mm×180mm 等。烧结普通砖的等级强度以抗压强度划分为五级：MU30、MU25、MU20、MU15 和 MU10，单位为 N/mm²。

2. 砂浆

砂浆由胶结材料（水泥、石灰、黏土）和填充材料（砂、石屑、矿渣、粉煤灰）用水搅拌而成，当前我们常用的有水泥砂浆、混合砂浆和石灰砂浆。水泥砂浆的强度和防潮性能最好，混合砂浆次之，石灰砂浆最差，但它的和易性好，在墙体要求不高时采用。砂浆的等级也是以抗压强度来进行划分的，从高到低依次为 M15、M10、M7.5、M5 和 M2.5，单位为 N/mm²。

砂浆的强度等级应按下列规定：烧结普通砖、烧结多孔砖、蒸压灰砂普通砖和蒸压粉煤灰普通砖。砌体采用的普通砂浆强度等级为 M15、M10、M7.5、M5 和 M2.5；蒸压灰砂普通砖和蒸压粉煤灰普通砖砌体采用的专用砌筑砂浆强度等级为 Ms15、Ms10、Ms7.5 和 Ms5；混凝土普通砖、混凝土多孔砖、单排孔混凝土砌块和煤矸石混凝土砌块砌体采用的砂浆强度等级为 Mb20、Mb15、Mb10、Mb7.5 和 Mb5；毛石料、毛石砌体采用的砂浆强度等级为 M7.5、M5 和 M2.5。

3. 砖墙的厚度

实心砖墙的尺寸为砖宽加灰缝（115mm＋10mm＝125mm）的倍数。砖墙的厚度在工程上习惯以它们的标志尺寸来称呼，如 12 墙、18 墙、24 墙等。砖墙的厚度尺寸见表 5-1。

表 5-1　砖墙的厚度尺寸

墙厚名称	1/2 砖	3/4 砖	1 砖	1 砖半	2 砖	2 砖半
标志尺寸（mm）	120	180	240	370	490	620
构造尺寸（mm）	115	178	240	365	490	615
习惯称谓	12 墙	18 墙	24 墙	37 墙	49 墙	62 墙

5.2.3　墙体的设计要求

因墙体的作用不同，在选择墙体材料和确定构造方案时，应根据墙体的性质和位置，分别满足结构、热工、隔声、防火、工业化等要求。

1. 强度和稳定性的要求

强度是指墙体承受荷载的能力。它与墙体所用材料、墙体尺寸、构造方式和施工方法有关。如强度等级高的砖和砂浆所砌筑的墙体比强度等级低的砖和砂浆所砌筑的墙体强度高；

相同材料和相同强度等级的墙体相比，截面积大的墙体强度要高。

稳定性与墙体的高度、长度和厚度有关。高度和长度是对建筑物的层高、开间或进深尺寸而言的。高而薄的墙体比矮而厚的墙体稳定性差；长而薄的墙体比短而厚的墙体稳定性差；两端有固定的墙体比两端无固定的墙体稳定性好。

2. 热工性能方面的要求

建筑在使用中，作为外围护结构的外墙应具有良好的热稳定性，使室内温度在外界气温变化的情况下保持相对的稳定。冬季寒冷地区的墙体，应提高外墙的保温能力，如增加厚度、选用孔隙率高、密度小的材料等方法减少热损失；也可以在室内高温一侧设置隔蒸汽层，阻止水蒸气进入墙体后产生凝结水，导致墙体的导热系数加大，破坏了保温的稳定性。南方夏热地区则应注意建筑的朝向、通风及外墙的隔热性能。

3. 隔声方面的要求

为了保证室内有良好的声学环境，保证人们的生活、工作不受噪声干扰，要求墙体必须具有一定的隔声能力。在设计时可通过加强墙体的密封处理、增加墙体的密实性及厚度、采用有空气间隔层或多孔性材料的夹层墙等措施来提高墙体的隔声能力。

4. 防火性能要求

国家在建筑物防火规范中对墙体的耐火极限和材料的燃烧性能有明确的规定，在设计时应参照执行。

5. 适应建筑工业化发展的要求

在大量的民用建筑中，墙体的工程量占有相当大的比重，不仅消耗大量的劳动力，且施工工期长。建筑工业化的关键是墙体改革，改变手工操作，提高机械化施工程度，提高工效，降低劳动强度，并采用轻质高强的墙体材料，以减轻自重，降低成本。

5.3 楼（屋）面结构

楼（屋）面结构属于建筑物中的水平传力构件，通过竖向受力构件如墙、柱等把荷载传递到基础，很多垂直构件的布置是由这些水平构件的支承情况所决定的。同时这些水平构件大多兼有分割空间和围护作用。因此，在进行建筑平面设计时，不但需要考虑建筑空间的构成及组合，还要兼顾建筑平面对结构空间功能和使用情况的影响。

楼（屋）面分割上下楼层空间，除承受并传递垂直荷载和水平荷载，应具有足够的强度和刚度外，还应具有一定的防火、隔声和防水等方面的能力。建筑物中有些固定的水平设备管线，也可能会在楼（屋）面顶棚内安装铺设。

5.3.1 楼面结构

楼面层是水平方向的承重构件，承受着家具、设备和人体荷载及本身自重，并将这些荷载传给墙或柱。因此，作为楼面，要求具有足够的强度、刚度和隔声能力；对有水侵蚀的房间，则要求其具有防潮、防水的能力。

楼层的基本组成为顶棚层、结构层（楼板）和面层。当楼面的基本构造不能满足使用或构造要求时，可增设结合层、隔离层、填充层、找平层和保温层等其他构造层（图5-3）。

钢筋混凝土楼板整体性、耐久性、抗震性好，刚度大，能适应各种形状的建筑平面，设

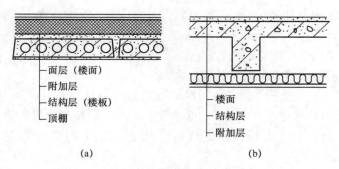

图 5-3 钢筋混凝土楼板的组成
（a）预制钢筋混凝土楼板；（b）现浇钢筋混凝土楼板

备留洞或设置预埋件都较方便，但模板消耗量大，施工周期长。按其施工方法不同分为现浇钢筋混凝土楼板、预制装配式钢筋混凝土楼板和装配整体式钢筋混凝土楼板。目前多采用现浇钢筋混凝土楼板。

按其力的传递方式不同，钢筋混凝土楼盖分为板式楼盖、梁板式楼盖、井式楼盖和无梁楼盖四种形式。

1. 板式楼盖

房间尺度较小，楼板可直接铺设在支承构件上，这种情况下的楼盖称为板式楼盖。它是最简单的一种楼板形式。其下部结构平整，可获得较大的使用空间高度，适用于有许多小开间房间的建筑物，特别是墙承重体系的建筑物，例如住宅、旅馆、宿舍等，或其他建筑的走道、厨房、卫生间等。当承重墙的间距不大时，如住宅的厨房间、厕所间，钢筋混凝土楼板可直接搁置在墙上，不设梁和柱，板的跨度一般为 2～3m，板厚度约为 70～80mm。

楼板按周边支承情况及板平面长短边边长的比值不同分为单向板和双向板，如图 5-4 所示。

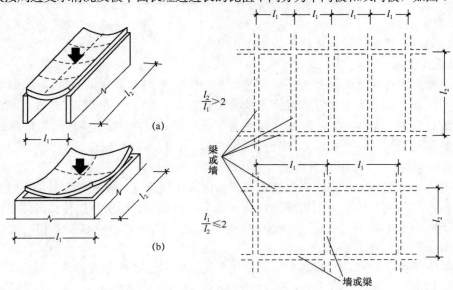

图 5-4 单向板和双向板示意图
（a）单向板；（b）双向板

根据《混凝土结构设计规范》GB 50010—2010（2015 年版）规定，混凝土板按下列原则进行计算：

（1）两对边支承的板应按单向板计算。

（2）四边支承的板应按下列规定计算：

① 当长边与短边长度之比不大于 2.0 时，应按双向板计算；

② 当长边与短边长度之比大于 2.0，但小于 3.0 时，宜按双向板计算；

③ 当长边与短边长度之比不小于 3.0 时，宜按沿短边方向受力的单向板计算，并应沿长边方向布置构造钢筋。

对现浇整体式的楼层结构，其楼板的最小厚度参照表 5-2 执行。

表 5-2　现浇钢筋混凝土板的最小厚度　　　　　　　　　　（mm）

板的类别		最小厚度
单向板	屋面板	60
	民用建筑楼板	60
	工业建筑楼板	70
	行车道下的楼板	80
双向板		80
密肋楼盖	面板	50
	肋高	250
悬臂板	悬臂长度不大于 500mm	60
	悬臂长度 1200mm	100
无梁楼板		150
现浇空心楼板		200

根据《建筑抗震设计规范》GB 50011—2010（2016 年版）规定，现浇钢筋混凝土楼板或屋面板伸进纵、横墙内的长度均不应小于 120mm。

2. 梁板式楼盖

梁板式楼盖也称为钢筋混凝土肋型楼盖，是现浇式楼板中最常见的一种形式。它由板、次梁和主梁组成。主梁可以由柱和墙来支承。所有的板、肋、主梁和柱都是在支模以后，整体现浇而成。板跨一般为 1.7～2.5m，厚度为 60～80mm。梁的截面高度可取跨度的 1/12～1/10（单跨简支梁）、1/18～1/14（多跨连续次梁）、1/14～1/12（多跨连续主梁）。宽度一般为高度的 1/3～1/2，常用截面宽度为 250mm 和 300mm。

当房间平面尺度较大，采用板式楼盖可能会造成楼板跨度或厚度较大时，可考虑在楼板下设梁，将大空间划分成若干个小空间，从而减小板的跨度和厚度，这种楼盖体系称为梁板式楼盖。通常由若干梁平行或交叉排列形成梁格体系（图 5-5），根据主梁和次梁的排列情况，梁格分为下面三种类型：

（1）单向梁格［图 5-5(a)］只有主梁，适用于楼盖或平台结构的横向尺寸较小或楼屋面板跨度较大的情况。

（2）双向梁格［图 5-5(b)］由主梁和一个方向的次梁组成。次梁由主梁支承，主梁支承在墙或柱上，是最为常用的梁格类型。钢筋混凝土双向梁格体系也称为肋梁楼盖。

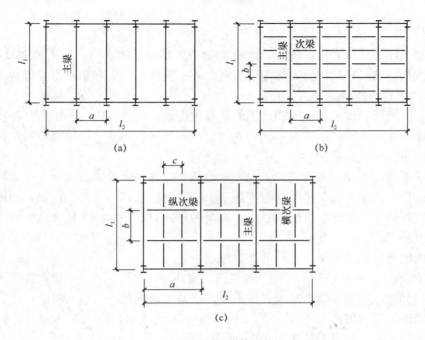

图 5-5　梁格体系

（a）单向梁格；（b）双向梁格；（c）复式梁格

（3）复式梁格[图 5-5(c)]由主梁、纵向次梁和横向次梁组成。荷载传递层次多，构造复杂，适用于荷载重和主梁间距很大的情况。该梁格类型较少采用。

3. 井式楼盖

为了建筑上的需要（如大空间）或柱间距较大时，经常将楼板划分为若干个正方形小区格，两个方向的梁截面相同，无主、次之分，梁格布置呈"井"字形，称为井式楼盖。

4. 无梁楼盖

无梁楼盖（图 5-6）是指采用等厚的平板直接支撑在带有柱帽的柱上、不设主梁和次梁的楼盖形式。它的构造有利于采光和通风，便于安装管道和布置电线，在同样的净空条件下，可减小建筑物的高度。其缺点是刚度小，不利于承受大的集中荷载。

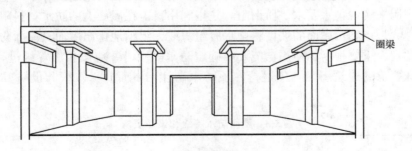

图 5-6　无梁楼盖实例

无梁楼盖形式上是以结构柱与楼板组合，取消了柱间及板底的梁。楼板可以通过柱帽或无柱帽支承在结构柱上，结构较为单一。

5.3.2 屋面结构

屋面是建筑物的承重和围护构件，承受着屋面保温层、防水层、雨雪荷载及本身自重，并将这些荷载传给墙或柱。因此，屋面应具有足够的强度、刚度和防水保温能力。

1. 屋面的组成和作用

屋面主要由屋面和支承结构组成，屋面应根据防水、保温、隔热、隔声、防火、是否作为上人屋面等功能的需要，而设置不同的构造层次，从而选择合适的建筑材料，另外在屋面的下表面考虑各种形式的吊顶。

其主要功能为：一是抵御风霜雨雪太阳辐射热和气温变化等的影响，使屋面覆盖下的空间具有良好的使用环境；二是承受作用于屋面上的各种活荷载和屋面自重等，同时还对建筑上部起水平支撑作用，三是装饰建筑立面，屋面的形式对建筑立面和整体造型有很大影响。

2. 屋面的类型

根据屋面的外形和坡度分为平屋面和坡屋面。

（1）平屋面。指屋面坡度小于 10% 的屋面，常用坡度 2%～50%。优点是节约材料，屋面可以利用，如做成露台、活动场地、屋面花园，甚至游泳池等，应用极为广泛。

（2）坡屋面。屋面坡度大于 10% 的屋面，由于坡度较大，防水、排水性能较好，坡屋面在我国历史悠久，选材容易，应用很广。

3. 屋面的设计要求

屋面是房屋最上层的水平围护结构，主要功能是能抵御雨雪、日晒等自然界的影响，其中防水、排水是屋面首先要解决的问题。屋面也是房屋的承重结构，承担自重及风、雨、雪荷载，施工荷载及上人屋面的荷载，并对房屋上部起水平支撑作用，所以应具有足够的强度和刚度，且应防止因结构变形引起的屋面防水层开裂漏雨。另外，屋面的形式对建筑造型有重要影响，连同细部设计都是屋面设计中不可忽视的内容。

（1）强度和刚度要求

屋面是房屋的承重结构之一，因此，必须具有足够的强度和刚度，能支撑自重和作用于屋面上的各种荷载，同时，对房屋上部起水平支撑作用。

（2）防水排水要求

屋面防水排水是屋面构造设计应满足的基本要求。在屋面的构造设计中，主要是依靠阻和导的共同作用来实现排水要求。所谓阻，是指利用覆盖在屋面上的防水材料阻止雨水渗透屋面；所谓导，是指利用屋面的坡度将雨水有组织或无组织地排出屋面。屋面防水工程应根据建筑物的类别、重要程度、使用功能要求确定防水等级，并应按相应等级进行防水设防；对防水有特殊要求的建筑屋面，应进行专项防水设计。屋面防水等级和设防要求应符合表5-3 的规定。

表 5-3 屋面防水等级和设防要求

防水等级	建筑类别	设防要求
Ⅰ 级	重要建筑和高层建筑	两道防水设防
Ⅱ 级	一般建筑	一道防水设防

（3）保温隔热要求

屋面作为建筑物最上层的外围护结构，应具有良好的保温隔热性能。在严寒和寒冷地区，屋面构造设计应满足冬季保温的要求，尽量减少室内热量的散失；在温暖和炎热地区，屋面构造设计应满足夏季隔热的要求，避免室外高温级强烈的太阳辐射对室内生活和工作的不利影响。我国地域广大，有的地区房屋屋面设计以保温要求为主，有的地区房屋屋面设计以隔热要求为主，有的地区房屋屋面设计以保温和隔热同时兼顾。随着我国对建筑节能要求的提高，屋面保温隔热设计也越来越受到重视。

（4）建筑构造要求

屋面是建筑的重要组成部分，它的形态对建筑的整体造型有严重的影响。因此，在屋面设计中必须兼顾功能和形式。

4. 屋面排水

（1）排水方式的选择

屋面排水方式分为无组织排水和有组织排水两大类。

① 无组织排水

指雨水经檐口直接落至地面，屋面不设雨水门、天沟等排水设施，也称自由落水。该排水形式节约材料，施工方便，构造简单，造价低。但檐口下落的雨水会溅湿墙脚，有风时雨水还会污染墙面。所以无组织排水不适用高层建筑物或降雨多的地区。

② 有组织排水

指屋面设置排水设施，将屋面雨水进行有组织地疏导引至地面或地下排水管内的一种排水方式，这种排水方式构造复杂，造价高，但雨水不浸蚀墙面和影响人行道交通。有组织排水分内排水、女儿墙内檐沟排水和挑檐沟外排水。

内排水为大面积、多跨、高层以及特殊要求的平屋面常做成内排水方式，雨水经雨水流入室内落水管，再排到室外排水系统，如图5-7（a）所示。

外排水为雨水经雨水口流入室外排水管的排水方式，分为女儿墙内檐沟排水和挑檐沟外排水。

女儿墙内檐沟排水为设有女儿墙的平屋面，在女儿墙里面设内檐沟或垫坡。落水管可设在外墙外面，将雨水口穿过女儿墙，如图5-7（b）所示。

挑檐沟外排水是设有檐沟的平屋面或坡屋面，檐沟内垫出的纵向坡度，将雨水引向雨水口，进入雨水管，如图5-7（c）所示。

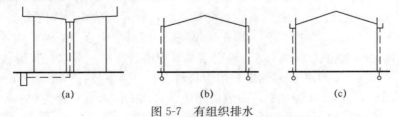

图 5-7　有组织排水

(a) 内排水；(b) 女儿墙内排水；(c) 外檐沟排水

（2）排水装置

① 天沟

天沟（图5-8）是汇集屋面雨水的沟槽，有钢筋混凝槽形天沟和在屋面板上用材料找坡形成的三角形天沟两种。当天沟位于檐口处时为檐沟。天沟的断面净宽一般不小于200mm，

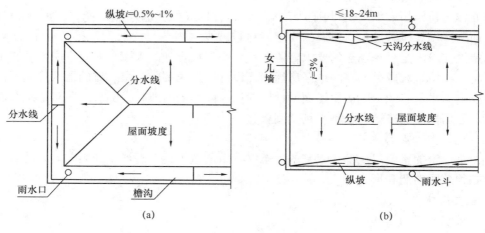

图 5-8　天沟构造

（a）槽形天沟；（b）三角形天沟

为使天沟内雨水顺利地流向低处的雨水口，沟底应分段设置坡度，坡度一般为 0.5‰～1‰。

②　雨水口

雨水口是将天沟的雨水汇集至雨水管的连通构件，构造上要求排水通畅，不易阻塞，防止渗漏。雨水口有设在檐沟底部的水平雨水口和设在女儿墙根部的垂直雨水口两种。

③　雨水管

雨水管按材料不同有镀锌铁皮、铸铁管、PVC 管、陶瓷管等，直径一般有 50mm、75mm、100mm、125mm、150mm、200mm 几种规格，一般民用建筑中常用直径 100mm 的镀锌铁皮管或 PVC 管。

5. 屋面排水的设计

平屋面的排水组织设计就是为使屋面排水路线简捷顺畅，快速将雨水排出屋面。设计方法是：（1）划分排水区；使雨水管负荷均匀，把屋面划分为若干排水区，一般按一个雨水口负担 150～200m² （屋面水平投影面积）。（2）排水坡面取决于建筑的进深，进深较大时采用双坡排水或四坡排水，进深较小的房屋和临街建筑常采用单坡排水。（3）合理设置天沟，使其具有汇集雨水和排除雨水的功能，天沟的断面尺寸净宽应不小于 200mm，分水线处最小深度应大于 80mm，沿天沟底长度方向设纵向排水坡，称天沟纵坡。沟内最小纵坡：卷材防水面层大于 10‰；自防水面层大于 30‰；砂浆或块材面层大于 5‰时，雨水管常用直径 75～100mm，间距不宜超过 24m。（4）确定落水管规格及间距；雨水管有铸铁、镀锌铁皮、石棉水泥、塑料和陶土等几种。目前多采用塑料落水管，其直径有 50mm、75mm、100mm、125mm、150mm、200mm 几种规格，一般民用建筑常用的落水管直径为 100mm，面积较小的露台或阳台一般采用 50mm 或 75mm 的落水管。其间距一般在 18m 以内，最大间距不宜超过 24m。镀锌铁皮易锈蚀，不宜在潮湿地区使用，石棉水泥性脆，不宜在严寒地区使用，如图 5-9 所示。

6. 上人孔

不上人屋面需设置上人孔（图 5-10），以方便对屋面进行维修和安装设备。上人孔的平面尺寸不小于 600mm×700mm，且应位于靠墙处，以方便设置爬梯。上人孔的孔壁一般与

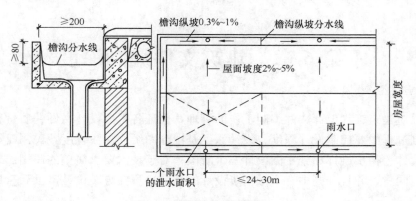

图 5-9　屋面排水组织设计

屋面板整浇，高出屋面至少 250mm，孔壁与屋面之间做成泛水，孔口用木板加钉 0.6 厚的镀锌钢板进行盖孔。

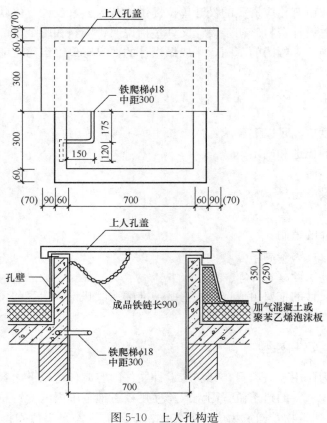

图 5-10　上人孔构造

第6章 建筑文件编制深度

为加强对建筑工程设计文件编制工作的管理，保证各阶段设计文件的质量和完整性，建筑文件编制过程中要控制设计深度。设计深度是设计图纸的深浅程度，民用建筑工程一般应分为方案设计、初步设计和施工图设计三个阶段；对于技术要求简单的民用建筑工程，经有关主管部门同意，并且合同中有不做初步设计的约定，可在方案设计审批后直接进入施工图设计。

6.1 初步设计深度

初步设计文件应由有相应资质的设计单位提供，若为多家设计单位联合设计的，应由总包设计单位负责汇总设计资料。初步设计文件包括说明、资料和图纸等部分。初步设计是最终成果的前身，相当于一幅图的草图，一般做设计的在没有最终定稿之前的设计都统称为初步设计。

6.1.1 一般要求

初步设计的深度应满足以下要求：
（1）设计方案的比选和确定。
（2）土地征用。
（3）主要材料设备定货。
（4）投资的控制。
（5）施工图设计的编制。
（6）施工组织设计的编制。
（7）施工准备和生产准备等。
总概算是初步设计的重要组成部分，它必须准确地反映设计内容和设计标准，其深度应满足控制投资计划安排和筹集资金的要求。

6.1.2 初步设计文件内容

一般设计项目为民用建筑项目，其初步设计文件内容应包含以下内容：
（1）比例为1：2000的建筑位置图，取得使用权土地范围内的建筑总平面布置及环境设计图（1：500），含建筑物及构筑物位置、名称、出入口、停车车位安排（机动车及非机动车）、交通组织、环境保护、消防布局、绿化及竖向布置、拟建建筑物日照分析及对周围现状建筑的影响分析意见等。
（2）建筑物、构筑物的建筑初步设计的平面、立面、剖面图（主要平面1：100，其他不小于1：200）。平面应注明轴线尺寸及总尺寸，剖面应注明分层尺寸及总高度。
（3）建筑物、构筑物的结构设计，含基础类别、结构体系、抗震措施、施工方法、沉柱或沉降或施工对地块外建筑物、构筑物、管线等的影响分析及防护措施等。

（4）建筑物、构筑物的设备设计，包括水、风、暖、电、气、防盗安保、通讯等的室内、外系统及总用量。

（5）建筑物、构筑物设计的彩色透视，重要建筑还应有总体模型。

（6）设计方案说明及技术经济指标。

除一般说明外尚需有下列篇章：（1）环境保护；（2）消防安全；（3）劳动保护；（4）卫生防疫；（5）防盗安保；（6）交通安全等。

主要技术经济指标：含基地总面积、建筑总面积、建筑覆盖率、容积率、建筑最高高度、地下控制深度、绿化面积比率、停车数量（包括机动车与非机动车，本单位与外来车辆）及概算经济分析。

6.1.3　建筑专业设计文件内容及相关规定

在初步设计阶段建筑专业设计文件应包括设计说明书和设计图纸。设计说明书应包含：

1. 设计依据

（1）摘述设计任务书和其他依据性资料中与建筑专业有关的主要内容。

（2）设计所执行的主要法规和所采用的主要标准（包括标准的名称、编号、年号和版本号）。

（3）项目批复文件、审查意见等的名称和文号。

2. 设计概述

（1）表述建筑的主要特征，如建筑总面积、建筑占地面积、建筑层数和总高、建筑防火类别、耐火等级、设计使用年限、地震基本烈度、主要结构选型、人防类别、面积和防护等级、地下室防水等级、屋面防水等级等。

（2）概述建筑物使用功能和工艺要求。

（3）简述建筑的功能分区、平面布局、立面造型及与周围环境的关系。

（4）简述建筑的交通组织、垂直交通设施（楼梯、电梯、自动扶梯）的布局，以及所采用的电梯、自动扶梯的功能、数量和吨位、速度等参数。

（5）建筑防火设计，包括总体消防、建筑单体的防火分区、安全疏散、疏散宽度计算和防火构造等。

（6）无障碍设计，包括基地总体上、建筑单体内的各种无障碍设施要求等。

（7）人防设计，包括人防面积、设置部位、人防类别、防护等级、防护单元数量等。

（8）当建筑在声学、建筑光学、建筑安全防护与维护、电磁波屏蔽等方面有特殊要求时所采取的特殊技术措施。

（9）主要的技术经济指标包括能反映建筑工程规模的总建筑面积以及诸如住宅的套型和套数、旅馆的房间数和床位数、医院的病床数、车库的停车位数量等。

（10）简述建筑的外立面用料及色彩、屋面构造及用料、内部装修使用的主要或特殊建筑材料。

（11）对具有特殊防护要求的门窗作必要的说明。

3. 多子项工程中的简单子项可用建筑项目主要特征表作综合说明。

4. 对需分期建设的工程，说明分期建设内容和对续建、扩建的设想及相关措施。

5. 幕墙工程和金属、玻璃和膜结构等特殊屋面工程（说明节能、抗风压、气密性、水密性、防水、防火、防护、隔声的设计要求、饰面材质色彩、涂层等主要的技术要求）及其他需要专项设计、制作的工程内容的必要说明。

6. 需提请审批时解决的问题或确定的事项以及其他需要说明的问题。

7. 建筑节能设计说明

（1）设计依据。

（2）项目所在地的气候分区、建筑分类及围护结构的热工性能限值。

（3）简述建筑的节能设计，确定体型系数（按不同气候区要求）、窗墙比、屋顶透光部分比等主要参数，明确屋面、外墙（非透光幕墙）、外窗（透光幕墙）等围护结构的热工性能及节能构造措施。

8. 当项目按绿色建筑要求建设时，应有绿色建筑设计说明

（1）设计依据。

（2）绿色建筑设计的目标和定位。

（3）评价与建筑专业相关的绿色建筑技术选项及相应的指标、做法说明。

（4）简述相关绿色建筑设计的技术措施。

9. 当项目按装配式建筑要求建设时，应有装配式建筑设计和内装专项说明。

（1）设计依据。

（2）装配式建筑设计的项目特点和定位。

（3）装配式建筑评价与建筑专业相关的装配式建筑技术选项。

（4）简述相关装配式建筑设计相关的技术措施。

6.2 建筑施工图设计深度

在施工图设计阶段，建筑专业设计文件应包括图纸目录、设计说明、设计图纸、计算书。

6.2.1 图纸目录

先列绘制图纸，后列选用的标准图或重复利用图。

6.2.2 设计说明

（1）设计依据。依据性文件名称和文号，如批文、本专业设计所执行的主要法规和所采用的主要标准（包括标准名称、编号、年号和版本号）及设计合同等。

（2）项目概况。内容一般应包括建筑名称、建设地点、建设单位、建筑面积、建筑基底面积、项目设计规模等级、设计使用年限、建筑层数和建筑高度、建筑防火分类和耐火等级、人防工程类别和防护等级、人防建筑面积、屋面防水等级、地下室防水等级、主要结构类型、抗震设防烈度等，以及能反映建筑规模的主要技术经济指标，如住宅的套型和套数（包括套型总建筑面积等）、旅馆的客房间数和床位数、医院的床位数、车库的停车泊位数等。

（3）设计标高。工程的相对标高与总图绝对标高的关系。

（4）用料说明和室内外装修。墙体、墙身防潮层、地下室防水、屋面、外墙面、勒脚、散水、台阶、坡道、油漆、涂料等处的材料和做法，墙体、保温等主要材料的性能要求，可用文字说明或部分文字说明，部分直接在图上引注或加注索引号，其中应包括节能材料的说明；室内装修部分除用文字说明以外也可用表格形式表达（表 6-1），在表上填写相应的做法或代号；较复杂或较高级的民用建筑应另行委托室内装修设计；凡属二次装修的部分，可不列装修做法表和进行室内施工图设计，但对原建筑设计、结构和设备设计有较大改动时，应征得原设计单位和设计人员的同意。

表 6-1　室内装修做法表

名称＼部位	楼、地面	踢脚板	墙裙	内墙面	顶棚	备　注
门厅						
走廊						

注：表列项目可增减。

（5）对采用新技术、新材料和新工艺的做法说明及对特殊建筑造型和必要的建筑构造的说明。

（6）门窗数量表（表 6-2）及门窗性能（防火、隔声、防护、抗风压、保温、隔热、气密性、水密性等）、窗框材质和颜色、玻璃品种和规格、五金件等的设计要求。

表 6-2　门窗数量表

类别	设计编号	洞口尺寸（mm）		樘数	采用标准图集及编号		备注
		宽	高		图集代号	编号	
门							
窗							

注：1. 采用非标准图集的门窗应绘制门窗立面图及开启方式。

　　2. 单独的门窗表应加注门窗的性能参数、型材类别、玻璃种类及热工性能。

（7）幕墙工程（玻璃、金属、石材等）及特殊屋面工程（金属、玻璃、膜结构等）的特点，节能、抗风压、气密性、水密性、防水、防火、防护、隔声的设计要求、饰面材质、涂层等主要的技术要求，并明确与专项设计的工作及责任界面。

（8）电梯（自动扶梯、自动步道）选择及性能说明（功能、额定载重量、额定速度、停站数、提升高度等）。

（9）建筑设计防火设计说明，包括总体消防、建筑单体的防火分区、安全疏散、疏散人数和宽度计算、防火构造、消防救援窗设置等。

（10）无障碍设计说明，包括基地总体上、建筑单体内的各种无障碍设施要求等。

（11）建筑节能设计说明：

① 设计依据。

② 项目所在地的气候分区、建筑分类及围护结构的热工性能限值。

③ 建筑的节能设计概况、围护结构的屋面（包括天窗）、外墙（非透光幕墙）、外窗（透光幕墙）、架空或外挑楼板、分户墙和户间楼板（居住建筑）等构造组成和节能技术措施，明确外门、外窗和建筑幕墙的气密性等级。

④ 建筑体形系数计算（按不同气候分区城市的要求）、窗墙面积比（包括屋顶透光部分面积）计算和围护结构热工性能计算，确定设计值。

（12）根据工程需要采取的安全防范和防盗要求及具体措施，隔声减振减噪、防污染、防射线等的要求和措施。

（13）需要专业公司进行深化设计的部分，对分包单位明确设计要求，确定技术接口的深度。

（14）当项目按绿色建筑要求建设时，应有绿色建筑设计说明。

① 设计依据。

② 绿色建筑设计的项目特点与定位。

③ 建筑专业相关的绿色建筑技术选项内容。

④ 采用绿色建筑设计选项的技术措施。

（15）当项目按装配式建筑要求建设时，应有装配式建筑设计说明。

① 装配式建筑设计概况及设计依据。

② 建筑专业相关的装配式建筑技术选项内容，拟采用的技术措施，如标准化设计要点、预制部位及预制率计算等技术应用说明。

③ 一体化装修设计的范围及技术内容。

④ 装配式建筑特有的建筑节能设计内容。

（16）其他需要说明的问题。

6.2.3　平面图

建筑平面图是表示建筑物平面形状、墙柱布置、结构形式、门窗类型、建筑材料等的图样，是施工放线、墙柱施工、门窗安装等的依据，是建筑立面图、剖面图及结构施工图、设备施工图绘制的基础。建筑平面图的绘制比例一般为 1∶100，有些较长的平面也可用 1∶150 或 1∶200 的比例绘制。

图示内容有轴线、尺寸、名称、符号等。

1. 轴线

承重墙、柱及其定位轴线和轴线编号，详见本书 2.2 节定位轴线内容。

2. 尺寸

建筑平面图必须标注必要的尺寸和标高，尺寸包括外部尺寸和内部尺寸，标高为建筑完成面标高。

外部尺寸一般标注三道，最内道为相邻外墙上门窗洞口尺寸、位置尺寸（即门窗洞口到相邻轴线尺寸）；第二道为轴线间尺寸（开间或进深）；最外道为墙外皮或柱外皮总尺寸，即外包尺寸。

内部尺寸为内墙上门窗洞口尺寸及到相邻轴线间尺寸，同一门窗编号可标注一次；其他需要标注的尺寸有：墙身厚度（包括承重墙和非承重墙），柱与壁柱截面尺寸（必要时）及其与轴线关系尺寸，当围护结构为幕墙时，标明幕墙与主体结构的定位关系及平面凹凸变化的轮廓尺寸；玻璃幕墙部分标注立面分格间距的中心尺寸；应在一层平面图中周圈标注散水尺寸及台阶尺寸，二层平面图中标注雨篷尺寸（或在标准层平面中绘制雨篷并标注标高）。

所有平面图均需标注标高，包括室外地面标高、一层地面标高、各楼层标高；标注位置应明显。

3. 名称

名称包括图纸名称、房间名称及门窗洞口名称。

图纸名称一般为一层平面图、二层平面图、三层至七层平面图、屋顶平面图、屋面排水图等，平面布局完全相同的楼层称为标准层，故一般平面图应绘制一层平面图、标准层平面图、屋顶平面图、屋面排水图，建筑平面图的绘制比例一般为 1：100，屋面排水图绘制比例为 1：200。

住宅、办公楼等建筑应标注房间名称，如住宅中的卧室、起居室、厨房、卫生间、阳台等，可只标注一种户型；办公楼中应注明办公室、会议室、资料室等，便于结构设计时荷载的选用及结构计算。

平面图中应标注门窗洞口名称，相同尺寸及材质的门窗可用一个编号，相同尺寸不同材质的门窗不可用同一个编号。应绘出门的开启方向。门窗一般用 M-1、C-1 或 M1、C1 顺序编号，高窗一般用 GC-1 或 GC1。

4. 符号

建筑平面图中的符号有详图索引符号、指北针、剖切符号、上下箭头符号等。

平面图中楼（电）梯、卫生间、墙身等应标注详图索引符号。主要建筑设备和固定家具的位置及相关做法索引，如卫生器具、雨水管、水池、台、橱、柜、隔断等；主要结构和建筑构造部件的位置、尺寸和做法索引，如中庭、天窗、地沟、地坑、重要设备或设备基础的位置尺寸，各种平台、夹层、人孔、阳台、雨篷、台阶、坡道、散水、明沟等；楼地面预留孔洞和通气管道、管线竖井、烟囱、垃圾道等位置、尺寸和做法索引，以及墙体（主要为填充墙，承重砌体墙）预留洞的位置、尺寸与标高或高度等；

应在一层平面图的右上角绘制指北针并在图中标注剖切符号。

楼梯、台阶、坡道等应标注上下箭头符号。无地下室时，一层平面图中楼梯只标注向上箭头，标准层中标注上下箭头，顶层平面图中标注向下箭头（如上人屋面，标注同标准层）。

5. 面积

标注每层建筑面积、防火分区面积、防火分区分隔位置及安全出口位置示意，图中标注计算疏散宽度及最远疏散点到达安全出口的距离（宜单独成图）；当整层仅为一个防火分区，可不标注防火分区面积，或以示意图（简图）形式在各层平面中表示。住宅平面图中应标注各房间使用面积、阳台面积。

6. 其他

屋面排水图应绘制女儿墙、檐口、天沟、坡度、坡向、雨水口、屋脊（分水线）、变形缝、楼梯间、水箱间、电梯机房、天窗及挡风板、屋面上人孔、检修梯、室外消防楼梯、出屋面管道井及其他构筑物，及必要的详图索引号、标高等。

根据工程性质及复杂程度，必要时可选择绘制局部放大平面图。

建筑平面较长较大时，可分区绘制，但需在各分区平面图适当位置上绘出分区组合示意图，并明显表示本分区部位编号。

如系对称平面，对称部分的内部尺寸可省略，对称轴部位用对称符号表示，但轴线号不得省略；楼层标准层可共用同一平面，但需注明层次范围及各层的标高。建筑物上下、左右对称时可只标注下、左尺寸。

装配式建筑应在平面中用不同图例注明预制构件（如预制夹芯外墙、预制墙体、预制楼梯、叠合阳台等）位置，并标注构件截面尺寸及其与轴线关系尺寸；预制构件大样图，为了控制尺寸及一体化装修相关的预埋点位。

6.2.4　立面图

立面图是建筑立面的正投影图，体现建筑物的外观效果。应绘制两个主要方向的立面图，侧立面有门窗洞口时也应绘制，如果两个侧立面对称，可绘制一个侧立面；如果侧立面没有开设门窗洞口，可不绘制侧立面。立面图绘制比例一般与平面图相同。

1. 命名方法

按两端轴线编号命名，如①～⑩轴立面图、⑩～①轴立面图等。

2. 图示内容

（1）应绘制两端轴线和轴线编号；立面转折较复杂时可用展开立面表示，但应准确注明转角处的轴线编号。

（2）立面外轮廓及主要结构和建筑构造部件的位置，如女儿墙顶、檐口、柱、变形缝、室外楼梯和垂直爬梯、室外空调机搁板、外遮阳构件、阳台、栏杆、台阶、坡道、花台、雨篷、烟囱、勒脚、门窗（消防救援窗）、幕墙、洞口、门头、雨水管，以及其他装饰构件、线脚和粉刷分格线等，当为预制构件或成品部件时，按照建筑制图标准规定的不同图例示意，装配式建筑立面应反映出预制构件的分块拼缝，包括拼缝分布位置及宽度等。

（3）建筑的总高度、楼层位置辅助线、楼层数、楼层层高和标高以及关键控制标高的标注，如女儿墙或檐口标高等；外墙的留洞应注尺寸与标高或高度尺寸（宽×高×深及定位关系尺寸）。

（4）平面、剖面未能表示出来的屋顶、檐口、女儿墙、窗台以及其他装饰构件、线脚等的标高或尺寸。

（5）在平面图上表达不清的窗编号。

（6）各部分装饰用料、色彩的名称或代号。

（7）剖面图上无法表达的构造节点详图索引。

（8）图纸名称、比例。

（9）外立面轮廓线加粗，地坪线线型更粗，其他线型用细线。

6.2.5　剖面图

剖面图是在建筑竖直方向上剖切所形成的全剖视图，用来表示建筑物总高、层高、结构形式、构造及材料等内容。剖面图绘制比例一般与平面图、立面图一致。

1. 剖切位置

剖切位置一般选在建筑物结构和构造比较复杂、能反映建筑物构造特征的具有代表性的部位，如层高不同、层数不同、内外部空间比较复杂的部位；建筑空间局部不同处以及平面、立面均表达不清的部位，可绘制局部剖面。

剖切位置应尽量剖到墙体上的门、窗、洞口，以便表达其高度和位置；因表达不清楚，一般不剖楼梯，楼梯应绘制详图。

剖切符号标在一层平面图上。

2. 图示内容

（1）墙、柱、轴线和轴线编号。

（2）剖切到或可见的主要结构和建筑构造部件，如室外地面、楼（地）面、地坑、地沟、吊顶、屋顶、出屋顶烟囱、天窗、挡风板、檐口、女儿墙、幕墙、爬梯、门、窗、外遮阳构件、楼梯、台阶、坡道、散水、平台、阳台、雨篷、洞口、梁线、柱线及其他装修等可见的内容。

（3）外部高度尺寸应标注两道：第一道为洞口尺寸，如门、窗、洞口高度及其位置尺寸、阳台栏杆高度；第二道为层间尺寸，包括层高尺寸、室内外高差、女儿墙高度。

内部高度尺寸包括地坑（沟）深度、隔断、内窗、洞口、平台、吊顶等。

（4）水平尺寸应标注两道：第一道为剖切相邻轴线间的尺寸；第二道为剖切首末轴线间的总尺寸。

（5）主要结构和建筑构造部件的标高，如室内地面、楼面（含地下室）、平台、雨篷、吊顶、屋面板、屋面檐口、女儿墙顶、高出屋面的建筑物、构筑物及其他屋面特殊构件等的标高、室外地面标高及建筑物总标高。

（6）节点构造详图索引符号。

（7）图纸名称、比例。

6.2.6　详图

建筑详图是表明细部构造、尺寸及用料等的详细图样。其特点是比例大、尺寸全、文字说明详尽。凡在建筑平立剖面图中没有明确表达的细部构造，均需绘制详图进行补充表达。常见的建筑详图有：楼梯详图、厨房详图、卫生间详图、墙身详图、节点详图等。详图绘制比例一般为 1：50～1：20，楼梯详图也可用 1：60 的比例绘制。

（1）内外墙、屋面等节点，绘出不同构造层次，表达节能设计内容，标注各材料名称及具体技术要求，注明细部和厚度尺寸等。

（2）楼梯、电梯、厨房、卫生间、阳台、管沟、设备基础等局部平面放大和构造详图，注明相关的轴线和轴线编号以及细部尺寸，设施的布置和定位、相互的构造关系及具体技术要求等，应提供预制外墙构件之间拼缝防水和保温的构造做法。

（3）其他需要表示的建筑部位及构配件详图。

（4）室内外装饰方面的构造、线脚、图案等；标注材料及细部尺寸、与主体结构的连接等。

（5）门、窗、幕墙绘制立面图，标注洞口和分格尺寸，对开启位置、面积大小和开启方式，用料材质、颜色等做出规定和标注。

（6）对另行专项委托的幕墙工程、金属、玻璃、膜结构等特殊屋面工程和特殊门窗等，应标注构件定位和建筑控制尺寸。

（7）对贴邻的原有建筑，应绘出其局部的平面、立面、剖面，标注相关尺寸，并索引新建筑与原有建筑结合处的详图号。

6.2.7 计算书

（1）建筑节能计算书

① 根据不同气候分区地区的要求进行建筑的体形系数计算。

② 根据建筑类别，计算各单一立面外窗（包括透光幕墙）窗墙面积比、屋顶透光部分面积比，确定外窗（包括透光幕墙）、屋顶透光部分的热工性能满足规范的限值要求。

③ 根据不同气候分区城市的要求对屋面、外墙（包括非透光幕墙）、底面接触室外空气的架空或外挑楼板等围护结构部位进行热工性能计算。

④ 当规范允许的个别限值超过要求，通过围护结构热工性能的权衡判断，使围护结构总体热工性能满足节能要求。

（2）根据工程性质和特点，提出进行视线、声学、安全疏散等方面的计算依据、技术要求。

（3）当项目按绿色建筑要求建设时，相关的平面、立面、剖面图应包括采用的绿色建筑设计技术内容、并绘制相关的构造详图。

（4）增加保温节能材料的燃烧性能等级，与消防相统一。

6.3 建筑施工图的概念及组成

6.3.1 建筑施工图的概念

建筑施工图主要用来表示房屋的规划位置、外部造型、内部布置、内外装修、细部构造、固定设施及施工要求等。

6.3.2 建筑施工图的组成

建筑施工图包括施工图首页、总平面图、平面图、立面图、剖面图和详图。施工图的绘制是投影理论、图示方法及有关专业知识的综合应用。

1. 总平面图

总平面图主要反映房屋的规划位置、具体方位及周边环境等，能够反映出周边的具体施工条件，对本工程的前期设计起到最关键的作用。

2. 平面图

平面图表示建筑的整体布置形式，本项目的室内外环境、基本设施、内部布置、建筑朝向等，对工程的开展提供平面依据。

3. 立面图

立面图反映建筑物的外部造型、内外装修、排水设施等，给人以空间感和美感。

4. 剖面图

剖面图能够反映具体的断面尺寸及内部环境等，如楼梯剖面，让人直观看出楼梯的具体位置、形式及断面所用材料等，一般和楼梯详图配合反映细部构造。

5. 详图

详图是平面、立面、剖面图的细部构造的反映，通常有楼梯详图、节点详图等。

6.4　全套施工图的内容及编排方式

建筑施工图纸主要有图纸目录、门窗表、节能设计一览表、建筑设计总说明、平面图、立面图、剖面图、楼梯详图、节点详图。具体说明如下：

1. 图纸目录

图纸目录编排在图纸首页。

2. 节能设计一览表

节能设计主要由门窗、楼板、屋面的传热系数及节能措施组成，可以通过表格形式反映出来。编排在图纸首页，图纸目录的下侧。

3. 建筑设计总说明

建筑设计总说明主要包含设计依据、工程概况、建筑构造做法等。编排在目录右侧。

4. 门窗表

门窗表见表 6-2，可以编排在建筑设计总说明后面。

5. 平面图

平面图主要为地下一层平面图、一层平面图、标准层平面图、屋面排水图等。通常根据建筑物长和宽确定图幅大小，一般选用 A2 图纸，特殊情况可以加长。要合理布图，尽量选择楼长方向对应图纸较长方向，居中布置。每层平面图单独成页，顺序为一层平面图、标准层平面图、顶层平面图、屋面排水图。

6. 立面图

立面图一般有正立面图、背立面图、侧立面图等，图名以轴号命名。

7. 剖面图

剖面图一般具有代表性的断面，尽量剖到门、窗等，一般不剖楼梯，楼梯剖面在楼梯详图中绘制。剖切位置在一层平面图中显示，可以有多个剖切面，命名形式为 1-1 剖面图、2-2剖面图等。

8. 楼梯详图

楼梯详图中楼梯剖面图要和楼梯平面图一致，主要绘制有一层平面图、标准层平面图、顶层平面图，各平面图需绘制楼梯间的轴线、具体位置（平面位置、高程等）、上行与下行方向、楼梯的踏步个数及尺寸、楼梯间门窗位置、休息平台和楼层平台的尺寸等。

9. 其他详图

其他详图包括厨房、卫生间详图和节点详图。后者主要针对装配式建筑而言，不同构件间节点的做法用图形表示出来，主要反映节点连接状态，如墙身节点详图、构造连接详图等。

第7章 建筑节能设计

7.1 概述

建筑分为民用建筑和工业建筑，民用建筑又分为居住建筑和公共建筑。根据《民用建筑热工设计规范》，我国分为严寒地区、寒冷地区、夏热冬冷地区、夏热冬暖地区和温和地区，其热工分区指标及设计要求见表 7-1。依据不同的采暖度日数（HDD18）和空调度日数（CDD26）范围，将严寒和寒冷地区的居住建筑节能设计划分为 5 个气候子区，见表 7-2。

表 7-1 民用建筑热工分区指标及设计要求

分区名称	分区指标		设计要求
	主要指标	辅助指标	
严寒地区	最冷月平均温度≤−10℃	日平均温度≤5℃的天数≥145d	必须充分满足冬季保温要求，一般可不考虑夏季防热
寒冷地区	最冷月平均温度−1~0℃	日平均温度≤5℃的天数90~145d	应满足冬季保温要求，部分地区兼顾夏季防热
夏热冬冷地区	最冷月平均温度0~10℃，最热月平均温度25~30℃	日平均温度≤50℃的天数0~90d，日平均温度≥25℃的天数40~110d	必须满足夏季防热要求，适当兼顾冬季保温
夏热冬暖地区	最冷月平均温度>10℃，最热月平均温度25~29℃	日平均温度≥25℃的天数100~200d	必须充分满足夏季防热要求，一般可不考虑冬季保温
温和地区	最冷月平均温度0~13℃，最热月平均温度18~25℃	日平均温度≤5℃的天数0~90d	部分地区应考虑冬季保温要求，一般可不考虑夏季防热

表 7-2 严寒和寒冷地区居住建筑节能设计气候子区

气候子区		分区依据
严寒地区（Ⅰ区）	严寒（A）区	6000≤HDD18
	严寒（B）区	5000≤HDD18<6000
	严寒（C）区	3800≤HDD18<5000
寒冷地区（Ⅱ区）	寒冷（A）区	2000≤HDD18<3800，CDD26≤90
	寒冷（B）区	2000≤HDD18<3800，CDD26>90

采暖度日数（HDD18，heating degree day based on 18℃）是指一年中，当某天室外日平均温度低于 18℃时，将该日平均温度与 18℃的差值乘以 1 天，并将此乘积累加，得到一

年的采暖度日数。

空调度日数（CDD26，cooling degree day based on 26℃）的定义为，一年中，当某天室外日平均温度高于 26℃时，将该日平均温度与 26℃的差值乘以 1 天，并将此乘积累加，得到一年的空调度日数。

7.2　建筑节能设计标准

7.2.1　公共建筑节能设计标准

1. 一般规定

单栋建筑面积大于 300m² 的建筑，或单栋建筑面积小于或等于 300m² 但总建筑面积大于 1000m² 的建筑群，应为甲类公共建筑；单栋建筑面积小于或等于 300m² 的建筑，应为乙类公共建筑。

2. 建筑设计

（1）严寒和寒冷地区公共建筑体形系数应符合表 7-3 的规定。

表 7-3　严寒和寒冷地区公共建筑体形系数

单栋建筑面积 A（m²）	建筑体形系数
300＜A≤800	≤0.50
A＞800	≤0.40

（2）严寒地区甲类公共建筑各单一立面窗墙面积比（包括透光幕墙）均不宜大于 0.60；其他地区甲类公共建筑各单一立面窗墙面积比（包括透光幕墙）均不宜大于 0.70。

（3）夏热冬暖、夏热冬冷、温和地区的建筑各朝向外窗（包括透光幕墙）均应采取遮阳措施；寒冷地区的建筑各朝向外窗宜采取遮阳措施。

（4）甲类公共建筑的屋顶透光部分面积不应大于屋顶总面积的 20%。

（5）严寒地区建筑的外门应设置门斗；寒冷地区建筑面向冬季主导风向的外门应设置门斗或双层外门，其他外门窗宜设置门斗或应采取其他减少冷风渗透的措施；夏热冬暖、夏热冬冷、温和地区建筑的外门应采取保温隔热措施。

3. 围护结构热工设计

根据建筑热工设计的气候分区，甲类公共建筑围护结构热工性能应分别符合表 7-4～表 7-9 的规定，乙类公共建筑围护结构热工性能应符合表 7-10、表 7-11 的规定。

表 7-4　严寒 A、B 区甲类公共建筑围护结构热工性能限值

围护结构部位	体形系数≤0.30	0.3＜体形系数≤0.50
	传热系数 K ［W/（m²·K）］	
屋面	≤0.28	≤0.25
外墙（包括非透光幕墙）	≤0.38	≤0.35
底面接触室外空气的架空或外挑楼板	≤0.38	≤0.35
地下车库与供暖房间之间的楼板	≤0.50	≤0.50

续表

围护结构部位		体形系数≤0.30	0.3<体形系数≤0.50
		传热系数 K [W/ (m² · K)]	
非供暖楼梯间与供暖房间之间的隔墙		≤1.2	≤1.2
单一立面外窗 (包括透光幕墙)	窗墙面积比≤0.20	≤2.7	≤2.5
	0.20<窗墙面积比≤0.30	≤2.5	≤2.3
	0.30<窗墙面积比≤0.40	≤2.2	≤2.0
	0.40<窗墙面积比≤0.50	≤1.9	≤1.7
	0.50<窗墙面积比≤0.60	≤1.6	≤1.4
	0.60<窗墙面积比≤0.70	≤1.5	≤1.4
	0.70<窗墙面积比≤0.80	≤1.4	≤1.3
	窗墙面积比>0.80	≤1.3	≤1.2
屋顶透光部分(面积≤20%)		≤2.2	
围护结构部位		保温材料层热阻 R [(m² · K) /W]	
周边地区		≥1.1	
地下室外墙(与土壤接触的外墙)		≥1.1	
变形缝(两侧墙内保温时)		≥1.2	

表 7-5 严寒 C 区甲类公共建筑围护结构热工性能限值

围护结构部位		体形系数≤0.30	0.3<体形系数≤0.50
		传热系数 K [W/ (m² · K)]	
屋面		≤0.35	≤0.28
外墙(包括非透光幕墙)		≤0.43	≤0.38
底面接触室外空气的架空或外挑楼板		≤0.43	≤0.38
地下车库与供暖房间之间的楼板		≤0.70	≤0.70
非供暖楼梯间与供暖房间之间的隔墙		≤1.5	≤1.5
单一立面外窗 (包括透光幕墙)	窗墙面积比≤0.20	≤2.9	≤2.7
	0.20<窗墙面积比≤0.30	≤2.6	≤2.4
	0.30<窗墙面积比≤0.40	≤2.3	≤2.1
	0.40<窗墙面积比≤0.50	≤2.0	≤1.7
	0.50<窗墙面积比≤0.60	≤1.7	≤1.5
	0.60<窗墙面积比≤0.70	≤1.7	≤1.5
	0.70<窗墙面积比≤0.80	≤1.5	≤1.4
	窗墙面积比>0.80	≤1.4	≤1.3
屋顶透光部分(面积≤20%)		≤2.3	
围护结构部位		保温材料层热阻 R [(m² · K) /W]	
周边地区		≥1.1	
地下室外墙(与土壤接触的外墙)		≥1.1	
变形缝(两侧墙内保温时)		≥1.2	

表 7-6　寒冷地区甲类公共建筑围护结构热工性能限值

围护结构部位		体形系数≤0.30		0.3<体形系数≤0.50	
		传热系数 K [W/(m²·K)]	太阳得热系数 SHGC(东、南、西向/北向)	传热系数 K [W/(m²·K)]	太阳得热系数 SHGC(东、南、西向/北向)
屋面		≤0.45	—	≤0.40	—
外墙（包括非透光幕墙）		≤0.50	—	≤0.45	—
底面接触室外空气的架空或外挑楼板		≤0.50	—	≤0.45	—
地下车库与供暖房间之间的楼板		≤1.0	—	≤1.0	—
非供暖楼梯间与供暖房间之间的隔墙		≤1.5	—	≤1.5	—
单一立面外窗（包括透光幕墙）	窗墙面积比≤0.20	≤3.0	—	≤2.8	—
	0.20<窗墙面积比≤0.30	≤2.7	≤0.52/—	≤2.5	≤0.52/—
	0.30<窗墙面积比≤0.40	≤2.4	≤0.48/—	≤2.2	≤0.48/—
	0.40<窗墙面积比≤0.50	≤2.2	≤0.43/—	≤1.9	≤0.43/—
	0.50<窗墙面积比≤0.60	≤2.0	≤0.40/—	≤1.7	≤0.40/—
	0.60<窗墙面积比≤0.70	≤1.9	≤0.35/0.60	≤1.7	≤0.35/0.60
	0.70<窗墙面积比≤0.80	≤1.6	≤0.35/0.52	≤1.5	≤0.35/0.52
	窗墙面积比>0.80	≤1.3	≤0.30/0.52	≤1.4	≤0.30/0.52
屋顶透光部分（面积≤20%）		≤2.4	≤0.44	≤2.4	≤0.35
围护结构部位		保温材料层热阻 R[(m²·K)/W]			
周边地区		≥0.60			
地下室外墙（与土壤接触的外墙）		≥0.60			
变形缝（两侧墙内保温时）		≥0.90			

表 7-7　夏热冬冷地区甲类公共建筑围护结构热工性能限值

围护结构部位		传热系数 K[W/(m²·K)]	太阳得热系数 SHGC（东、南、西向/北向）
屋面	围护结构热惰性指标 D≤2.5	≤0.40	—
	围护结构热惰性指标 D>2.5	≤0.50	
外墙（包括非透光幕墙）	围护结构热惰性指标 D≤2.5	≤0.60	
	围护结构热惰性指标 D>2.5	≤0.80	
底面接触室外空气的架空或外挑楼板		≤0.70	
单一立面外窗（包括透光幕墙）	窗墙面积比≤0.20	≤3.5	—
	0.20<窗墙面积比≤0.30	≤3.0	≤0.44/0.48
	0.30<窗墙面积比≤0.40	≤2.6	≤0.40/0.44
	0.40<窗墙面积比≤0.50	≤2.4	≤0.35/0.40
	0.50<窗墙面积比≤0.60	≤2.2	≤0.35/0.40
	0.60<窗墙面积比≤0.70	≤2.2	≤0.30/0.35
	0.70<窗墙面积比≤0.80	≤2.0	≤0.26/0.35
	窗墙面积比>0.80	≤1.8	≤0.24/0.30
屋顶透光部分（面积≤20%）		≤2.6	≤0.30

表 7-8 夏热冬暖地区甲类公共建筑围护结构热工性能限值

围护结构部位		传热系数 $K[W/(m^2 \cdot K)]$	太阳得热系数 SHGC（东、南、西向/北向）
屋面	围护结构热惰性指标 $D \leq 2.5$	≤0.50	—
	围护结构热惰性指标 $D > 2.5$	≤0.80	
外墙（包括非透光幕墙）	围护结构热惰性指标 $D \leq 2.5$	≤0.80	—
	围护结构热惰性指标 $D > 2.5$	≤1.5	
底面接触室外空气的架空或外挑楼板		≤1.5	—
单一立面外窗（包括透光幕墙）	窗墙面积比≤0.20	≤5.2	≤0.52/—
	0.20＜窗墙面积比≤0.30	≤4.0	≤0.44/0.52
	0.30＜窗墙面积比≤0.40	≤3.0	≤0.35/0.44
	0.40＜窗墙面积比≤0.50	≤2.7	≤0.35/0.40
	0.50＜窗墙面积比≤0.60	≤2.5	≤0.26/0.35
	0.60＜窗墙面积比≤0.70	≤2.5	≤0.24/0.30
	0.70＜窗墙面积比≤0.80	≤2.5	≤0.22/0.26
	窗墙面积比＞0.80	≤2.0	≤0.18/0.26
屋顶透光部分（面积≤20%）		≤3.0	≤0.30

表 7-9 温和地区甲类公共建筑围护结构热工性能限值

围护结构部位		传热系数 $K[W/(m^2 \cdot K)]$	太阳得热系数 SHGC（东、南、西向/北向）
屋面	围护结构热惰性指标 $D \leq 2.5$	≤0.50	—
	围护结构热惰性指标 $D > 2.5$	≤0.80	
外墙（包括非透光幕墙）	围护结构热惰性指标 $D \leq 2.5$	≤0.80	—
	围护结构热惰性指标 $D > 2.5$	≤1.5	
单一立面外窗（包括透光幕墙）	窗墙面积比≤0.20	≤5.2	—
	0.20＜窗墙面积比≤0.30	≤4.0	≤0.44/0.48
	0.30＜窗墙面积比≤0.40	≤3.0	≤0.40/0.44
	0.40＜窗墙面积比≤0.50	≤2.7	≤0.35/0.40
	0.50＜窗墙面积比≤0.60	≤2.5	≤0.35/0.40
	0.60＜窗墙面积比≤0.70	≤2.5	≤0.30/0.35
	0.70＜窗墙面积比≤0.80	≤2.5	≤0.26/0.35
	窗墙面积比＞0.80	≤2.0	≤0.24/0.30
屋顶透光部分（面积≤20%）		≤3.0	≤0.30

注：传热系数 K 只适用于温和 A 区，温和 B 区的传热系数 K 不作要求。

表 7-10　乙类公共建筑屋面、外墙、楼板热工性能限值

围护结构部位	传热系数 $K[W/(m^2 \cdot K)]$				
	严寒 A、B 区	严寒 C 区	寒冷地区	夏热冬冷地区	夏热冬暖地区
屋面	≤0.35	≤0.45	≤0.55	≤0.70	≤0.90
外墙（包括非透光幕墙）	≤0.45	≤0.50	≤0.60	≤1.0	≤1.5
底面接触室外空气的架空或外挑楼板	≤0.45	≤0.50	≤0.60	≤1.0	—
地下车库与供暖房间之间的楼板	≤0.50	≤0.70	≤1.0	—	—

表 7-11　乙类公共建筑外窗（包括透光幕墙）热工性能限值

围护结构部位	传热系数 $K[W/(m^2 \cdot K)]$					太阳得热系数 SHGC		
外窗（包括透光幕墙）	严寒 A、B 区	严寒 C 区	寒冷地区	夏热冬冷地区	夏热冬暖地区	寒冷地区	夏热冬冷地区	夏热冬暖地区
单一立面外窗（包括透光幕墙）	≤2.0	≤2.2	≤2.5	≤3.0	≤4.0	—	≤0.52	≤0.48
屋顶透光部分（面积≤20%）	≤2.0	≤2.2	≤2.5	≤3.0	≤4.0	≤0.44	≤0.35	≤0.30

4. 气密性标准

建筑外门、外窗的气密性检测应符合国家标准《建筑外门窗气密、水密、抗风压性能检测方法》GB/T 7106—2019 中的规定。

7.2.2　居住建筑节能设计标准

1. 严寒和寒冷地区节能设计标准

（1）一般规定

① 建筑物宜朝向南北或接近朝向南北，建筑物不宜设有三面外墙的房间，一个房间不宜在不同方向的墙面上设置两个或更多的窗。

② 严寒和寒冷地区居住建筑的体形系数不应大于表 7-12 规定的限值。

表 7-12　严寒和寒冷地区居住建筑的体形系数限值

热工分区	建筑层数			
	≤3 层	（4～8）层	（9～13）层	≥14 层
严寒地区	0.50	0.30	0.28	0.25
寒冷地区	0.52	0.33	0.30	0.26

③ 严寒和寒冷地区居住建筑的窗墙面积比不应大于表 7-13 规定的限值。

表 7-13 严寒和寒冷地区居住建筑的窗墙面积比限值

朝向	窗墙面积比	
	严寒地区	寒冷地区
北	0.25	0.30
东、西	0.30	0.35
南	0.45	0.50

（2）围护结构热工设计

① 根据建筑物所处城市的气候分区区属不同，建筑围护结构的传热系数、保温材料层热阻应符合表 7-14～表 7-18 的规定，寒冷（B）区外窗综合遮阳系数不应大于表 7-19 规定的限值。

表 7-14 严寒（A）区居住建筑围护结构热工性能参数限值

围护结构部位	传热系数 K［W/（m²·K）］		
	≤3 层建筑	（4～8）层建筑	≥9 层建筑
屋 面	0.20	0.25	0.25
外 墙	0.25	0.40	0.50
底架空或外挑楼板	0.30	0.40	0.40
非采暖地下室顶板	0.35	0.45	0.45
分隔采暖与非采暖空间的隔墙	1.2	1.2	1.2
分隔采暖与非采暖空间的户门	1.5	1.5	1.5
阳台门下部门芯板	1.2	1.2	1.2
外窗 窗墙面积比≤0.2	2.0	2.5	2.5
外窗 0.2＜窗墙面积比≤0.3	1.8	2.0	2.2
外窗 0.3＜窗墙面积比≤0.4	1.6	1.8	2.0
外窗 0.4＜窗墙面积比≤0.45	1.5	1.6	1.8
围护结构部位	保温材料层热阻 R［(m²·K)/W］		
周边地区	1.70	1.40	1.10
地下室外墙（与土壤接触的外墙）	1.80	1.50	1.20

表 7-15 严寒（B）区居住建筑围护结构热工性能参数限值

围护结构部位	传热系数 K［W/(m²·K)］		
	≤3 层建筑	（4～8）层建筑	≥9 层建筑
屋 面	0.25	0.30	0.30
外 墙	0.30	0.45	0.55
底架空或外挑楼板	0.30	0.45	0.45
非采暖地下室顶板	0.35	0.50	0.50
分隔采暖与非采暖空间的隔墙	1.2	1.2	1.2
分隔采暖与非采暖空间的户门	1.5	1.5	1.5
阳台门下部门芯板	1.2	1.2	1.2

围护结构部位		传热系数 $K[W/(m^2 \cdot K)]$		
		≤3 层建筑	（4～8）层建筑	≥9 层建筑
外窗	窗墙面积比≤0.2	2.0	2.5	2.5
	0.2<窗墙面积比≤0.3	1.8	2.2	2.2
	0.3<窗墙面积比≤0.4	1.6	1.9	2.0
	0.4<窗墙面积比≤0.45	1.5	1.7	1.8
围护结构部位		保温材料层热阻 $R[(m^2 \cdot K)/W]$		
周边地区		1.40	1.10	0.83
地下室外墙（与土壤接触的外墙）		1.50	1.20	0.91

表 7-16 严寒（C）区居住建筑围护结构热工性能参数限值

围护结构部位		传热系数 $K[W/(m^2 \cdot K)]$		
		≤3 层建筑	（4～8）层建筑	≥9 层建筑
屋 面		0.30	0.40	0.40
外 墙		0.35	0.50	0.60
底架空或外挑楼板		0.35	0.50	0.50
非采暖地下室顶板		0.50	0.60	0.60
分隔采暖与非采暖空间的隔墙		1.5	1.5	1.5
分隔采暖与非采暖空间的户门		1.5	1.5	1.5
阳台门下部门芯板		1.2	1.2	1.2
外窗	窗墙面积比≤0.2	2.0	2.5	2.5
	0.2<窗墙面积比≤0.3	1.8	2.2	2.2
	0.3<窗墙面积比≤0.4	1.6	2.0	2.0
	0.4<窗墙面积比≤0.45	1.5	1.8	1.8
围护结构部位		保温材料层热阻 $R[(m^2 \cdot K)/W]$		
周边地区		1.10	0.83	0.56
地下室外墙（与土壤接触的外墙）		1.20	0.91	0.61

表 7-17 寒冷（A）区居住建筑围护结构热工性能参数限值

围护结构部位	传热系数 $K[W/(m^2 \cdot K)]$		
	≤3 层建筑	（4～8）层建筑	≥9 层建筑
屋 面	0.35	0.45	0.45
外 墙	0.45	0.60	0.70
底架空或外挑楼板	0.45	0.60	0.60
非采暖地下室顶板	0.50	0.65	0.65
分隔采暖与非采暖空间的隔墙	1.5	1.5	1.5
分隔采暖与非采暖空间的户门	2.0	2.0	2.0
阳台门下部门芯板	1.7	1.7	1.7

续表

围护结构部位		传热系数 K［W/(m²·K)］		
		≤3 层建筑	(4～8) 层建筑	≥9 层建筑
外窗	窗墙面积比≤0.2	2.8	3.1	3.1
	0.2＜窗墙面积比≤0.3	2.5	2.8	2.8
	0.3＜窗墙面积比≤0.4	2.0	2.5	2.5
	0.4＜窗墙面积比≤0.45	1.8	2.0	2.3
围护结构部位		保温材料层热阻 R［(m²·K)/W］		
周边地区		0.83	0.56	—
地下室外墙（与土壤接触的外墙）		0.91	0.61	—

表 7-18　寒冷（B）区居住建筑围护结构热工性能参数限值

围护结构部位		传热系数 K［W/(m²·K)］		
		≤3 层建筑	(4～8) 层建筑	≥9 层建筑
屋　面		0.35	0.45	0.45
外　墙		0.45	0.60	0.70
底架空或外挑楼板		0.45	0.60	0.60
非采暖地下室顶板		0.50	0.65	0.65
分隔采暖与非采暖空间的隔墙		1.5	1.5	1.5
分隔采暖与非采暖空间的户门		2.0	2.0	2.0
阳台门下部门芯板		1.7	1.7	1.7
外窗	窗墙面积比≤0.2	2.8	3.1	3.1
	0.2＜窗墙面积比≤0.3	2.5	2.8	2.8
	0.3＜窗墙面积比≤0.4	2.0	2.5	2.5
	0.4＜窗墙面积比≤0.45	1.8	2.0	2.3
围护结构部位		保温材料层热阻 R［(m²·K)/W］		
周边地区		0.83	0.56	—
地下室外墙（与土壤接触的外墙）		0.91	0.61	—

表 7-19　寒冷（B）区居住建筑外窗综合遮阳系数限值

围护结构部位		遮阳系数 SC（东、西向/南、北向）		
		≤3 层建筑	(4～8) 层建筑	≥9 层建筑
外窗	窗墙面积比≤0.2	—/—	—/—	—/—
	0.2＜窗墙面积比≤0.3	—/—	—/—	—/—
	0.3＜窗墙面积比≤0.4	0.45/—	0.45/—	0.45/—
	0.4＜窗墙面积比≤0.45	0.35/—	0.35/—	0.35/—

② 居住建筑不宜设置凸窗。严寒地区除南向外不应设置凸窗，寒冷地区北向的卧室、起居室不得设置凸窗。

③ 外窗及敞开式阳台门应具有良好的密闭性能。

④ 封闭式阳台的保温应符合下列规定：

a. 阳台和直接连通的房间之间应设置隔墙和门、窗。

b. 当阳台和直接连通的房间之间不设置隔墙和门、窗时，应将阳台作为所连通房间的一部分。阳台与室外空气接触的墙板、顶板、地板的传热系数和阳台的窗墙面积比必须符合该标准的规定。

c. 当阳台和直接连通的房间之间设置隔墙和门、窗，且所设隔墙和门、窗的传热系数和窗墙面积比不大于该标准规定的限值时，可不对阳台外表面作特殊热工要求。

d. 当阳台和直接连通的房间之间应设置隔墙和门、窗，且所设隔墙和门、窗的传热系数大于该标准规定的限值时，阳台与室外空气接触的墙板、顶板、地板的传热系数不应大于该标准所列限值的120%，严寒地区阳台窗的传热系数不应大于 $3.1W/(m^2 \cdot K)$，阳台外表面的窗墙面积比不应大于60%，阳台和直接连通房间隔墙的窗墙面积比不应超过该标准的限值。当阳台的面宽小于直接连通房间的开间宽度时，可按房间的开间计算隔墙的窗墙面积比。

2. 夏热冬冷地区节能设计标准

（1）一般规定

① 建筑物宜朝向南北或接近朝向南北。

② 夏热冬冷地区居住建筑的体形系数不应大于表 7-20 规定的限值。

表 7-20　夏热冬冷地区居住建筑的体形系数限值

建筑层数	≤3 层	（4~11）层	≥12 层
体形系数	0.55	0.40	0.35

③ 夏热冬冷地区居住建筑的窗墙面积比不应大于表 7-21 规定的限值。

表 7-21　夏热冬冷地区居住建筑的窗墙面积比限值

朝向	窗墙面积比
北	0.40
东、西	0.35
南	0.45
每套房间允许一个房间（部分朝向）	0.60

（2）围护结构热工设计

建筑围护结构各部分的传热系数和热惰性指标不应大于表 7-22 规定的限值，不同朝向、不同窗墙面积比的外窗传热系数和综合遮阳系数不应大于表 7-23 规定的限值。

表 7-22 建筑围护结构各部分的传热系数 (*K*) 和热惰性指标 (*D*) 的限值

围护结构部位		传热系数 $K[W/(m^2 \cdot K)]$	
		热惰性指标 $D \leqslant 2.5$	热惰性指标 $D > 2.5$
体形系数≤0.40	屋面	0.8	1.0
	外墙	1.0	1.5
	底面接触室外空气的架空或外挑楼板	1.5	
	分户墙、楼板、楼梯间隔墙、外走廊隔墙	2.0	
	户门	3.0 (通往封闭空间) 2.0 (通往非封闭空间或户外)	
体形系数>0.40	屋面	0.5	0.6
	外墙	0.8	1.0
	底面接触室外空气的架空或外挑楼板	1.0	
	分户墙、楼板、楼梯间隔墙、外走廊隔墙	2.0	
	户门	3.0 (通往封闭空间) 2.0 (通往非封闭空间或户外)	

表 7-23 不同朝向、不同窗墙面积比的外窗传热系数和综合遮阳系数限值

建筑	窗墙面积比	传热系数 $K[W/(m^2 \cdot K)]$	外窗综合遮阳系数 SC (东、西向/南向)
体形系数 ≤0.40	窗墙面积比≤0.2	4.7	—/—
	0.2<窗墙面积比≤0.3	4.0	—/—
	0.3<窗墙面积比≤0.4	3.2	夏季≤0.4/冬季≤0.45
	0.4<窗墙面积比≤0.45	2.8	夏季≤0.35/冬季≤0.4
	0.45<窗墙面积比≤0.6	2.5	东、西、南向设置外遮阳 夏季≤0.25/冬季≥0.6
体形系数 >0.40	窗墙面积比≤0.2	4.0	—/—
	0.2<窗墙面积比≤0.3	3.2	—/—
	0.3<窗墙面积比≤0.4	2.8	夏季≤0.4/冬季≤0.45
	0.4<窗墙面积比≤0.45	2.5	夏季≤0.35/冬季≤0.4
	0.45<窗墙面积比≤0.6	2.3	东、西、南向设置外遮阳 夏季≤0.25/冬季≥0.6

3. 夏热冬暖地区节能设计标准

(1) 一般规定

① 建筑物宜朝向南北向或接近南北向。

② 单元式、通廊式住宅的体形系数不宜大于 0.35，塔式住宅的体形系数不宜大于 0.4。

③ 各朝向的单一朝向窗墙面积比，南北向不应大于 0.40；东西向不应大于 0.30。

④ 建筑的卧室、书房、起居室等主要房间的窗墙面积比不应小于 1/7。

(2) 围护结构热工设计

① 屋顶和外墙的传热系数和热惰性指标应符合表 7-24 的规定。

表 7-24　屋顶和外墙的传热系数（K）和热惰性指标（D）

屋顶	外墙
$0.4\text{W}/(\text{m}^2 \cdot \text{K}) < K \leqslant 0.9\text{W}/(\text{m}^2 \cdot \text{K})$ $D \geqslant 2.5$	$2.0\text{W}/(\text{m}^2 \cdot \text{K}) < K \leqslant 2.5\text{W}/(\text{m}^2 \cdot \text{K})$，$D \geqslant 3.0$ 或 $1.5\text{W}/(\text{m}^2 \cdot \text{K}) < K \leqslant 2.0\text{W}/(\text{m}^2 \cdot \text{K})$，$D \geqslant 2.8$ 或 $0.7\text{W}/(\text{m}^2 \cdot \text{K}) < K \leqslant 1.5\text{W}/(\text{m}^2 \cdot \text{K})$，$D \geqslant 2.5$
$K \leqslant 0.4\text{W}/(\text{m}^2 \cdot \text{K})$	$K \leqslant 0.7\text{W}/(\text{m}^2 \cdot \text{K})$

② 居住建筑外窗的平均传热系数和平均综合遮阳系数应符合表 7-25 和表 7-26 的规定。

表 7-25　北区居住建筑外窗平均传热系数和平均综合遮阳系数限值

外墙平均指标	外窗平均传热系数 K [W/(m²·K)]	外窗加权平均综合遮阳系数（平均窗地面积比 C_{MF}、平均窗墙面积比 C_{MW}）			
		$C_{MF} \leqslant 0.25$ 或 $C_{MW} \leqslant 0.25$	$0.25 < C_{MF}$ 或 $C_{MW} \leqslant 0.3$	$0.3 < C_{MF}$ 或 $C_{MW} \leqslant 0.35$	$0.35 < C_{MF}$ 或 $C_{MW} \leqslant 0.4$
$K \leqslant 2.0$ $D \geqslant 2.8$	4.0	≤0.3	≤0.2	—	—
	3.5	≤0.5	≤0.3	≤0.2	—
	3.0	≤0.7	≤0.5	≤0.4	≤0.3
	2.5	≤0.8	≤0.6	≤0.6	≤0.4
$K \leqslant 1.5$ $D \geqslant 2.5$	6.0	≤0.6	≤0.3	—	—
	5.5	≤0.8	≤0.4		
	5.0	≤0.9	≤0.6	≤0.3	—
	4.5	≤0.9	≤0.7	≤0.5	≤0.2
	4.0		≤0.8	≤0.6	≤0.4
	3.5		≤0.9	≤0.7	≤0.5
	3.0			≤0.8	≤0.6
	2.5			≤0.9	≤0.7
$K \leqslant 2.0$ $D \geqslant 2.8$	6.0			≤0.6	≤0.2
	5.5			≤0.7	≤0.4
	5.0	≤0.9	≤0.9	≤0.8	≤0.6
	4.5			≤0.8	≤0.7
	4.0			≤0.9	≤0.7
	3.5			≤0.9	≤0.8

表 7-26 南区居住建筑外窗平均传热系数和平均综合遮阳系数限值

外墙平均指标	外窗加权平均综合遮阳系数（平均窗地面积比 C_{MF}、平均窗墙面积比 C_{MW}）				
	$C_{MF} \leq 0.25$ 或 $C_{MW} \leq 0.3$	$0.3 < C_{MF}$ 或 $C_{MW} \leq 0.35$	$0.35 < C_{MF}$ 或 $C_{MW} \leq 0.4$	$0.35 < C_{MF}$ 或 $C_{MW} \leq 0.4$	$0.4 < C_{MF}$ 或 $C_{MW} \leq 0.45$
$K \leq 2.5$ $D \geq 3.0$	≤ 0.5	≤ 0.4	≤ 0.3	≤ 0.2	—
$K \leq 2.0$ $D \geq 2.8$	≤ 0.6	≤ 0.5	≤ 0.4	≤ 0.3	≤ 0.2
$K \leq 1.5$ $D \geq 2.5$	≤ 0.8	≤ 0.7	≤ 0.6	≤ 0.5	≤ 0.4
$K \leq 1.0$ $D \geq 2.5$	≤ 0.9	≤ 0.8	≤ 0.7	≤ 0.6	≤ 0.5

③ 居住建筑的东、西向外窗必须采取建筑外遮阳措施，建筑外遮阳系数 SD 不应大于 0.8。

4. 温和地区节能设计标准

（1）一般规定 按照《民用建筑热工设计规范》GB 50176—2016 将温和地区划分为温和 A 区（5A）、温和 B 区（5B），见表 7-27。

表 7-27 温和地区建筑热工设计分区表

温和地区气候子区	分区二级指标		典型城镇
温和 A 区	CDD26 <10	$700 \leq HDD18 < 2000$	昆明、贵阳、丽江、会泽、腾冲、保山、大理、楚雄、曲靖、泸西、屏边、广南、兴义、独山
温和 B 区		$HDD18 < 700$	临沧、蒙自、江城、耿马、思茅、澜沧、瑞丽

（2）居住建筑的屋顶和外墙宜采用下列隔热措施：

① 浅色外饰面。

② 屋面遮阳或通风屋顶。

③ 东、西外墙采用花格构件或植物遮阳。

④ 屋面种植。

⑤ 屋面蓄水。

（3）温和 A 区居住建筑围护结构各部位的传热系数（K）、热惰性指标（D）应符合表 7-28 的规定。

表 7-28 温和地区 A 区居住建筑围护结构各部位传热系数（K）、热惰性指标（D）限值

围护结构部位		传热系数 K [W/(m² · K)]	
		热惰性指标 $D \leq 2.5$	热惰性指标 $D > 2.5$
体形系数 ≤ 0.45	屋面	0.45	0.5
	外墙	0.80	1.0
	底面接触室外空气的架空或外挑楼板	1.0	
	分户墙、楼板、楼梯间隔墙、外走廊隔墙	2.0	
	户门	3.0（通往封闭空间） 2.0（通往非封闭空间或户外）	

续表

围护结构部位		传热系数 K [W/(m²·K)]	
		热惰性指标 D≤2.5	热惰性指标 D>2.5
体形系数 >0.45	屋面	0.45	
	外墙	0.60	
	底面接触室外空气的架空或外挑楼板	0.60	
	分户墙、楼板、楼梯间隔墙、外走廊隔墙	1.50	
	户门	2.0（通往封闭空间）1.5（通往非封闭空间或户外）	

（4）温和 A 区不同朝向外窗（包括阳台门的透明部分）的窗墙面积比不应大于表 7-29 规定的限值。不同朝向、不同窗墙面积比的外窗传热系数和综合遮阳系数不应大于表 7-30 规定的限值。

表 7-29　温和 A 区不同朝向外窗的窗墙面积比限值

朝 向	窗墙面积比
北	0.40
东、西	0.35
南	0.45
水平（天窗）	0.10
每套房间允许一个房间（非水平向）	0.60

表 7-30　温和 A 区不同朝向、不同窗墙面积比的外窗传热系数和综合遮阳系数限值

建筑	窗墙面积比	传热系数 K [W/(m²·K)]	外窗综合遮阳系数 SCw（东、西向 / 南向）
体形系数 ≤0.45	窗墙面积比≤0.30	3.8	— /—
	0.30<窗墙面积比≤0.40	3.2	夏季≤0.45 / —
	0.40<窗墙面积比≤0.45	2.8	夏季≤0.35 / —
	0.45<窗墙面积比≤0.60	2.5	东、西向设置外遮阳 夏季≤0.25　冬季≥0.60
体形系数 >0.45	窗墙面积比≤0.20	3.8	— / —
	0.20<窗墙面积比≤0.30	3.2	— / —
	0.30<窗墙面积比≤0.40	2.8	夏季≤0.45 / —
	0.40<窗墙面积比≤0.45	2.5	夏季≤0.35 /—
	0.45<窗墙面积比≤0.60	2.3	东、西向设置外遮阳 夏季≤0.25　冬季≥0.60
水平向（天窗）		3.5	设置遮阳 夏季≤0.25　冬季≥0.60

（5）温和 B 区卧室、起居室（厅）应设置外窗，窗地面积比不应小于 1/7。外窗通风开口面积不应小于外窗所在房间地面面积的 10% 或外窗面积的 35%。

下篇 建筑单体设计

第8章 住宅楼设计

8.1 概述

住宅楼作为建筑物中的民用建筑，是人们生活起居的重要场所，根据其使用功能、舒适、方便进行设计，主要为单元式套型设计。套型平面示意图如图 8-1 所示。

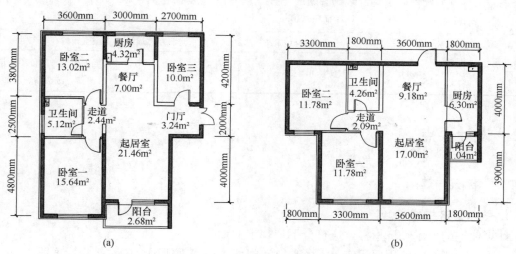

图 8-1 两种不同套型平面示意图

（a）三室；（b）两室

依据《住宅设计规范》GB 50096—2011，住宅设计应符合以下基本规定：

（1）住宅设计应符合城镇规划及居住区规划的要求，并应经济、合理、有效地利用土地和空间。

（2）住宅设计应使建筑与周围环境相协调，并应合理组织方便、舒适的生活空间。

（3）住宅设计应以人为本，除应满足一般居住使用要求外，尚应根据需要满足老年人、残疾人等特殊群体的使用要求。

（4）住宅设计应满足居住者所需的日照、天然采光、通风和隔声的要求。

（5）住宅设计必须满足节能要求，住宅建筑应能合理利用能源。宜结合各地能源条件，采用常规能源与可再生能源结合的供能方式。

（6）住宅设计应推行标准化、模数化及多样化，并应积极采用新技术、新材料、新产品，积极推广工业化设计、建造技术和模数应用技术。

（7）住宅的结构设计应满足安全、适用和耐久的要求。

（8）住宅设计应符合相关防火规范的规定，并应满足安全疏散的要求。

（9）住宅设计应满足设备系统功能有效、运行安全、维修方便等基本要求，并应为相关设备预留合理的安装位置。

（10）住宅设计应在满足近期使用要求的同时，兼顾今后改造的可能。

住宅套型各功能空间设计要求见表 8-1。

表 8-1　住宅套型各功能空间设计要求

类别	房间名称	使用面积要求	采光通风要求	其他
主要房间	卧室	双人卧室≥9m²； 单人卧室≥5m²； 兼起居的卧室≥12m²	主卧直接采光、自然通风	每套住宅应在客厅或卧室设置一个生活阳台
	起居室	起居室≥10m²； 无采光的餐厅、过厅等面积≤10m²	直接采光、自然通风	
辅助房间	厨房	厨房≥4m²	直接采光、自然通风	适宜布置在套内近入口处
	卫生间	卫生间≥2.5m²		至少应配置三件卫生洁具（便器、洗浴器、洗面器）

8.2　设计要点

8.2.1　指标计算

1. 技术经济指标

计算住宅的技术经济指标，应符合下列规定：

（1）各功能空间使用面积应等于各功能空间墙体内表面所围合的水平投影面积。

（2）套内使用面积应等于套内各功能空间使用面积之和。

（3）套型阳台面积应等于套内各阳台的面积之和；阳台的面积均应按其结构底板投影净面积的一半计算。

（4）套型总建筑面积应等于套内使用面积、相应的建筑面积和套型阳台面积之和。

（5）住宅楼总建筑面积应等于全楼各套型总建筑面积之和。

2. 套内使用面积

套内使用面积计算，应符合下列规定：

（1）套内使用面积应包括卧室、起居室（厅）、餐厅、厨房、卫生间、过厅、过道、贮藏室、壁柜等使用面积的总和。

（2）跃层住宅中的套内楼梯应按自然层数的使用面积总和计入套内使用面积。

（3）烟囱、通风道、管井等均不应计入套内使用面积。

（4）套内使用面积应按结构墙体表面尺寸计算；有复合保温层时，应按复合保温层表面尺寸计算。

（5）利用坡屋顶内的空间时，屋面板下表面与楼板地面的净高低于 1.20m 的空间不应计算使用面积，净高在 1.20～2.10m 的空间应按 1/2 计算使用面积，净高超过 2.10m 的空间应全部计入套内使用面积。坡屋顶无结构顶层楼板，不能利用坡屋顶空间时不应计算其使用面积。

（6）坡屋顶内的使用面积应列入套内使用面积中。

3. 套型总建筑面积

套型总建筑面积计算，应符合下列规定：

（1）应按全楼各层外墙结构外表面及柱外沿所围合的水平投影面积之和求出住宅楼建筑面积，当外墙设外保温层时，应按保温层外表面计算。

（2）应以全楼总套内使用面积除以住宅楼建筑面积得出计算比值。

（3）套型总建筑面积应等于套内使用面积除以计算比值所得面积加上套型阳台面积。

4. 住宅楼的层数

住宅楼的层数计算应符合下列规定：

（1）当住宅楼的所有楼层的层高不大于 3.00m 时，层数应按自然层数计。

（2）当住宅和其他功能空间处于同一建筑物内时，应将住宅部分的层数与其他功能空间的层数叠加计算建筑层数。当建筑中有一层或若干层的层高大于 3.00m 时，应对大于 3.00m 的所有楼层按其高度总和除以 3.00m 进行层数折算，余数小于 1.50m 时，多出部分不应计入建筑层数，余数大于或等于 1.50m 时，多出部分应按 1 层计算。

（3）层高小于 2.20m 的架空层和设备层不应计入自然层数。

（4）高出室外设计地面小于 2.20m 的半地下室不应计入地上自然层数。

8.2.2 套内空间

1. 套型

住宅应按套型设计，每套住宅应设卧室、起居室（厅）、厨房和卫生间等基本功能空间。套型的分类和使用面积（表 8-2）应符合下列规定：

（1）由卧室、起居室（厅）、厨房和卫生间等组成的套型，其使用面积不应小于 $30m^2$。

（2）由兼起居的卧室、厨房和卫生间等组成的最小套型，其使用面积不应小于 $22m^2$。

表 8-2 套型的分类和使用面积

套 型	居住空间数（个）	使用面积（m^2）
一类	2	≥34
二类	3	≥45
三类	3	≥56
四类	4	≥68

注：表内使用面积均未包括阳台面积。

2. 卧室、起居室（厅）

卧室、起居室（厅）在设计时应符合下列规定：

（1）双人卧室不应小于 $9m^2$。

（2）单人卧室不应小于 $5m^2$。

（3）兼起居的卧室不应小于 $12m^2$。

（4）起居室（厅）的使用面积不应小于 $10m^2$。

（5）套型设计时应减少直接开向起居厅的门的数量。

（6）起居室（厅）内布置家具的墙面直线长度宜大于3m。

（7）无直接采光的餐厅、过厅等，其使用面积不宜大于10m²。

3. 厨房

厨房设计应符合下列规定：

（1）由卧室、起居室（厅）、厨房和卫生间等组成的住宅套型的厨房使用面积，不应小于4.0m²。

（2）由兼起居的卧室、厨房和卫生间等组成的住宅最小套型的厨房使用面积，不应小于3.5m²。

（3）厨房宜布置在套内近入口处。

（4）厨房应设置洗涤池、案台、炉灶及排油烟机、热水器等设施或为其预留位置。

（5）厨房应按炊事操作流程布置。排油烟机的位置应与炉灶位置对应，并应与排气道直接连通。

（6）单排布置设备的厨房净宽不应小于1.50m；双排布置设备的厨房其两排设备之间的净距不应小于0.90m。

4. 卫生间

卫生间设计应符合下列规定：

（1）每套住宅应设卫生间，应至少配置便器、洗浴器、洗面器三件卫生设备或为其预留设置位置及条件。三件卫生设备集中配置的卫生间的使用面积不应小于2.50m²。

（2）卫生间可根据使用功能要求组合不同的设备。不同组合的空间使用面积（表8-3）应符合下列规定。

表8-3　不同组合的空间使用面积　　　　　　　　　　　　　　　　　　　　（m²）

设置形式	设便器、洗面器	设便器、洗浴器	设洗面器、洗浴器	设洗面器、洗衣机	单设便器
建筑面积	≥1.80	≥2.00	≥2.00	≥1.80	≥1.10

其他规定：

（1）无前室的卫生间的门不应直接开向起居室（厅）或厨房。

（2）卫生间不应直接布置在下层住户的卧室、起居室（厅）、厨房和餐厅的上层。

（3）当卫生间布置在本套内的卧室、起居室（厅）、厨房和餐厅的上层时，均应有防水和便于检修的措施。

（4）每套住宅应设置洗衣机的位置及条件。

5. 层高和室内净高

（1）住宅层高宜为2.80m。

（2）卧室、起居室（厅）的室内净高不应低于2.40m，局部净高不应低于2.10m，且局部净高的室内面积不应大于室内使用面积的1/3。

（3）利用坡屋顶内空间作卧室、起居室（厅）时，至少有1/2的使用面积的室内净高不应低于2.10m。

（4）厨房、卫生间的室内净高不应低于2.20m。

（5）厨房、卫生间内排水横管下表面与楼面、地面净距不得低于1.90m，且不得影响门、窗扇开启。

6. 阳台

（1）每套住宅宜设阳台或平台。

（2）阳台栏杆设计必须采用防止儿童攀登的构造，栏杆的垂直杆件间净距不应大于0.11m，放置花盆处必须采取防坠落措施。

（3）阳台栏板或栏杆净高，六层及六层以下不应低于1.05m；七层及七层以上不应低于1.10m。

（4）封闭阳台栏板或栏杆也应满足阳台栏板或栏杆净高要求。七层及七层以上住宅和寒冷、严寒地区住宅宜采用实体栏板。

（5）顶层阳台应设雨罩，各套住宅之间毗连的阳台应设分户隔板。

（6）阳台、雨罩均应采取有组织排水措施，雨罩及开敞阳台应采取防水措施。

（7）当阳台设有洗衣设备时应符合下列规定：

① 应设置专用给排水管线及专用地漏，阳台楼、地面均应做防水。

② 严寒和寒冷地区应封闭阳台，并应采取保温措施。

（8）当阳台或建筑外墙设置空调室外机时，其安装位置应符合下列规定：

① 应能通畅地向室外排放空气和自室外吸入空气。

② 在排出空气一侧不应有遮挡物。

③ 应为室外机安装和维护提供方便操作的条件。

④ 安装位置不应对室外人员形成热污染。

7. 过道、贮藏空间和套内楼梯

（1）套内入口过道净宽不宜小于1.20m；通往卧室、起居室（厅）的过道净宽不应小于1.00m；通往厨房、卫生间、贮藏室的过道净宽不应小于0.90m。

（2）套内设于底层或靠外墙、靠卫生间的壁柜内部应采取防潮措施。

（3）套内楼梯当一边临空时，梯段净宽不应小于0.75m；当两侧有墙时，墙面之间净宽不应小于0.90m，并应在其中一侧墙面设置扶手。

（4）套内楼梯的踏步宽度不应小于0.22m；高度不应大于0.20m，扇形踏步转角距扶手中心0.25m处，宽度不应小于0.22m。

8. 门窗

（1）窗外没有阳台或平台的外窗，窗台距楼面、地面的净高低于0.90m时，应设置防护设施。

（2）当设置凸窗时应符合下列规定：

① 窗台高度低于或等于0.45m时，防护高度从窗台面起算不应低于0.90m。

② 可开启窗扇窗洞口底距窗台面的净高低于0.90m时，窗洞口处应有防护措施。其防护高度从窗台面起算不应低于0.90m。

③ 严寒和寒冷地区不宜设置凸窗。

（3）底层外窗和阳台门、下沿低于2.00m且紧邻走廊或共用上人屋面上的窗和门，应采取防卫措施。

（4）面临走廊、共用上人屋面或凹口的窗，应避免视线干扰，向走廊开启的窗扇不应妨碍交通。

（5）户门应采用具备防盗、隔声功能的防护门。向外开启的户门不应妨碍公共交通及相邻户门开启。

（6）厨房和卫生间的门应在下部设置有效截面积不小于 0.02m 的固定百叶，也可距地面留出不小于 30mm 的缝隙。

（7）各部位门洞的最小尺寸应符合表 8-4 的规定。

表 8-4　门洞的最小尺寸　　　　　　　　　　（m）

类别	洞口宽度	洞口高度
共用外门	1.20	2.00
户（套）门	1.00	2.00
起居室（厅）门	0.90	2.00
卧室门	0.90	2.00
厨房门	0.80	2.00
卫生间门	0.70	2.00
阳台门（单扇）	0.70	2.00

注：1. 表中门洞口高度不包括门上亮子高度，宽度以平开门为准。
　　2. 洞口两侧地面有高低差时，以高地面为起算高度。

8.2.3　共用空间

1. 窗台、栏杆和台阶

（1）楼梯间、电梯厅等共用部分的外窗，窗外没有阳台或平台，且窗台距楼面、地面的净高小于 0.90m 时，应设置防护设施。

（2）公共出入口台阶高度超过 0.70m 并侧面临空时，应设置防护设施，防护设施净高不应低于 1.05m。

（3）外廊、内天井及上人屋面等临空处的栏杆净高，六层及六层以下不应低于 1.05m，七层及七层以上不应低于 1.10m。防护栏杆必须采用防止儿童攀登的构造，栏杆的垂直杆件间净距不应大于 0.11m。放置花盆处必须采取防坠落措施。

（4）公共出入口台阶踏步宽度不宜小于 0.30m，踏步高度不宜大于 0.15m，并不宜小于 0.10m，踏步高度应均匀一致，并应采取防滑措施。台阶踏步数不应少于 2 级，当高差不足 2 级时，应按坡道设置；台阶宽度大于 1.80m 时，两侧宜设置栏杆扶手，高度应为 0.90m。

2. 安全疏散出口

（1）十层以下的住宅建筑，当住宅单元任一层的建筑面积大于 650m²，或任一套房的户门至安全出口的距离大于 15m 时，该住宅单元每层的安全出口不应少于 2 个。

（2）十层及十层以上且不超过十八层的住宅建筑，当住宅单元任一层的建筑面积大于 650m²，或任一套房的户门至安全出口的距离大于 10m 时，该住宅单元每层的安全出口不应少于 2 个。

（3）十九层及十九层以上的住宅建筑，每层住宅单元的安全出口不应少于 2 个。

（4）安全出口应分散布置，两个安全出口的距离不应小于 5m。

（5）楼梯间及前室的门应向疏散方向开启。

（6）十层以下住宅建筑的楼梯间宜通至屋顶，且不应穿越其他房间。通向平屋面的门应向屋面方向开启。

（7）十层及十层以上的住宅建筑，每个住宅单元的楼梯均应通至屋顶，且不应穿越其他房间。通向平屋面的门应向屋面方向开启。各住宅单元的楼梯间宜在屋顶相连通。但符合下列条件之一的，楼梯可不通至屋顶：

① 十八层及十八层以下，每层不超过8户、建筑面积不超过650m²，且设有一座共用的防烟楼梯间和消防电梯的住宅。

② 顶层设有外部联系廊的住宅。

3. 楼梯

（1）楼梯梯段净宽不应小于1.10m，不超过六层的住宅，一边设有栏杆的梯段净宽不应小于1.00m。

（2）楼梯踏步宽度不应小于0.26m，踏步高度不应大于0.175m。扶手高度不应小于0.90m。楼梯水平段栏杆长度大于0.50m时，其扶手高度不应小于1.05m。楼梯栏杆垂直杆件间净空不应大于0.11m。

（3）楼梯平台净宽不应小于楼梯梯段净宽，且不得小于1.20m。楼梯平台的结构下缘至人行通道的垂直高度不应低于2.00m。入口处地坪与室外地面应有高差，并不应小于0.10m。

（4）楼梯为剪刀梯时，楼梯平台的净宽不得小于1.30m。

（5）楼梯井净宽大于0.11m时，必须采取防止儿童攀滑的措施。

4. 电梯

（1）属下列情况之一时，必须设置电梯：

① 七层及七层以上住宅或住户入口层楼面距室外设计地面的高度超过16m时。

② 底层作为商店或其他用房的六层及六层以下住宅，其住户入口层楼面距该建筑物的室外设计地面高度超过16m时。

③ 底层做架空或贮存空间的六层及六层以下住宅，其住户入口层楼面距该建筑物的室外设计地面高度超过16m时。

④ 顶层为两层一套的跃层住宅时，跃层部分不计层数，其顶层住户入口层楼面距该建筑物室外设计地面的高度超过16m时。

（2）十二层及十二层以上的住宅，每栋楼设置电梯不应少于两台，其中应设置一台可容纳担架的电梯。

（3）十二层及十二层以上的住宅每单元只设置一部电梯时，从第十二层起应设置与相邻住宅单元联通的联系廊。联系廊可隔层设置，上下联系廊之间的间隔不应超过五层。联系廊的净宽不应小于1.10m，局部净高不应低于2.00m。

（4）十二层及十二层以上的住宅由两个及两个以上的住宅单元组成，且其中有一个或一个以上住宅单元未设置可容纳担架的电梯时，应从第十二层起设置与可容纳担架的电梯联通的联系廊。联系廊可隔层设置，上下联系廊之间的间隔不应超过五层。联系廊的净宽不应小于1.10m，局部净高不应低于2.00m。

（5）七层及七层以上住宅电梯应在设有户门和公共走廊的每层设站。住宅电梯宜成组集中布置。

（6）候梯厅深度不应小于多台电梯中最大轿箱的深度，且不应小于1.50m。

（7）电梯不应紧邻卧室布置。当受条件限制，电梯不得不紧邻兼起居的卧室布置时，应采取隔声、减震的构造措施。

5. 走廊和出入口

（1）住宅中作为主要通道的外廊宜作封闭外廊，并应设置可开启的窗扇。走廊通道的净宽不应小于 1.20m，局部净高不应低于 2.00m。

（2）位于阳台、外廊及开敞楼梯平台下部的公共出入口，应采取防止物体坠落伤人的安全措施。

（3）公共出入口处应有标识，十层及十层以上住宅的公共出入口应设门厅。

6. 无障碍设计要求

（1）七层及七层以上的住宅，应对下列部位进行无障碍设计：

① 建筑入口。

② 入口平台。

③ 候梯厅。

④ 公共走道。

（2）住宅入口及入口平台的无障碍设计应符合下列规定：

① 建筑入口设台阶时，应同时设置轮椅坡道和扶手。

② 坡道的坡度应符合相关规定。

③ 供轮椅通行的门净宽不应小于 0.8m。

④ 供轮椅通行的推拉门和平开门，在门把手一侧的墙面，应留有不小于 0.5m 的墙面宽度。

⑤ 供轮椅通行的门扇，应安装视线观察玻璃、横执把手和关门拉手，在门扇的下方应安装高 0.35m 的护门板。

⑥ 门槛高度及门内外地面高差不应大于 0.15m，并应以斜坡过渡。

（3）七层及七层以上住宅建筑入口平台宽度不应小于 2.00m，七层以下住宅建筑入口平台宽度不应小于 1.50m。

（4）供轮椅通行的走道和通道净宽不应小于 1.20m。

7. 信报箱

（1）新建住宅应每套配套设置信报箱。

（2）住宅设计应在方案设计阶段布置信报箱的位置。信报箱宜设置在住宅单元主要入口处。

（3）设有单元安全防护门的住宅，信报箱的投递口应设置在门禁以外。当通往投递口的专用通道设置在室内时，通道净宽应不小于 0.60m。

（4）信报箱的投取信口设置在公共通道位置时，通道的净宽应从信报箱的最外缘起算。

（5）信报箱的设置不得降低住宅基本空间的天然采光和自然通风标准。

（6）信报箱设计应选用信报箱定型产品，产品应符合国家有关标准。选用嵌墙式信报箱时应设计洞口尺寸和安装、拆卸预埋件位置。

（7）信报箱的设置宜利用共用部位的照明，但不得降低住宅公共照明标准。

（8）选用智能信报箱时，应预留电源接口。

8. 共用排气道

（1）厨房宜设共用排气道，无外窗的卫生间应设共用排气道。

（2）厨房、卫生间的共用排气道应采用能够防止各层回流的定型产品，并应符合国家有关标准。排气道断面尺寸应根据层数确定，排气道接口部位应安装支管接口配件，厨房排气道接口直径应大于 150mm，卫生间排气道接口直径应大于 80mm。

（3）厨房的共用排气道应与灶具位置相邻，共用排气道与排油烟机连接的进气口应朝向灶具方向。

（4）厨房的共用排气道与卫生间的共用排气道应分别设置。

（5）竖向排气道屋顶风帽的安装高度不应低于相邻建筑砌筑体。排气道的出口设置在上人屋面、住户平台上时，应高出屋面或平台地面 2m；当周围 4m 之内有门窗时，应高出门窗上皮 0.6m。

9. 地下室和半地下室

（1）卧室、起居室（厅）、厨房不应布置在地下室；当布置在半地下室时，必须对采光、通风、日照、防潮、排水及安全防护采取措施，并不得降低各项指标要求。

（2）除卧室、起居室（厅）、厨房以外的其他功能房间可布置在地下室，当布置在地下室时，应对采光、通风、防潮、排水及安全防护采取措施。

（3）当住宅的地下室、半地下室作自行车库和设备用房时，其净高不应低于 2.00m。

（4）当住宅的地上架空层及半地下室作机动车停车位时，其净高不应低于 2.20m。

（5）地上住宅楼、电梯间宜与地下车库连通，并宜采取安全防盗措施。

（6）直通住宅单元的地下楼、电梯间入口处应设置乙级防火门，严禁利用楼、电梯间为地下车库进行自然通风。

（7）地下室、半地下室应采取防水、防潮及通风措施。采光井应采取排水措施。

10. 附建公共用房

（1）住宅建筑内严禁布置存放和使用甲类、乙类火灾危险性物品的商店、车间和仓库，以及产生噪声、振动和污染环境卫生的商店、车间和娱乐设施。

（2）住宅建筑内不应布置易产生油烟的餐饮店，当住宅底层商业网点布置有产生刺激性气味或噪声的配套用房，应做排气、消声处理。

（3）水泵房、冷热源机房、变配电机房等公共机电用房不宜设置在住宅主体建筑内，不宜设置在与住户相邻的楼层内，在无法满足上述要求贴临设置时，应增加隔声减振处理。

（4）住户的公共出入口与附建公共用房的出入口应分开布置。

8.2.4　室内环境

1. 日照、天然采光、遮阳

（1）每套住宅应至少有一个居住空间能获得冬季日照。

（2）需要获得冬季日照的居住空间的窗洞开口宽度不应小于 0.60m。

（3）卧室、起居室（厅）、厨房应有直接天然采光。

（4）卧室、起居室（厅）、厨房的采光系数不应低于 1%；当楼梯间设置采光窗时，采光系数不应低于 0.5%。

（5）卧室、起居室（厅）、厨房的采光窗洞口的窗地面积比不应低于 1/7。

(6) 当楼梯间设置采光窗时，采光窗洞口的窗地面积比不应低于 1/12。

(7) 采光窗下沿离楼面或地面高度低于 0.50m 的窗洞口面积不应计入采光面积内，窗洞口上沿距地面高度不宜低于 2.00m。

(8) 除严寒地区外，居住空间朝西外窗应采取外遮阳措施，居住空间朝东外窗宜采取外遮阳措施。当采用天窗、斜屋顶窗采光时，应采取活动遮阳措施。

2. 自然通风

(1) 卧室、起居室（厅）、厨房应有自然通风。

(2) 住宅的平面空间组织、剖面设计、门窗的位置、方向和开启方式的设置，应有利于组织室内自然通风。单朝向住宅宜采取改善自然通风的措施。

(3) 每套住宅的自然通风开口面积不应小于地面面积的 5%。

(4) 采用自然通风的房间，其直接或间接自然通风开口面积应符合下列规定：

① 卧室、起居室（厅）、明卫生间的直接自然通风开口面积不应小于该房间地板面积的 1/20；当采用自然通风的房间外设置阳台时，阳台的自然通风开口面积不应小于采用自然通风的房间和阳台地板面积总和的 1/20。

② 厨房的直接自然通风开口面积不应小于该房间地板面积的 1/10，并不得小于 0.60m；当厨房外设置阳台时，阳台的自然通风开口面积不应小于厨房和阳台地板面积总和的 1/10，并不得小于 0.60m。

3. 隔声、降噪

(1) 卧室、起居室（厅）内噪声级，应符合下列规定：

① 昼间卧室内的等效连续 A 声级不应大于 45dB。

② 夜间卧室内的等效连续 A 声级不应大于 37dB。

③ 起居室（厅）的等效连续 A 声级不应大于 45dB。

(2) 分户墙和分户楼板的空气声隔声性能应符合下列规定：

① 分隔卧室、起居室（厅）的分户墙和分户楼板，空气声隔声评价量应大于 45dB。

② 分隔住宅和非居住用途空间的楼板，空气声隔声评价量应大于 51dB。

(3) 卧室、起居室（厅）的分户楼板的计权规范化撞击声压级宜小于 75dB。当条件受到限制时，分户楼板的计权规范化撞击声压级应小于 85dB，且应在楼板上预留可供今后改善的条件。

(4) 住宅建筑的体形、朝向和平面布置应有利于噪声控制。在住宅平面设计时，当卧室、起居室（厅）布置在噪声源一侧时，外窗应采取隔声降噪措施；当居住空间与可能产生噪声的房间相邻时，分隔墙和分隔楼板应采取隔声降噪措施；当内天井、凹天井中设置相邻户间窗口时，宜采取隔声降噪措施。

(5) 起居室（厅）不宜紧邻电梯布置。受条件限制起居室（厅）紧邻电梯布置时，必须采取有效的隔声和减振措施。

4. 防水、防潮

(1) 住宅的屋面、地面、外墙、外窗应采取防止雨水和冰雪融化水侵入室内的措施。

(2) 住宅的屋面和外墙的内表面在设计的室内温度、湿度条件下不应出现结露。

5. 室内空气质量

(1) 住宅室内装修设计宜进行环境空气质量预评价。

（2）在选用住宅建筑材料、室内装修材料以及选择施工工艺时，应控制有害物质的含量。

（3）住宅室内空气污染物的活度和浓度应符合相关规定。

8.2.5　建筑设备

1. 一般规定

（1）住宅应设置室内给水排水系统。

（2）严寒和寒冷地区的住宅应设置采暖设施。

（3）住宅应设置照明供电系统。

（4）住宅计量装置的设置应符合下列规定：

① 各类生活供水系统应设置分户水表。

② 设有集中采暖（集中空调）系统时，应设置分户热计量装置。

③ 设有燃气系统时，应设置分户燃气表。

④ 设有供电系统时，应设置分户电能表。

（5）机电设备管线的设计应相对集中、布置紧凑、合理使用空间。

（6）设备、仪表及管线较多的部位，应进行详细的综合设计，并应符合下列规定：

① 采暖散热器、户配电箱、家居配线箱、电源插座、有线电视插座、信息网络和电话插座等，应与室内设施和家具综合布置。

② 计量仪表和管道的设置位置应有利于厨房灶具或卫生间卫生器具的合理布局和接管。

③ 厨房、卫生间内排水横管下表面与楼面、地面净距应符合相关规定。

④ 水表、热量表、燃气表、电能表的设置应便于管理。

（7）下列设施不应设置在住宅套内，应设置在共用空间内：

① 公共功能的管道，包括给水总立管、消防立管、雨水立管、采暖（空调）供回水总立管和配电和弱电干线（管）等，设置在开敞式阳台的雨水立管除外。

② 公共的管道阀门、电气设备和用于总体调节和检修的部件，户内排水立管检修口除外。

③ 采暖管沟和电缆沟的检查孔。

（8）水泵房、冷热源机房、变配电室等公共机电用房应采用低噪声设备，且应采取相应的减振、隔声、吸声、防止电磁干扰等措施。

2. 给水排水

（1）住宅各类生活供水系统水质应符合国家现行有关标准的规定。

（2）入户管的供水压力不应大于 0.35MPa。

（3）套内用水点供水压力不宜大于 0.20MPa，且不应小于用水器具要求的最低压力。

（4）住宅应设置热水供应设施或预留安装热水供应设施的条件。

（5）卫生器具和配件应采用节水型产品。管道、阀门和配件应采用不易锈蚀的材质。

（6）厨房和卫生间的排水立管应分别设置。排水管道不得穿越卧室。

（7）排水立管不应设置在卧室内，且不宜设置在靠近与卧室相邻的内墙；当必须靠近与卧室相邻的内墙时，应采用低噪声管材。

（8）污废水排水横管宜设置在本层套内；当敷设于下一层的套内空间时，其清扫口应设置在本层，并应进行夏季管道外壁结露验算和采取相应的防止结露的措施。污废水排水立管的检查口宜每层设置。

（9）设置淋浴器和洗衣机的部位应设置地漏，设置洗衣机的部位宜采用能防止溢流和干涸的专用地漏。洗衣机设置在阳台上时，其排水不应排入雨水管。

（10）无存水弯的卫生器具和无水封的地漏与生活排水管道连接时，在排水口以下应设存水弯；存水弯和有水封地漏的水封高度不应小于 50mm。

（11）地下室、半地下室中低于室外地面的卫生器具和地漏的排水管，不应与上部排水管连接，应设置集水设施用污水泵排出。

（12）采用中水冲洗便器时，中水管道和预留接口应设明显标识。坐便器安装洁身器时，洁身器应与自来水管连接，严禁与中水管连接。

（13）排水通气管的出口，设置在上人屋面、住户平台上时，应高出屋面或平台地面 2.00m；当周围 4.00m 之内有门窗时，应高出门窗上口 0.60m。

3. 采暖

（1）严寒和寒冷地区的住宅宜设集中采暖系统。夏热冬冷地区住宅采暖方式应根据当地能源情况，经技术经济分析，并根据用户对设备运行费用的承担能力等因素确定。

（2）除电力充足和供电政策支持，或建筑所在地无法利用其他形式的能源外，严寒和寒冷地区、夏热冬冷地区的住宅不应设计直接电热作为室内采暖主体热源。

（3）住宅采暖系统应采用不高于 95℃的热水作为热媒，并应有可靠的水质保证措施。热水温度和系统压力应根据管材、室内散热设备等因素确定。

（4）住宅集中采暖的设计，应进行每一个房间的热负荷计算。

（5）住宅集中采暖的设计应进行室内采暖系统的水力平衡计算，并应通过调整环路布置和管径，使并联管路（不包括共同段）的阻力相对差额不大于 15%；当不满足要求时，应采取水力平衡措施。

（6）设置采暖系统的普通住宅的室内采暖计算温度，不应低于规范规定。

（7）设有洗浴器并有热水供应设施的卫生间宜按沐浴时室温为 25℃设计。

（8）套内采暖设施应配置室温自动调控装置。

（9）室内采用散热器采暖时，室内采暖系统的制式宜采用双管式；如采用单管式，应在每组散热器的进出水支管之间设置跨越管。

（10）设计地面辐射采暖系统时，宜按主要房间划分采暖环路。

（11）应采用体型紧凑、便于清扫、使用寿命不低于钢管的散热器，并宜明装，散热器的外表面应刷非金属性涂料。

（12）采用户式燃气采暖热水炉作为采暖热源时，其热效率应符合现行国家标准《家用燃气快速热水器和燃气采暖热水炉能效限定值及能效等级》GB 20665—2015 中能效等级 3级的规定值。

4. 燃气

（1）住宅管道燃气的供气压力不应高于 0.2MPa。住宅内各类用气设备应使用低压燃气，其入口压力应在 0.75～1.5 倍燃具额定范围内。

（2）户内燃气立管应设置在有自然通风的厨房或与厨房相连的阳台内，且宜明装设置，不得设置在通风排气竖井内。

（3）燃气设备的设置应符合下列规定：

① 燃气设备严禁设置在卧室内。

② 严禁在浴室内安装直接排气式、半密闭式燃气热水器等在使用空间内积聚有害气体的加热设备。

③ 户内燃气灶应安装在通风良好的厨房、阳台内。

④ 燃气热水器等燃气设备应安装在通风良好的厨房、阳台内或其他非居住房间。

（4）住宅内各类用气设备的烟气必须排至室外。排气口应采取防风措施，安装燃气设备的房间应预留安装位置和排气孔洞位置；当多台设备合用竖向排气道排放烟气时，应保证互不影响。户内燃气热水器、分户设置的采暖或制冷燃气设备的排气管不得与燃气灶排油烟机的排气管合并接入同一管道。

（5）使用燃气的住宅，每套的燃气用量应根据燃气设备的种类、数量和额定燃气量计算确定，且应至少按一个双眼灶和一个燃气热水器计算。

5. 通风

（1）排油烟机的排气管道可通过竖向排气道或外墙排向室外。当通过外墙直接排至室外时，应在室外排气口设置避风、防雨和防止污染墙面的构件。

（2）严寒、寒冷、夏热冬冷地区的厨房，应设置供厨房房间全面通风的自然通风设施。

（3）无外窗的暗卫生间，应设置防止回流的机械通风设施或预留机械通风设置条件。

（4）以煤、薪柴、燃油为燃料进行分散式采暖的住宅，以及以煤、薪柴为燃料的厨房，应设烟囱；上下层或相邻房间合用一个烟囱时，必须采取防止窜烟的措施。

6. 空调

（1）位于寒冷（B 区）、夏热冬冷和夏热冬暖地区的住宅，当不采用集中空调系统时，主要房间应设置空调设施或预留安装空调设施的位置和条件。

（2）室内空调设备的冷凝水应能有组织地排放。

（3）当采用分户或分室设置的分体式空调器时，室外机的安装位置应符合《住宅设计规范》GB 50096—2011 中的规定。

（4）住宅计算夏季冷负荷和选用空调设备时，室内设计参数宜符合下列规定：

① 卧室、起居室室内设计温度宜为 26℃。

② 无集中新风供应系统的住宅新风换气宜为 1 次/h。

（5）空调系统应设置分室或分户温度控制设施。

7. 电气

（1）每套住宅的用电负荷应根据套内建筑面积和用电负荷计算确定，且不应小于 2.5kW。

（2）住宅供电系统的设计，应符合下列规定：

① 应采用 TT、TN—C—S 或 TN—S 接地方式，并应进行总等电位联结。

② 电气线路应采用符合安全和防火要求的敷设方式配线，套内的电气管线应采用穿管暗敷设方式配线。导线应采用铜芯绝缘线，每套住宅进户线截面不应小于 10mm，分支回路截面不应小于 2.5mm。

③ 套内的空调电源插座、一般电源插座与照明应分路设计，厨房插座应设置独立回路，卫生间插座宜设置独立回路。

④ 除壁挂式分体空调电源插座外，电源插座回路应设置剩余电流保护装置。

⑤ 设有洗浴设备的卫生间应作局部等电位联结。

⑥ 每幢住宅的总电源进线应设剩余电流动作保护或剩余电流动作报警。

（3）每套住宅应设置户配电箱，其电源总开关装置应采用可同时断开相线和中性线的开关电器。

（4）套内安装在 1.80m 及以下的插座均应采用安全型插座。

（5）共用部位应设置人工照明，应采用高效节能的照明装置和节能控制措施。当应急照明采用节能自熄开关时，必须采取消防时应急点亮的措施。

（6）住宅套内电源插座应根据住宅套内空间和家用电器设置，电源插座的数量不应少于相关规定。

（7）每套住宅应设有线电视系统、电话系统和信息网络系统，宜设置家居配线箱。有线电视、电话、信息网络等线路宜集中布线，并应符合下列规定：

① 有线电视系统的线路应预埋到住宅套内。每套住宅的有线电视进户线不应少于 1 根，起居室、主卧室、兼起居的卧室应设置电视插座。

② 电话通信系统的线路应预埋到住宅套内。每套住宅的电话通信进户线不应少于 1 根，起居室、主卧室、兼起居的卧室应设置电话插座。

③ 信息网络系统的线路宜预埋到住宅套内。每套住宅的进户线不应少于 1 根，起居室、卧室或兼起居室的卧室应设置信息网络插座。

（8）住宅建筑宜设置安全防范系统。

（9）当发生火警时，疏散通道上和出入口处的门禁应能集中解锁或能从内部手动解锁。

8.3 设计实例

某商住小区×号楼施工图详见附本 1～23 页图 8-2 至图 8-24，或扫描二维码也可参看。

第 9 章 办公楼设计

9.1 概述

办公建筑设计应依据使用要求分类，并应符合表 9-1 的规定。办公建筑设计除满足《办公建筑设计标准》JGJ/T 67—2019 外，还应符合现行《民用建筑设计统一标准》GB 50352—2019、《建筑设计防火规范》GB 50016—2014（2018 年版）及有关标准、规范的规定。

表 9-1　办公建筑分类

类别	示　例	设计使用年限	耐火等级
一类	特别重要的办公建筑	100 年或 50 年	一级
二类	重要办公建筑	50 年	不低于二级
三类	普通办公建筑	25 年或 50 年	不低于二级

9.1.1 基地

（1）办公建筑基地的选择，应符合当地总体规划的要求。

（2）办公建筑基地宜选在工程地质和水文地质有利、市政设施完善且交通和通讯方便的地段。

（3）办公建筑基地与易燃易爆物品场所和产生噪声、尘烟、散发有害气体等污染源的距离，应符合安全、卫生和环境保护有关标准的规定。

9.1.2 总平面

（1）总平面布置应合理布局、功能分区明确、节约用地、交通组织顺畅，并应满足当地城市规划行政主管部门的有关规定和指标。

（2）总平面布置应进行环境和绿化设计。绿化与建筑物、构筑物、道路和管线之间的距离，应符合有关标准的规定。

（3）当办公建筑与其他建筑共建在同一基地内或与其他建筑合建时，应满足办公建筑的使用功能和环境要求，分区明确，宜设置单独出入口。

（4）总平面应合理布置设备用房、附属设施和地下建筑的出入口。锅炉房、厨房等后勤用房的燃料、货物及垃圾等物品的运输应设有单独通道和出入口。

（5）基地内应设置机动车和非机动车停放场地（库）。

（6）总平面设计应符合现行行业标准《无障碍设计规范》GB 50763—2012 的有关规定。

9.2　设计要点

9.2.1　一般规定

（1）办公建筑应根据使用性质、建设规模与标准的不同，确定各类用房。办公建筑由办公室用房、公共用房、服务用房和设备用房等组成。

（2）办公建筑应根据使用要求、用地条件、结构选型等情况按建筑模数选择开间和进深，合理确定建筑平面，提高使用面积系数，并宜留有发展余地。

（3）五层及五层以上办公建筑应设电梯。电梯数量应满足使用要求，按办公建筑面积每5000m² 至少设置 1 台。超高层办公建筑的乘客电梯应分层分区停靠。

（4）办公建筑的体型设计不宜有过多的凹凸与错落。外围护结构热工设计应符合现行国家标准《公共建筑节能设计标准》GB 50189—2015 中有关节能的要求。

（5）办公建筑的窗应符合下列要求：

① 底层及半地下室外窗宜采取安全防范措施。

② 高层及超高层办公建筑采用玻璃幕墙时应设有清洁设施，并必须有可开启部分，或设有通风换气装置。

③ 外窗不宜过大，可开启面积不应小于窗面积的 30％，并应有良好的气密性、水密性和保温隔热性能，满足节能要求。全空调的办公建筑外窗开启面积应满足火灾排烟和自然通风要求。

（6）办公建筑的门应符合下列要求：

① 门洞口宽度不应小于 1.00m，高度不应小于 2.10m。

② 机要办公室、财务办公室、重要档案库、贵重仪表间和计算机中心的门应采取防盗措施，室内宜设防盗报警装置。

（7）办公建筑的门厅应符合下列要求：

① 门厅内可附设传达、收发、会客、服务、问讯、展示等功能房间（场所）。根据使用要求也可设商务中心、咖啡厅、警卫室、衣帽间、电话间等。

② 楼梯、电梯厅宜与门厅邻近，并应满足防火疏散的要求。

③ 严寒和寒冷地区的门厅应设门斗或其他防寒设施。

④ 有中庭空间的门厅应组织好人流交通，并应满足现行国家防火规范规定的防火疏散要求。

（8）办公建筑的走道应符合下列要求：

① 宽度应满足防火疏散要求，最小净宽应符合表 9-2 的规定。

表 9-2　办公建筑的走道最小净宽

走道长度（m）	走道净宽（m）	
	单面布房	双面布房
≤40	1.30	1.50
>40	1.50	1.80

注：高层内筒结构的回廊式走道净宽最小值同单面布房走道。

② 高差不足两级踏步时，不应设置台阶，应设坡道，其坡度不宜大于 1∶8。

（9）办公建筑的楼地面应符合下列要求：

① 根据办公室使用要求，开放式办公室的楼地面宜按家具位置埋设弱电和强电插座。

② 大中型计算机房的楼地面宜采用架空防静电地板。

（10）根据办公建筑分类，办公室的净高应满足：一类办公建筑不应低于 2.70m；二类办公建筑不应低于 2.60m；三类办公建筑不应低于 2.50m。办公建筑的走道净高不应低于 2.20m，贮藏间净高不应低于 2.00m。

（11）办公建筑应进行无障碍设计，并应符合现行行业标准《无障碍设计规范》GB 50763—2012 的规定。

（12）特殊重要的办公建筑主楼的正下方不宜设置地下汽车库。

9.2.2 办公室用房

（1）办公室用房宜包括普通办公室和专用办公室。专用办公室宜包括设计绘图室和研究工作室等。

（2）办公室用房宜有良好的天然采光和自然通风，并不宜布置在地下室。办公室宜有避免日晒和眩光的措施。

（3）普通办公室应符合下列要求：

① 宜设计成单间式办公室、开放式办公室或半开放式办公室；特殊需要可设计成单元式办公室、公寓式办公室或酒店式办公室。

② 开放式和半开放式办公室在布置顶棚上的通风口、照明、防火设施等时，宜为自行分隔或装修创造条件，有条件的工程宜设计成模块式顶棚。

③ 使用燃气的公寓式办公楼的厨房应有直接采光和自然通风；电炊式厨房如无条件直接对外采光通风，应有机械通风措施，并设置洗涤池、案台、炉灶及排油烟机等设施或预留位置。

④ 酒店式办公楼应符合现行行业标准《旅馆建筑设计规范》JGJ 62—2014 的相应规定。

⑤ 带有独立卫生间的单元式办公室和公寓式办公室的卫生间宜直接对外通风采光，条件不允许时，应有机械通风措施。

⑥ 机要部门办公室应相对集中，与其他部门宜适当分隔。

⑦ 值班办公室可根据使用需要设置；设有夜间值班室时，宜设专用卫生间。

⑧ 普通办公室每人使用面积不应小于 4m²，单间办公室净面积不应小于 10m²。

（4）专用办公室应符合下列要求：

① 设计绘图室宜采用开放式或半开放式办公室空间，并用灵活隔断、家具等进行分隔；研究工作室（不含实验室）宜采用单间式；自然科学研究工作室宜靠近相关的实验室。

② 设计绘图室，每人使用面积不应小于 6m²；研究工作室每人使用面积不应小于 5m²。

9.2.3 公共用房

（1）公共用房宜包括会议室、对外办事厅、接待室、陈列室、公用厕所、开水间等。

（2）会议室应符合下列要求：

① 根据需要可分设中、小会议室和大会议室。

② 中、小会议室可分散布置；小会议室使用面积宜为 30m²，中会议室使用面积宜为 60m²；中小会议室每人使用面积：有会议桌的不应小于 1.80m²，无会议桌的不应小于 0.80m²。

③ 大会议室应根据使用人数和桌椅设置情况确定使用面积，平面长宽比不宜大于 2∶1，宜有扩声、放映、多媒体、投影、灯光控制等设施，并应有隔声、吸声和外窗遮光措施；大会议室所在层数、面积和安全出口的设置等应符合国家现行有关防火规范的要求。

④ 会议室应根据需要设置相应的贮藏及服务空间。

（3）对外办事大厅宜靠近出入口或单独分开设置，并与内部办公人员出入口分开。

（4）接待室应符合下列要求：

① 应根据需要和使用要求设置接待室；专用接待室应靠近使用部门；行政办公建筑的群众来访接待室宜靠近基地出入口，与主体建筑分开单独设置。

② 宜设置专用茶具室、洗消室、卫生间和贮藏空间等。

（5）陈列室应根据需要和使用要求设置。专用陈列室应对陈列效果进行照明设计，避免阳光直射及眩光，外窗宜设遮光设施。

（6）公用厕所应符合下列要求：

① 对外的公用厕所应设供残疾人使用的专用设施。

② 距离最远工作点不应大于 50m。

③ 应设前室；公用厕所的门不宜直接开向办公用房、门厅、电梯厅等主要公共空间。

④ 宜有天然采光、通风；条件不允许时，应有机械通风措施。

⑤ 卫生洁具数量应符合现行行业标准《城市公共厕所设计标准》CJJ 14—2016 的规定。

注：1. 每间厕所大便器三具以上者，其中一具宜设坐式大便器。
　　2. 设有大会议室（厅）的楼层应相应增加厕位。

（7）开水间应符合下列要求：

① 宜分层或分区设置。

② 宜直接采光通风，条件不允许时应有机械通风措施。

③ 应设置洗涤池和地漏，并宜设洗涤、消毒茶具和倒茶渣的设施。

9.2.4　服务用房

（1）服务用房应包括一般性服务用房和技术性服务用房。一般性服务用房为档案室、资料室、图书阅览室、文秘室、汽车库、非机动车库、员工餐厅、卫生管理设施间等。技术性服务用房为电话总机房、计算机房、晒图室等。

（2）档案室、资料室、图书阅览室应符合下列要求：

① 可根据规模大小和工作需要分设若干不同用途的房间，包括库房、管理间、查阅间或阅览室等。

② 档案室、资料室和书库应采取防火、防潮、防尘、防蛀、防紫外线等措施；地面应用不起尘、易清洁的面层，并有机械通风措施。

③ 档案和资料查阅间、图书阅览室应光线充足、通风良好，避免阳光直射及眩光。

（3）文秘室应符合下列要求：

① 应根据使用要求设置文秘室，位置应靠近被服务部门。

② 应设打字、复印、电传等服务性空间。

（4）汽车库应符合下列要求：

① 应符合现行国家标准《汽车库、修车库、停车场设计防火规范》GB 50067—2014 和现行行业标准《车库建筑设计规范》JGJ 100—2015 的要求。

② 每辆停放面积应根据车型、建筑面积和结构与停车方式确定。

③ 设有电梯的办公建筑，应至少有一台电梯通至地下汽车库。

④ 汽车库内可按管理方式和停车位的数量设置相应的值班室、管理办公室、控制室、休息室、贮藏室、专用卫生间等辅助房间。

（5）机动车库应符合下列要求：

① 净高不得低于 2.00m。

② 每辆停放面积宜为 1.50～1.80m²。

③ 300 辆以上的机动车地下停车库，出入口不应少于 2 个，出入口的宽度不应小于 2.50m。

④ 应设置推行斜坡，斜坡宽度不应小于 0.30m，坡度不宜大于 1：5，坡长不宜超过6m；当坡长超过 6m 时，应设休息平台。

（6）员工餐厅可根据建筑规模、供餐方式和使用人数确定使用面积，并应符合现行行业标准《饮食建筑设计规范》JGJ 64—2017 的有关规定。

（7）卫生管理设施间应符合下列要求：

① 宜每层设置垃圾收集间，垃圾收集间应有不向邻室对流的自然通风或机械通风措施；垃圾收集间宜靠近服务电梯间；宜在底层或地下层设垃圾分级集中存放处，存放处应设冲洗排污设施，并有运出垃圾的专用通道。

② 每层宜设清洁间，内设清扫工具存放空间和洗涤池，位置应靠近厕所间。

（8）技术性服务用房应符合下列要求：

① 电话总机房、计算机房、晒图室应根据工艺要求和选用机型进行建筑平面和相应室内空间设计。

② 计算机网络终端、小型文字处理机、台式复印机以及碎纸机等办公自动化设施可设置在办公室内。

③ 供设计部门使用的晒图室，宜由收发间、裁纸间、晒图机房、装订间、底图库、晒图纸库、废纸库等组成。晒图室宜布置在底层，采用氨气熏图的晒图机房应设独立的废气排出装置和处理设施。底图库设计应符合《办公建筑设计标准》JGJ/T 67—2019 第 4.4.2 条第 2 款的规定。

9.2.5　设备用房

（1）办公建筑设备用房除应执行《办公建筑设计标准》JGJ/T 67—2019 外，尚应符合国家现行有关标准的规定。

（2）动力机房宜靠近负荷中心设置，电子信息机房宜设置在低层部位。

（3）产生噪声或振动的设备机房应采取消声、隔声和减振等措施，并不宜毗邻办公用房和会议室，也不宜布置在办公用房和会议室的正上方。

（4）设备用房应留有能满足最大设备安装、检修的进出口。

（5）设备用房、设备层的层高和垂直运输交通应满足设备安装与维修的要求。

（6）有排水、冲洗要求的设备用房和设有给排水、热力、空调管道的设备层以及超高层办公建筑的敞开式避难层，应有地面泄水措施。

（7）雨水、燃气、给排水管道等非电气管道，不应穿越变配电间、弱电设备用房等有严格防水要求的电气设备间。

（8）办公建筑中的变配电所应避免与有酸、碱、粉尘、蒸汽、积水、噪声严重的场所毗邻，并不应直接设在有爆炸危险环境的正上方或正下方，也不应直接设在厕所、浴室等经常积水场所的正下方。

（9）高层办公建筑每层应设强电间，其使用面积不应小于 $4m^2$，强电间应与电缆竖井毗邻或合一设置。

（10）高层办公建筑每层应设弱电交接间，其使用面积不应小于 $5m^2$。弱电交接间应与弱电井毗邻或合一设置。

（11）弱电设备用房应远离产生粉尘、油烟、有害气体及贮存具有腐蚀性、易燃、易爆物品的场所，应远离强振源，并应避开强电磁场的干扰。

（12）弱电设备用房应防火、防水、防潮、防尘、防电磁干扰。其中计算机网络中心、电话总机房地面应有防静电措施。

（13）办公建筑中的锅炉房必须采取有效措施，减少废气、废水、废渣和有害气体及噪声对环境的影响。

9.2.6　防火设计

（1）办公建筑的防火设计除应执行《办公建筑设计标准》JGJ/T 67—2019 外，尚应符合现行国家标准《建筑设计防火规范》GB 50016—2014（2018 年版）的有关规定。

（2）办公建筑的开放式、半开放式办公室，其室内任何一点至最近的安全出口的直线距离不应超过 30m。

（3）综合楼内的办公部分的疏散出入口不应与同一楼内对外的商场、营业厅、娱乐、餐饮等人员密集场所的疏散出入口共用。

（4）超高层办公建筑的避难层（区）、屋顶直升机停机坪等设置应执行国家和专业部门的有关规定。

（5）机要室、档案室和重要库房等隔墙的耐火极限不应小于 2h，楼板的耐火极限不应小于 1.5h，并应采用甲级防火门。

9.3　设计实例

设计任务书

一、项目概况

1. 工程名称：某社区服务中心。

2. 建设单位：某有限公司。

3. 建设内容：详见设计要求。

4. 建筑面积：约 5456m²。

5. 建设地点：北方某市。

6. 建筑风格：现代风格，庄重简洁。

二、总图规划

1. 规划用地面积 5066m²。

2. 本地块容积率＜1.2。

3. 本地块建筑控制高度＜24m。

4. 本地块建筑密度＜40％。

5. 本地块绿地率＞25％。

三、建筑设计要求

1. 建筑平面形式建议采用"一"字形，对称式，南入口。

2. 建筑层数为地上 5 层，地下 1 层。每层建筑面积约 1000m²。

3. 建筑层高根据房间功能确定，每层层高不低于 3.3m。

4. 建筑功能分区为地上五层为食堂、餐厅、办公大厅、办公室、会议室等。地下一层为设备用房。卫生间、会议室建议放在北面，根据实际情况而定。

5. 办公楼使用人数约为 150 人。

6. 合理布置房间进深开间，每间办公室房间面积在 20m² 左右。

四、设计方案

某社区服务中心设计方案平面图详见附本 24～37 页图 9-1 至图 9-14，或扫描二维码也可参看。

第10章　学生宿舍楼设计

10.1　概述

宿舍在《现代汉语词典》中是指"企业、机关、学校等供给工作人员及其家属或供给学生住的房屋"，在《建筑大辞典》中是指"供个人或集体日常居住使用的建筑物，由成组的居室和厕所洗浴室或卫生间组成，并设有公共活动室、管理室和晾晒空间"。学生宿舍楼设计一般都是走廊串联宿舍单元的形式，分为长廊式宿舍：公用走廊服务两侧或一层居室，居室间数大于5间者；短廊式宿舍：公用走廊服务两侧或一侧居室，居室间数小于或等于5间者；单元式宿舍：楼梯、电梯间服务几组居室组团，每组有居室分隔为睡眠和学习两个空间，与盥洗、厕所组成单元宿舍；公寓式宿舍：设有必要的管理用房，如值班室、贮藏室等，为居住者提供床上用品和其他生活用品，实行缴纳费用的管理办法。

10.2　设计要点

1. 一般规定

（1）宿舍外场地

宿舍用地及建筑布置宜选择有日照、通风良好、有利排水、避免噪声和各种污染源的场地。其附近宜有小型活动场地、集中绿化、晒衣设施及自行车存放处；宿舍应接近生活服务设施，如食堂、超市、文娱活动室、浴室、开水房等。

（2）宿舍内房间

宿舍内居室宜集中布置；每栋宿舍应设置管理室、公共活动室和晾晒空间。宿舍内应设置盥洗室和厕所；宿舍半数以上居室应有良好朝向，并应具有住宅居室相同的日照标准。宿舍内应设置消防安全疏散指示图以及明显的安全疏散标志。

（3）宿舍平面关系

宿舍平面关系、单元式宿舍平面关系及宿舍动静分区关系如图10-1～图10-3所示。

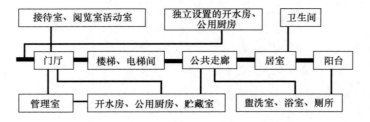

图10-1　宿舍平面关系

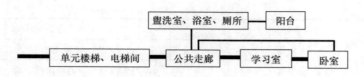

图 10-2　单元式宿舍平面关系

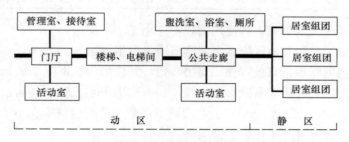

图 10-3　宿舍平面动和静的功能分区

2. 居室

（1）居室的人均使用面积不宜小于表 10-1 中的规定。

表 10-1　居室类型与人均使用面积

项目　　　人数　　类型		1 类	2 类	3 类	4 类	
每室居住人数（人）		1	2	3～4	6	8
人均使用面积 （m²/人）	单层床、高架床	16	8	5	—	—
	双层床	—	—	—	4	3
储藏空间		壁柜、吊柜、书架				

（2）居室的床位布置尺寸不应小于下列规定：

① 两个单床长边之间距离 0.60m。

② 两床床头之间距离 0.10m。

③ 两排床或床与墙之间的走道宽度 1.20m。

④ 居室不应布置在地下室。

（3）辅助用房

① 公共厕所应设前室或经盥洗室进入，且前室和盥洗室的门不宜与居室门相对。公共厕所与公共盥洗室与最远居室的距离不应大于 25m。

② 公用厕所、公共盥洗室卫生设备的数量应根据每层居住人数确定，设备数量不应少于表 10-2 的规定。

表 10-2　公用厕所、公共盥洗室内卫生设备数量

项　　目	设备种类	卫生设备数量
男厕所	大便器	8 人以下设一个；超过 8 人时，每增加 15 人或不足 15 人增设一个
	小便器或槽位	每 15 人或不足 15 人设一个
	洗手盆	与盥洗室分设的厕所至少设一个
	污水池	公用卫生间或盥洗室设一个

续表

项　目	设备种类	卫生设备数量
女厕所	大便器	6人以下设一个；超过6人时，每增加12人或不足12人增设一个
	洗手盆	与盥洗室分设的厕所至少设一个
	污水池	公用卫生间或盥洗室设一个
盥洗室（男、女）	洗手盆或盥洗槽龙头	5人以下设一个；超过5人时，每10人或不足10人增设一个

③ 居室内设置独立卫生间，其使用面积不应小于 $2m^2$。

④ 夏热冬暖地区和温和地区应在宿舍建筑内设淋浴设施。

⑤ 宿舍建筑内的管理室宜设置在主要出入口，其使用面积不应小于 $8m^2$。

⑥ 宿舍建筑内的公共活动室宜每层设置，100人以下时，人均使用面积为 $0.30m^2$；101人以上时，人均使用面积为 $0.20m^2$。公共活动室的最小使用面积不宜小于 $30m^2$。

⑦ 宿舍建筑内宜设置开水设施、公共洗衣房。

（4）层高和净高

① 居室采用单层床时，层高不宜低于 2.80m；在采用双层床或高架床时，层高不宜低于 3.60m。

② 居室采用单层床时，净高不宜低于 2.60m；在采用双层床或高架床时，层高不宜低于 3.40m。

③ 辅助用房的净高不宜低于 2.50m。

（5）楼梯

① 宿舍安全疏散应符合现行国家标准《建筑设计防火规范》GB 50016—2014（2018年版）的规定。

② 楼梯间应直接采光、通风。

③ 楼梯门、楼梯及走道总宽度应按每层通过人数每100人不小于1m计算，且梯段净宽不应小于1.20m，楼梯平台宽度不应小于楼梯梯段净宽。

④ 宿舍楼梯踏步宽度不应小于0.27m，踏步高度不应大于0.165m。扶手高度不应小于0.90m。楼梯水平段栏杆长度大于0.50m时，其扶手高度不应小于1.05m。

⑤ 7层及7层以上宿舍或居室最高入口层楼面距室外设计地面的高度大于21m时，应设置电梯。

⑥ 宿舍安全出口门不应设置门槛，其净宽不应小于1.40m。

（6）门窗和阳台

① 宿舍的外窗窗台不应低于0.90m，当低于0.90m时应采取安全防护设施。

② 居室和辅助房间的门洞口宽度不应小于0.90m，阳台门洞口宽度不应小于0.80m，居室内附设卫生间的门洞口宽度不应小于0.70m，设亮窗的门洞口高度不应小于2.40m，不设亮窗的门洞口高度不应小于2.10m。

③ 宿舍宜设阳台，阳台进深不宜小于1.20m。各居室之间或居室与公共部分之间毗连的阳台应设分室隔板。

④ 低层、多层宿舍阳台栏杆净高不应低于1.05m；中高层、高层宿舍阳台栏杆净高不应低于1.10m。

（7）自然通风和采光

① 宿舍内的居室、公共盥洗室、公共厕所、公共浴室和公共活动室应直接自然通风和采光，走廊宜有自然通风和采光。

② 宿舍的室内采光标准应符合下列采光系数最低值，其窗地比应符合表 10-3 中的规定取值。

表 10-3　室内采光标准

房间名称	侧面采光	
	采光系数最低值（%）	窗地面积比最低值（A_c/A_d）
居室	1	1/7
楼梯间	0.5	1/12
公用厕所、公用浴室	0.5	1/10

注：1. 窗地面积比值为直接天然采光房间的侧窗洞口面积 A_c 与该房间地面面积 A_d 之比。

2. 本表按三类光气候单层普通玻璃铝合金窗计算，当用于其他光气候区或采用其他类型窗时，应按现行国家标准《建筑采光设计标准》GB/T 50033—2013 的有关规定进行调整。

3. 离地面高度低于 0.80m 的窗洞口面积不计入采光面积内。窗洞口上沿距地面高度不宜低于 2m。

（8）节能

① 宿舍应符合国家现行有关居住建筑节能设计标准。

② 宿舍应保证室内基本的热环境质量，采取冬季保温和夏季隔热及节约采暖和空调能耗的措施。

③ 严寒和寒冷地区的宿舍不应设置开敞的楼梯间和外廊，其入口应设门斗或采取其他防寒措施。

10.3　设计实例

10.3.1　任务书

1. 设计性质及任务

（1）设计性质

课程设计是全面检验和巩固房屋建筑学课程学习效果的一个有效方式，通过课程设计，使学生熟悉建筑设计的基本过程及建筑构造的原理和构造方法，研究确定建筑方案，完成建筑设计的平面、立面、剖面及细部构造图的绘制，并编写设计说明。在课程设计的过程中，综合运用和加深理解所学专业课的基本理论、基本知识和基本技巧，培养和锻炼学生设计、绘图、编写说明的能力，为学生更好地学习其他课程，毕业后更好地适应社会的发展变化打下良好的基础。

（2）设计任务

通过本课程设计，培养学生综合运用建筑设计原理知识分析问题和解决问题的能力。了解各类建筑设计的国家规范和地方标准、建筑构配件的通用图集及各类建筑设计资料集等，如《房屋建筑制图统一标准》GB/T 50001—2017、《建筑制图标准》GB/T 50104—2010、《民用建筑设计统一标准》GB 50352—2019、《建筑设计防火规范》GB 50016—2014（2018年版）和《建筑设计资料集》等，并能在设计中正确使用。了解一般民用建筑的设计原理和方法，了解建筑平面设计、剖面设计及立面设计的方法和步骤。正确运用平面设计原理进行平面设计、平面组合，并正确运用所学知识进行剖面设计，运用建筑美学法则进行建筑体型及立面设计。培养构造节点设计的能力及绘制建筑施工图的能力。

2. 设计要求

1) 设计资料

(1) 水文资料：常年地下水位在自然地面以下 8m 处，水质对混凝土无侵蚀作用。

(2) 地质条件：

① 建筑场地平坦，地质构造简单，属亚黏土，地耐力可按 150kPa 考虑。

② 抗震设防烈度：7 度。

③ 气象资料：a. 冬季取暖、室外计算温度 -9℃。夏季通风，室外计算温度 31℃，最热月平均气温 27℃，最低月平均气温 -2℃。b. 全年主采导向为东地风，夏季为北风，冬季平均风速为 3.5m/s，夏季为 2.8m/s，风荷载为 350N/m²。c. 年降雨量为 631.8mm，日最大降雨量为 109.6mm，小时最大降雨量为 79mm。d. 室外相对湿度，冬季为 49%，夏季为 56%。e. 土壤最大冻结深度为 180mm，最大积雪厚度为 200mm，雪荷载为 250N/m²。

④ 建筑地点：本工程拟建地地段地势平坦，地质良好。

2) 具体设计要求

具体设计要求见表 10-4。

表 10-4　具体设计要求

题目		某高校学生宿舍楼
规模		建筑面积为 5000m² 左右
拟建位置		见附图
结构、等级、层数		框架结构，层数为 5～6 层，层高 3.3m
建筑标准		① 建筑等级Ⅱ级；②防火等级Ⅱ级；③采光等级Ⅱ级；④建筑结构安全等级为二级；⑤抗震设防烈度为 7 度
房间组成	居室	每层设若干间居室，每居室平均居住 4～6 人，设双层铺，并应考虑储柜面积
	公共活动室	每层设一间文娱活动室，每间 60m² 左右，墙应按要求设砖垛
	公共厕所及盥洗间	厕所及盥洗间可分散设置（套间）或集中设置；当集中设置时，其卫生设备的数量按人数计算，淋浴喷头的数量为：男生按 15 人/个，女生按 10 人/个；洗衣水龙头按 10 人/个计算
其他		室内外高差为 600mm；有组织外排水，屋面可以考虑上人；城建部门要求：兼顾主干道立面（东立面）

3. 设计内容

根据任务书进行宿舍建筑设计。具体内容及要求如下：

(1) 建筑设计说明

建筑设计说明主要包括工程概况、设计标准、建筑做法说明等。

(2) 建筑平面图（包括但不限于：底层平面图、标准层平面图和屋顶平面图，比例 1:100）

画出各房间、门窗、卫生间等，标注房间名称或编号（家具及卫生设施不需要画）。具体包括以下内容：

① 外部尺寸。三道尺寸（总尺寸、轴线尺寸、门窗洞口等细部尺寸）及底层室外台阶、坡道、散水、明沟等尺寸。

② 内部尺寸。内部门窗洞口、墙厚、柱大小等细部尺寸。

③ 标高。标注室内外地面标高、各层楼面标高。

④ 各种符号。标注定位轴线及编号、门窗编号、剖切符号、详图索引符号等。

⑤ 楼梯。应按比例绘出楼梯踏步、平台、栏杆扶手及上下楼方向。

⑥ 注写图名和作图比例。

⑦ 屋面。屋顶采用有组织外排水，按上人屋面设计。

（3）建筑立面图（正立面图、背立面图和侧立面图，比例 1∶100）

画出室外地平线、建筑外轮廓、勒脚、台阶、门、窗、雨篷、雨水管及墙面分格线的形式和位置；标注室外地面、台阶、窗台、雨篷、檐口、屋顶等处完成面的标高；标注建筑物两端或分段的定位轴线及编号，各部分构造、装饰节点详图的索引符号，注明外墙装修材料、颜色和做法；注写图名（以轴线命名）和比例；正立面兼顾主干道立面。

（4）建筑剖面图（剖切主楼梯的剖面图，比例 1∶100）

画出剖切到的或看到的墙体、柱及门窗；标注室内外地面、各层楼面与楼梯平台面、檐口底面或女儿墙顶面等处的标高；标注建筑总高、层高和门窗洞口等细部尺寸；标注墙或柱的定位轴线及编号、轴线尺寸、详图索引符号，注写图名和比例。

（5）建筑详图（比例 1∶10~1∶60）

要求绘制楼梯详图、外墙身详图及其他主要节点详图。

4. 参考资料

《房屋建筑学》（教材）；《建筑构造》；《民用建筑防火规范及设计规范》；《建筑制图标准》GB/T 50104—2010；《建筑设计标准图集》；《宿舍建筑设计规范》JGJ 36—2016；《民用建筑设计统一标准》GB 50352—2019。

10.3.2　附图

总平面示意图如图 10-4 所示。

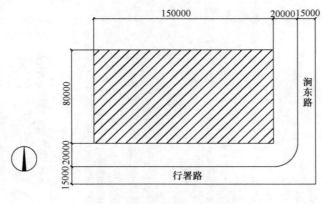

图 10-4　总平面示意图

10.3.3　设计实例图

宿舍楼设计实例图详见 132~140 页图 10-5 至图 10-13。

建筑设计说明

一、工程概况

河南科技大学松园宿舍楼设计，本次设计为6层框架结构的宿舍楼，建筑面积为5054.4m²，建筑使用年限为50年，建筑防火等级为二级，建筑结构安全等级为二级，环境类别为一类，屋面的防水等级为二级。建筑抗震设防烈度为7度，设计基本地震加速度为0.10g，建筑场地类别为二类，基本风压为0.40 kN/m²，基本雪压为0.35 kN/m²。

二、设计依据

1.国家现行有关建筑及结构设计规范规程；
2.郑州科技学院毕业设计任务书。

三、尺寸单位

本设计除注名外，尺寸均以 mm为单位，标高以m为单位。

四、砖墙砌体

1.墙体采用200厚耐火砖，M5水泥砂浆砌筑；
2.防水砂浆防潮层设在低于室内地面60mm处，采用1:2水泥砂浆加5%防水剂，厚度为20mm；
3.勒脚表面抹灰采用15厚1:3水泥砂浆抹面；
4.房屋四周做0.8m宽散水，做法为在素土夯实上铺70厚三合土，并设3%的排水坡；
5.基层整修平整，不露网纹及抹刀痕；
6.外墙用一底二涂高弹丙烯酸涂料。

五、楼地面做法

1.采用现浇钢筋混凝土楼板；
2.20厚1:4水泥砂浆找平；
3.素水泥浆结合层一遍。

六、屋面做法

1.基层处理剂，高聚物改性沥青防水卷材一道；
2.190mm厚水泥膨胀珍珠岩板；
3.素水泥浆结合层一遍；
4.20厚1:3水泥砂浆找平层；
5.冷底子油结合层；
6.普通沥青油毡卷材（三毡四油）防水层；
7.隔气层：高聚物改性沥青防水卷材一道；
8.屋面泛水和雨水口构造见详图；
9.屋顶为材料找坡，坡度2%。

七、顶棚做法

1.钢筋混凝土板底面清理干净；
2.7mm厚1:1:4水泥石灰砂浆；
3.5mm厚1:0.5:3水泥石灰砂浆。

八、门窗

1.窗均采用铝合金玻璃推拉窗，5厚白玻璃；
2.正门和侧门为铝合金弹簧门，其他为平开木门；
3.门窗的规格、数量详见门窗明细表及附注说明。

九、防火

本建筑防火设计应严格遵守《高层民用建筑防火设计规范》的要求。

十、其他

1.所有与设备有关的预埋件与留洞必须与相关专业图纸密切配合施工；
2.本工程所用的材料须严格检查，合格后方能使用；
3.施工过程中一切活动应严格遵守国家现行有关规范、规定。

门窗表

类型	设计编号	洞口尺寸(mm)	数量					图集选用			备注
			1	2~5	6	7	合计	图集名称	页次	选用型号	
普通门	M1	900X2100	18	18X4=72	18		108				
	M2	700X2100	17	18X4=72	18		107				
	M3	1500X2100	3	1X4=4	1		8				
	M4	1400X2400	17	18X4=72	18		107				
	M5	1800X2700	2				2				
普通窗	C1	1500X1700	18	18X4=72	18		108				
	C3	700X1700	18	18X4=72	18		108				
	C4	1500X1200	2	4X4=16	4		22				
	C-2	2100X1800	4	6X4=24	6		34				

				工程名称			
姓名		指导老师		图名	屋顶平面图	图号	建施-07
班级						日期	2018.05.23
学号		审核				图幅	A1

图 10-5　建筑说明

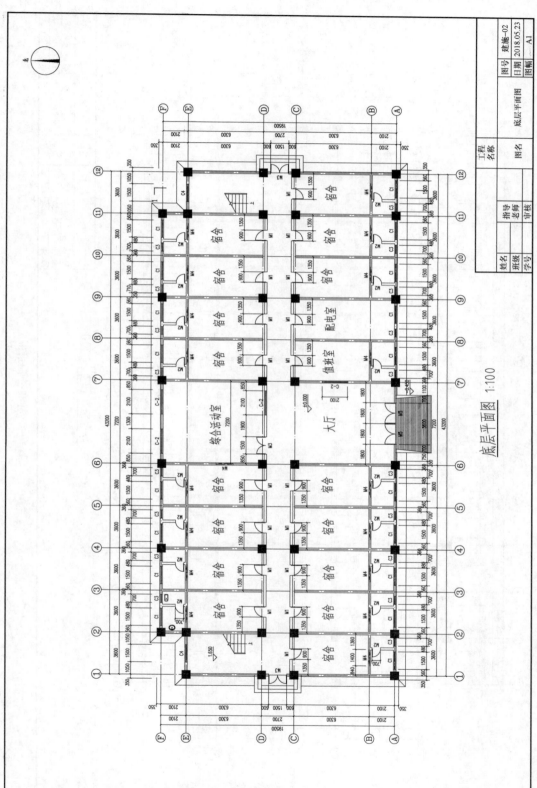

底层平面图 1:100

图 10-6 底层平面图

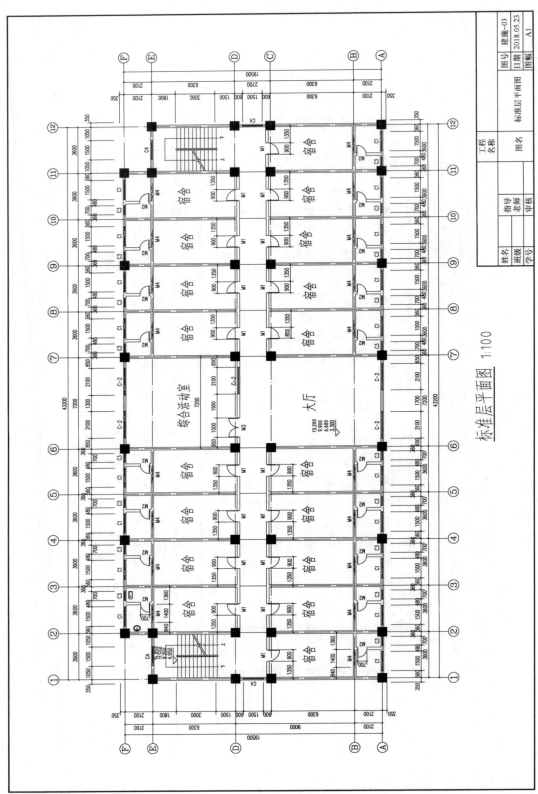

标准层平面图 1:100

图 10-7 标准层平面图

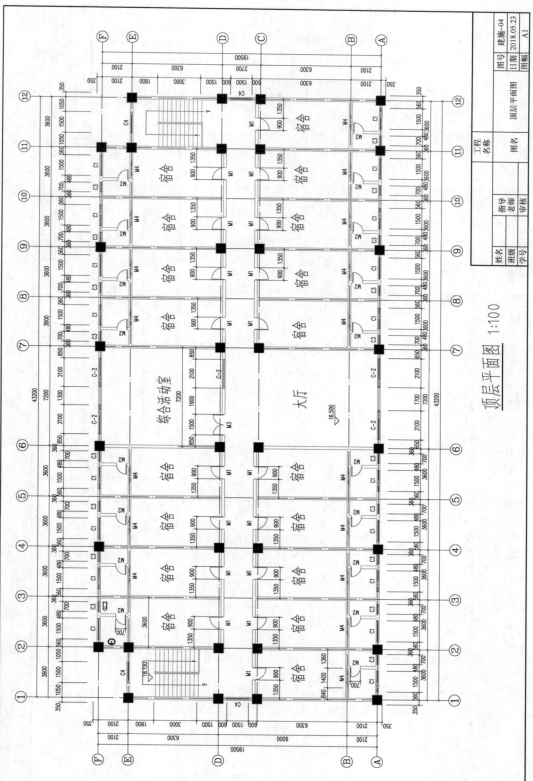

顶层平面图 1:100

图 10-8 顶层平面图

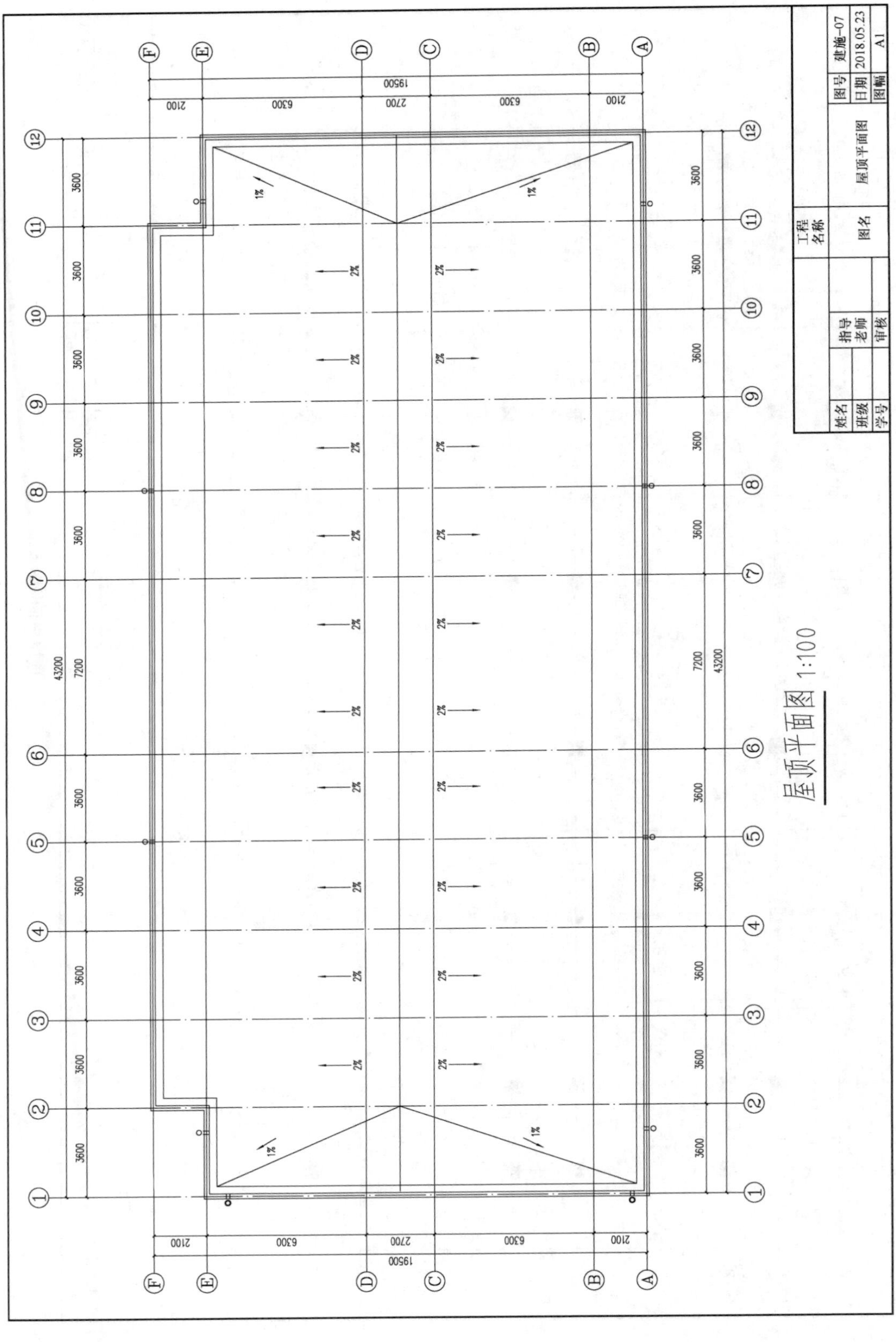

屋顶平面图 1:100

图 10-9　屋顶平面图

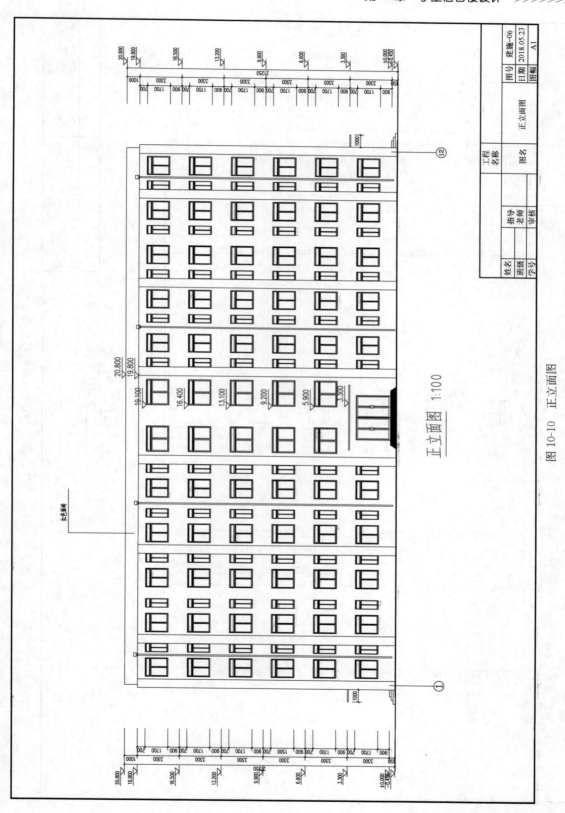

正立面图 1:100

图 10-10 正立面图

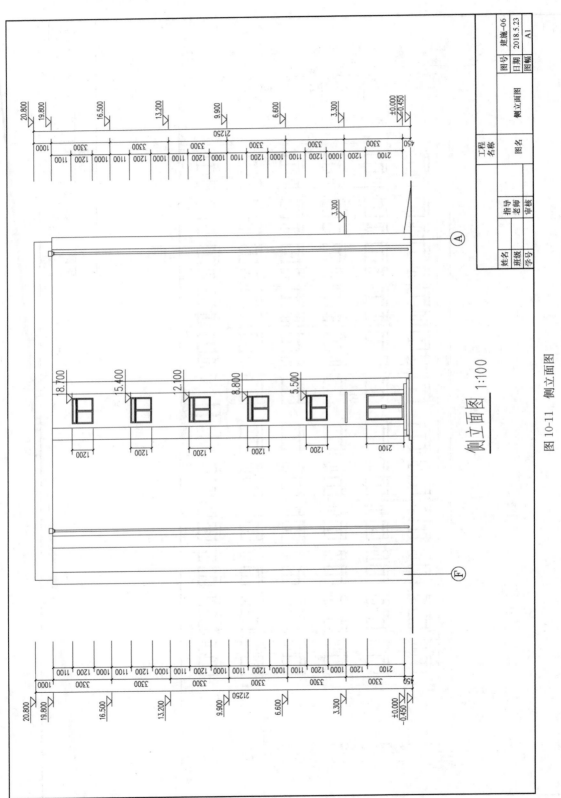

侧立面图 1:100

图 10-11　侧立面图

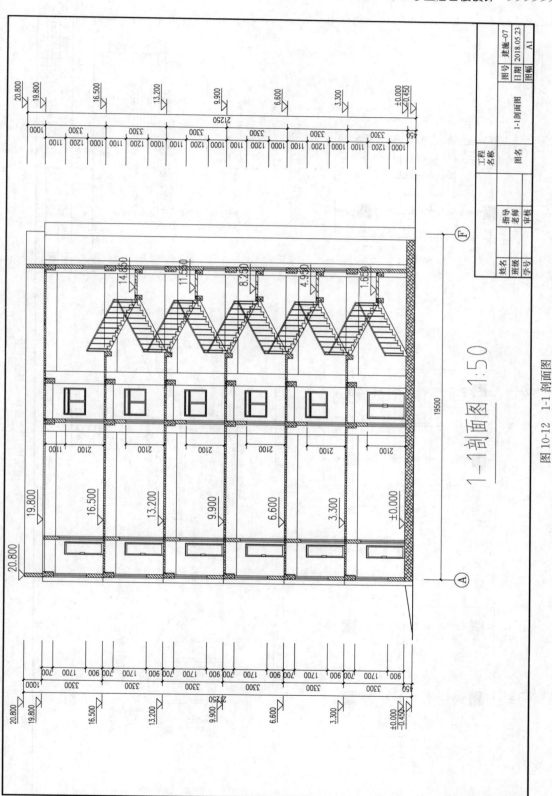

1-1剖面图 1:50

图10-12　1-1剖面图

139

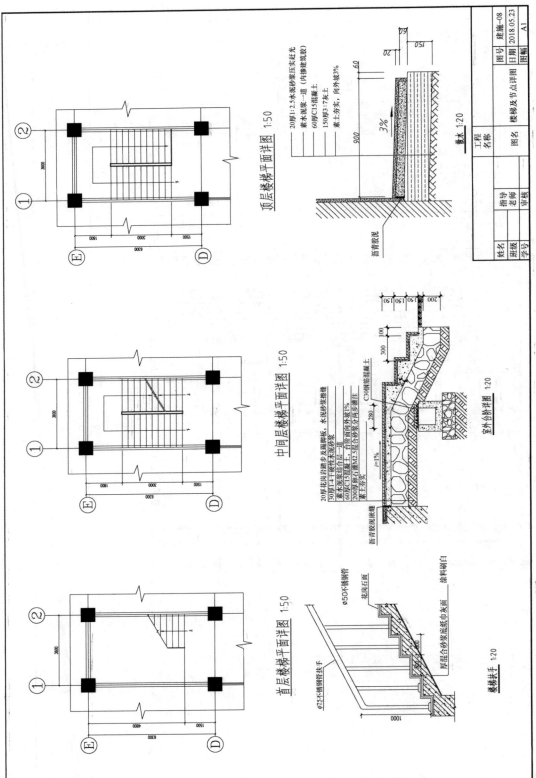

图 10-13　楼梯及节点详图

第 11 章　普通旅馆设计

11.1　概述

旅馆是指为客人提供住宿及餐饮、会议、健身和娱乐等全部或部分服务的公共建筑，也称为酒店、饭店、宾馆、度假村等，通常由客房部分、公共部分、辅助部分组成。旅馆建筑类型按经营特点分为商务旅馆、度假旅馆、会议旅馆、公寓式旅馆等。

1. 旅馆建筑等级

根据旅馆的使用功能，按建筑标准、设备设施等硬件要求，将旅馆建筑由低至高划分为一、二、三、四、五个建筑等级。由于旅游饭店星级是通过旅馆的硬件设施和软件服务分项得分综合而评定的，旅馆的建筑等级虽与旅游饭店星级在硬件设施上有部分关联，但它们之间并没有直接对应关系。

2. 旅馆建筑的组成

由于规模、等级、性质、经营方式不同，旅馆建筑的组成相差甚大，但一般由以下五部分组成：

（1）客房部分。由客房、卫生设施、分层管理用房和交通空间组成。

（2）公用部分。由门厅、总服务台、会客厅、休息厅、会议室、商店等组成，有的旅馆还有健身房、多功能厅、娱乐设施等。

（3）餐饮部分。包括餐厅、宴会厅、厨房及附属用房。

（4）行政管理与生活服务部分。包括党政及业务管理用房、职工宿舍、职工食堂等。

（5）后勤管理部分。包括机房、洗衣房、维修间、车库等。

11.2　设计要点

11.2.1　旅馆建筑的选址、基地选择

1. 旅馆建筑的选址原则

（1）旅馆建筑的选址应符合当地城乡总体规划的要求，并应结合城乡经济、文化、自然环境及产业要求进行布局。

（2）交通方便，附近的公共服务和基础设施较完备，但要远离噪声和污染源。

（3）地形、地质条件好，拆迁量小，地价较低，周围风景较好。

（4）在历史文化名城、历史文化保护区、风景名胜地区及重点文物保护单位附近建设旅馆时，应符合国家和地方有关保护规划的要求。

当然，要达到所有要求是很难的，这就需要反复比较，解决好主要矛盾。

2. 旅馆建筑基地选择原则

（1）旅馆建筑基地应至少有一面直接临接城市道路或公路，或应设道路与城市道路或公路相连接。位于特殊地理环境中的旅馆建筑，应设置水路或航路等其他交通方式。

（2）当旅馆建筑设有 200 间（套）以上客房时，其基地的出入口不宜少于 2 个，出入口的位置应符合城乡交通规划的要求。

（3）旅馆建筑基地宜具有相应的市政配套条件。

（4）旅馆建筑基地的用地大小应符合国家和地方政府的相关规定，应能与旅馆建筑的类型、客房间数及相关活动需求相匹配。

11.2.2　旅馆总平面设计

1. 一般原则

① 根据城市规划的要求，妥善处理好建筑与周围环境、出入口与道路、建筑设备与城市管线之间的关系。

② 旅馆出入口应明显，组织好交通流线，安排好停车场地，满足安全疏散的要求。

③ 功能分区明确，使各部分的功能要求都能得到满足，尽量减少噪声和污染源对其干扰。

④ 有利于创造良好的空间形象和建筑景观。

2. 总平面设计的主要内容

在总平面设计时除安排好主体建筑外，还应安排好出入口、广场、道路、停车场、附属建筑、绿化、建筑小品等，有些旅馆还要考虑游泳池、网球场、露天茶座等。

（1）主体建筑

主体建筑位置应突出。客房部分应日照、通风条件好，环境安静。门厅、休息厅、商店、餐厅应靠近出入口，便于管理和营业。厨房、动力设施应有对外通道，不干扰其他部分的正常使用，不影响城市景观。

（2）出入口

出入口至少设置两个，主要出入口应明显，次要出入口供后勤服务和职工出入使用，最好设在次要道路上。有的旅馆还设有贵宾出入口、购物出入口。

（3）道路与停车场

应组织好机动车交通，减少对人流的交叉干扰，并符合城市道路规划的要求。要做好安全疏散设计，遵守防火规范的有关规定。例如：建筑物沿街部分长度超过 150m 或总长度超过 220m 时，应设置穿过建筑物的消防通道，如图 11-1 所示。

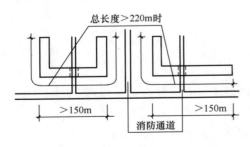

图 11-1　穿过建筑物的消防通道

根据旅馆建筑的规模、类型、用地位置、交通状况等内容，设置相应数量的机动车和非机动车的停放场地或停车库。停车场应靠近出入口，但不能影响人流交通。高层建筑可利用地下室、半地下室设停车场。停车泊位数根据具体情况确定。当货运专用出入口设于地下车库内时，地下车库货运通道和货运区域的净高不宜低于 2.8m；同时，停车库宜设置通往公共部分的公共通道或电梯。

（4）绿化

旅馆建筑的绿化一般有两类：一类是建筑外围或周边的绿化，对于美化街景，减少噪声和视线干扰，增加空间层次有良好作用；另一类是封闭或半封闭的庭园，有利于丰富旅馆的室内外空间，可有效改善采光、通风条件。

3. 总平面布局方式

总平面布局受基地条件、投资等因素影响，一般有分散式、集中式、混合式布局三种类型。

分散式布局适应于需分期建设或对建筑高度、体量有限制的情况。其缺点是占地面积较大。

集中式布局常将客房设计成高层建筑，其他部分则布置成裙房。这种方式布局紧凑，交通路线短，但对建筑设备要求较高。

混合式布局常将旅馆的客房、办公、会议等集中在一幢建筑中，而将其他部分另行布置成一幢或数幢建筑，有利于减少动力设施对其他部分的干扰。

11.2.3　旅馆客房部分设计

1. 客房设计

（1）客房类型

客房一般分为单人床间、双人床间、双套间、多床间等。

单人床间：供单人使用，安全无干扰，但经济性和出租的灵活性稍差，如图 11-2 所示。

双人床间：又称为标准间，这是旅馆中最常用的客房类型，适用性广，较受顾客欢迎，如图 11-2 所示。

双套间：由两间居室组成一套客房，标准较高。必要时，起居室也可放床，如图 11-3 所示。

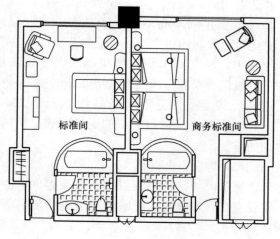

图 11-2　单人间和双人房客房平面图

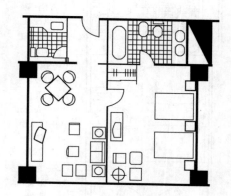

图 11-3　双套间客房平面图

多床间：在一间客房内放 3～4 张床，只有设备简单的卫生间，或者不附设卫生间而使

143

用公共卫生间。这是一种低标准的经济客房。

上述各类客房在一幢旅馆中所占的比例要根据旅馆的等级、服务对象、经营方式等来确定。

（2）客房面积和基本尺寸

按照旅馆的管理、服务要求和设备、设施标准，我国将旅馆建筑由高至低划分为六个等级，客房净面积不应小于表 11-1 中的规定，客房附设卫生间不应小于表 11-2 的规定。

表 11-1　客房净面积指标 （m²）

旅馆建筑等级	一级	二级	三级	四级	五级
单人床间	—	8	9	10	12
双床或双人床间	12	12	14	16	20
多床间	每床不小于 4			—	—

注：客房净面积是指除客房阳台、卫生间和门内出入口小走道（门廊）以外的房间内面积（公寓式旅馆建筑的客房除外）。

表 11-2　客房附设卫生间面积指标

旅馆建筑等级	一级	二级	三级	四级	五级
净面积（m²）	2.5	3.0	3.0	4.0	5.0
占客房总数百分比（%）	—	50	100	100	100
卫生器具（件）	2			3	

注：2 件指大便器、洗面盆；3 件指大便器、洗面盆、浴盆或淋浴间（开放式卫生间除外）。

以双床间为标准，经济型的客房开间为 3.3～3.6m，舒适型的为 3.6～3.9m，豪华级的在 4m 左右。当一个柱距包括两个开间时，柱距为 7.2～7.8m 或 8～8.4m 较经济。客房的进深一般为 4.5～5.1m，标准高的在 6m 左右。

客房室内净高，当设空调时不低于 2.4m，不设空调时不低于 2.6m。利用坡屋顶内空间作为客房时，应至少有 8m² 面积的净高不低于 2.4m；卫生间净高不应低于 2.2m；客房层公共走道及客房内走道净高不应低于 2.1m。实际工程中，净高要求均有所提高。大多数四级、五级旅馆要求客房净高不低于 2.8m，客房内走道及公共走道、卫生间净高均不低于 2.3～2.4m。另外，无障碍客房的走道需满足轮椅活动的需要。

（3）客房室内设计

客房内的家具主要有床、床头柜（床头柜常设有灯具、电视、呼唤信号、电动窗帘等的控制开关）、写字桌、行李架、茶几、沙发等，进门处设壁柜，有的还有小酒吧。配备的电气设备有电视、冰箱、空调等。标准客房的室内布置如图 11-4 所示。床应三面临空，与卫生间

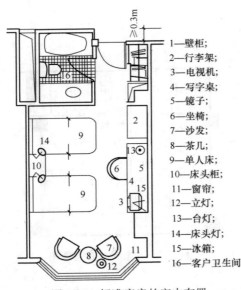

1—壁柜；
2—行李架；
3—电视机；
4—写字桌；
5—镜子；
6—坐椅；
7—沙发；
8—茶几；
9—单人床；
10—床头柜；
11—窗帘；
12—立灯；
13—台灯；
14—床头灯；
15—冰箱；
16—客户卫生间

图 11-4　标准客房的室内布置

隔墙的距离不小于 0.3m，以便服务员整理床铺。门洞口宽度不小于 0.9m，门洞净高不应低于 2m。客房入口门宜设安全防范设施；客房卫生间门净宽不应小于 0.7m，净高不应低于 2.1m；无障碍客房卫生间门净宽不应小于 0.8m。为了开门时有停留位置，可将房门处的墙后退 0.3m 以上。

2. 客房卫生间设计

卫生间面积和设备数量与旅馆等级有关，详见表 11-2。国内中、低档旅馆客房卫生间开间方向净尺寸一般为 1.5m、1.7m、2.1m，进深方向净尺寸一般为 2.1m、2.2m、1.8m。高档客房卫生间平面尺寸稍大，如 1.7m×2.3m、1.7m×2.6m 等，豪华级的可为 2.3m×2.7m。卫生间一般设浴缸、坐式便器、洗脸盆三大件，标准高的还设净身器。浴盆宽 0.7～0.75m，长 1.22m、1.38m、1.68m，高 0.3～0.4m。洗脸盆多与化妆台、梳妆镜、照明灯结合起来。其他配件还有扶手、帘杆、手纸盒、肥皂盒、衣架等，如图 11-5 所示。客房卫生间的常见布置形式如图 11-6 所示。

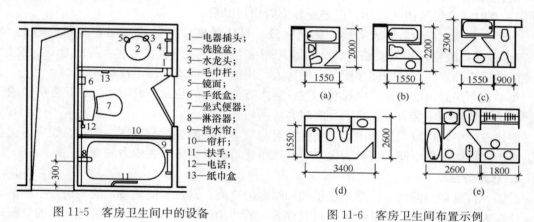

1—电器插头；
2—洗脸盆；
3—水龙头；
4—毛巾杆；
5—镜面；
6—手纸盒；
7—坐式便器；
8—淋浴器；
9—挡水帘；
10—帘杆；
11—扶手；
12—电话；
13—纸巾盒

图 11-5　客房卫生间中的设备　　　　　图 11-6　客房卫生间布置示例

卫生间与客房的组合关系主要有以下三种：

① 卫生间沿外墙布置：优点是卫生间的采光、通风条件好，缺点是客房的开间加大，如图 11-7（a）所示。

② 卫生间位于两客房之间：结构较简单，但对客房易产生噪声干扰，如图 11-7（b）所示。

③ 卫生间沿走道一侧布置：可加大房屋进深，缩小房间开间，也便于布置管道井，是采用最多的组合方式，如图 11-7（c）所示。

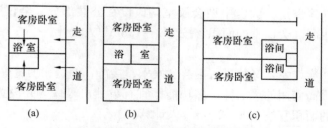

图 11-7　卫生间与客房的组合关系
（a）沿外墙布置；（b）位于两客房之间；（c）沿走道一侧布置

11.2.4 旅馆公共部分设计

1. 旅馆入口与门厅

门厅（大堂）是旅馆建筑必须设置的公共空间，不同等级、不同类型、不同规模的旅馆其门厅大堂空间内设置的内容差异很大。一般来讲，四级、五级旅馆门厅（大堂）主要设置以下内容：总服务台（包括接待、结账、问询等）、前台办公室、休息会客区、卫生间、物品（贵重物品、行李）寄存、内线电话、大堂酒吧、楼梯、电梯厅等。一级、二级旅馆一般仅设总服务台、卫生间、休息会客区，其余如物品寄存等许多服务内容均由总服务台兼顾。

大型旅馆功能复杂，流线繁多，为方便客人、保持舒适氛围、管理方便，应有机地组织各种人流物流，避免交叉。对于人流较集中的公共部分，如宴会厅、会议中心等，如条件允许可设置独立门厅，娱乐休闲、大中型商场如独立经营则需另设出入口或门厅，大型旅馆（酒店）有时还会设置团队门厅，以避免客流的相互影响。

门厅（大堂）应设置客人等候和休息区域。具体的座位数建议按照客房间数的 1%～4% 考虑。高等级旅馆和大堂结合设大堂酒吧可和门厅空间连通，为客人提供会客、交际、商务活动或洽谈空间，该空间多配备方便客人使用的电源插座和网络接口。

集中式布局旅馆的楼梯、电梯宜布置在客人方便到达的位置；分散布局旅馆客房楼的楼梯、电梯位置应便于客人寻找，不宜穿越客房区域。

旅馆设计中，可将门厅和内庭、中庭结合起来，其功能扩展到餐饮、购物、娱乐、交往等，成为多功能共享空间，又称为大堂，是旅馆建筑中最富艺术表现力的部分。

2. 总服务台

总服务台是接待问询、办理入住手续和结账的空间，其位置应显著，通常设在酒店的大堂，使客人容易看到也便于总台服务员观察客人的活动。对于目前旅馆的管理，一般结账时间较为集中，为了避免拥挤，在总台应有一定的长度，在前方应预留一定的等候空间，在总台附近设前台办公室以方便客房预订、结账等旅馆管理工作。

此外，门厅管理、保安、车船和机票代办、出租车、旅行社、邮电、银行等服务也可设在总服务台，也可另设柜台。

总服务台应与休息厅、楼梯、电梯厅有良好的交通联系，并在视线范围内，以便管理和服务。

3. 会议室与多功能厅

（1）会议室

小会议室可设在客房层。大、中型会议室均应设在公共部分。会议室的环境应相对安静，附近有公共卫生间。会议室的面积宜按 $1.2\sim1.8m^2/$ 人设计。

（2）多功能厅

多功能厅既可作会议室，又能进行宴会、娱乐、接待、商贸、展览等活动。多功能厅常设有活动隔断，以提高使用的灵活性。多功能厅宜有单独出入口，并设置休息厅、衣帽间、卫生间。多功能厅的面积宜按 $1.5\sim2.0m^2/$ 人计算。

根据《建筑设计防火规范》的要求，建筑内的会议厅、多功能厅，宜布置在首层、二层或三层。设置在三级耐火等级的建筑内时，不应布置在三层及以上楼层。确需布置在一级、二级耐火等级建筑的其他楼层时，应符合下列规定：一个厅、室的疏散门不应少于 2 个，且建筑面积不宜大于 400m²；设置在地下或半地下时，宜设置在地下一层，不应设置在地下三层及以下楼层；设置在高层建筑内时，应设置火灾自动报警系统和自动喷水灭火系统等自动灭火系统。

4. 交通空间

（1）楼（电）梯

楼（电）梯的数量、梯段宽度及安全要求等都应符合防火规范的要求。客房层两端都应设有楼梯，其中一个宜靠近电梯厅。门厅中的主楼梯位置要明显。楼梯踏步宽度不小于 280mm，踏步高不大于 160mm。

电梯的配置包括电梯的台数、额定载重量和额定速度，与建筑布局方式、建筑层数、服务的客房数等有关，应根据具体情况计算确定。

四级、五级旅馆建筑 2 层宜设乘客电梯，3 层及 3 层以上应设乘客电梯。一级、二级、三级旅馆建筑 3 层宜设乘客电梯，4 层及 4 层以上应设乘客电梯。主要乘客电梯位置应有明确的导向标识，并应能便捷抵达。客房部分宜至少设置两部乘客电梯，四级及以上旅馆建筑公共部分宜设置自动扶梯或专用乘客电梯。

近年来，一些高档旅馆在外墙或中庭设置了观景电梯，乘客可以通过玻璃观看外面景物，升降的轿厢也起到景观作用，但这种电梯不能作为疏散安全梯使用。

（2）走道

客房部分走道应符合下列规定：单面布房的公共走道净宽不得小于 1.3m，双面布房的公共走道净宽不得小于 1.4m；客房内走道净宽不得小于 1.1m；无障碍客房走道净宽不得小于 1.5m；对于公寓式旅馆建筑，公共走道、套内入户走道净宽不宜小于 1.2m；通往卧室、起居室（厅）的走道净宽不应小于 1.0m；通往厨房、卫生间、贮藏室的走道净宽不应小于 0.9m。

11.2.5 旅馆餐厅、厨房部分设计

（1）餐厅

餐厅按饮食特点分，有中餐厅、西餐厅、风味餐厅等；按服务方式和环境特色分，有宴会厅、包房餐室、快餐厅、自助餐厅、花园餐厅、旋转餐厅等。另外，以酒水为主的还有咖啡厅、鸡尾酒厅、酒吧、茶室等。餐厅规模应视旅馆规模、服务对象和经济效益而定。

餐桌有方桌、长桌、圆桌等，它们的基本尺寸和面积指标见图 11-8、表 11-3。餐桌边到餐桌边的净距离，仅就餐者通行时应 ≥1.35m，有服务员通行时应 ≥1.8m，有小车通行时应 ≥2.1m。餐桌边到内墙边的净距离，仅就餐者通行时应 ≥0.9m，有服务员通行时应 ≥1.35m。

餐厅的位置要考虑使用方便，但不要对客房产生干扰。当餐厅同时也对外营业时，面积可加大，应有单独的出入口，并设衣帽间、卫生间。

餐厅内应有舒适的环境，地面应便于做清洁，不宜太光滑。

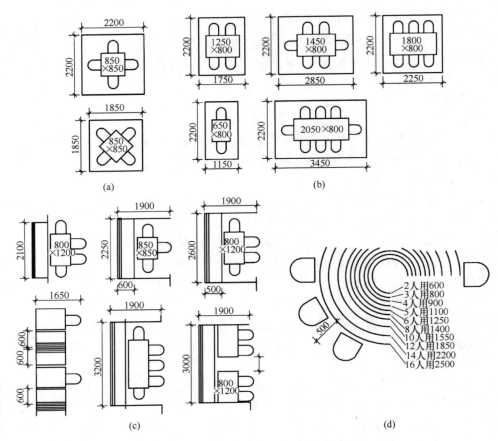

图 11-8　餐桌、椅平面基本尺寸
（a）4 人方桌的两种布置；（b）长餐桌；（c）车厢式餐座；（d）圆桌尺寸及其使用人数

表 11-3　不同餐座构成的单位餐桌面积指标

餐座构成	正方形桌			长方形桌		圆形桌
	平行 2 座	平行 4 座	对角 4 座	对面 4 座	对面 6 座	对面 4 座
座位形式						
m²/人	1.7～2.0	1.3～1.7	1.0～1.2	1.3～1.5	1.0～1.5	0.9～1.4

餐座构成	车厢座	长方形桌		
	对面 4 座	对面 4 座	对面 6 座	对面 8 座
座位形式				
m²/人	0.7～1.0	1.3～1.5 (1.4～1.6)	1.0～1.2 (1.1～1.3)	0.9～1.1 (1.0～1.2)

注：括弧内为用服务餐车时所需指标。

（2）厨房

厨房的面积和平面布置应根据旅馆建筑等级、餐厅类型、使用服务要求设置，并应与餐厅的面积相匹配；三级至五级旅馆建筑的厨房应按其工艺流程如加工、制作、备餐、洗碗、冷荤及二次更衣区域、厨工服务用房、主副食库等进行划分，并宜设食品化验室；一级和二级旅馆建筑的厨房可简化或仅设备餐间。

厨房面积大小受很多因素影响。我国餐厨面积比一般为 1：1～1：1.1，等级较低的旅馆厨房面积可小一些，表11-4 中的面积指标可作参考。

表 11-4　旅馆厨房面积计算参考指标　　　　　　　　　　　　　　（m²/人）

规　　　模		等级标准	
200 人以内	1000 人以内	一般食堂	高级酒店
0.5～0.7	0.4～0.5	1～1.2	1.4～1.9

厨房的位置应与餐厅联系方便，并应避免厨房的噪声、油烟、气味及食品储运对餐厅及其他公共部分和客房部分造成干扰；设有多个餐厅时，宜集中设置主厨房，并宜与相应的服务电梯、食梯或通道联系。厨房的空间组成基本上可分为物品出入区、物品储存区、食品加工区、烹饪区、备餐区、洗涤区等六部分。对于大型厨房，还应将中餐、西餐、清真餐等的加工分开。

厨房的工艺流程如图 11-9、图 11-10 所示。

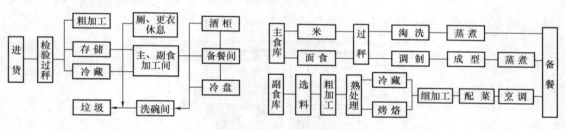

图 11-9　厨房总工艺流程　　　　　　图 11-10　主、副食品加工工艺流程

厨房的位置应靠外墙，便于货物进出与通风排气。厨房与餐厅最好布置在同一层，如必须分层设置，宜设食品电梯 ［图 11-11（a）］。对外营业的餐厅以及以煤为燃料的厨房宜设在底层的裙房内 ［图 11-11（b）］。当主楼顶部设有旋转餐厅时，厨房可设在顶层，或将细加工部分的厨房设在顶层 ［图 11-11（c）］。此时，厨房宜以蒸汽、电和管道煤气为热源，并设专用货梯。当主楼层数较多时，也可在主楼中部设置小型餐厅和小厨房，如图 ［11-11（d）］所示。

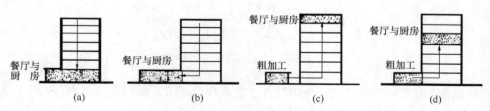

图 11-11　厨房、餐厅在旅馆中的位置
（a）分层设置；（b）同设在底层裙房；（c）同设在顶层；（d）同设在主楼中部

149

厨房的平面组合主要有以下三种方式：

① 统间式。将加工区、烹饪区和洗涤区布置在一个大空间内，适用于每餐供应200～300份饭菜的小型厨房，如图11-12所示。

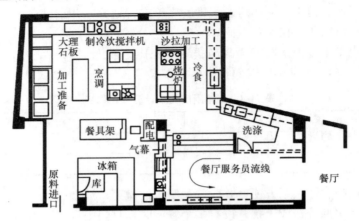

图11-12 统间式厨房

② 分间式。将加工、烹饪、点心制作、洗涤等分别按工艺流程布置在专用房间内，卫生条件好，相互干扰小，适用于有空调、规模较大的厨房。

③大、小间结合式。将加工、烹饪布置在大间，点心、冷盘、洗涤布置在小间，卫生条件好，联系也方便，是一般旅馆厨房常用的组合方式，如图11-13所示。

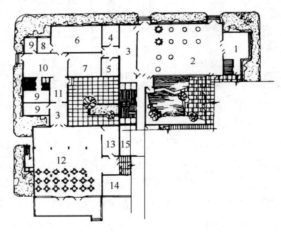

图11-13 大、小间结合式厨房

1—贵宾休息室；2—宴会厅；3—备餐间；4—冷盘间；
5—西点间；6—中厨间；7—西厨间；8—蒸煮间；
9—库房；10—粗加工；11—洗碗间；12—餐厅；
13—小餐厅；14—理发室；15—配电室

厨房无论采用哪种组合方式，都应符合工艺流程的要求，缩短运输和操作路线，避免混杂，满足食品卫生的要求。厨房要组织好通风，尽量减少油烟和气味窜入餐厅和其他房间。地面和墙裙要便于冲洗。地面排水坡坡度为0.5%～2%，不宜太光滑。除冷盘间不宜采用明沟外，其余室内排水沟宜用有漏水孔盖板的明沟。

　　厨房的附属用房除仓库外，还有办公室、更衣室、卫生间等。

11.3　设计实例

　　某普通旅馆设计实例图详见附本 38～50 页图 11-14 至图 11-28，或扫码二维码也可参看。

第 12 章　教学楼设计

学校是培养人才的摇篮，学校教学楼的建筑设计，除了在定额、指标、规范和标准方面要遵守国家有关规定外，还要符合城市的总体规划，优化教学楼的平面与空间组合形式，兼顾材料、结构、构造、施工技术和设备选用等，恰当地处理好功能、技术与艺术三者的关系；同时要考虑青少年活泼好动、好奇和缺乏经验等特点，充分注意安全。

教学楼建筑设计尚应符合现行《民用建筑设计统一标准》GB 50352—2019 及国家现行的有关标准、规范。大学教学楼可根据不同的使用功能进行设计。

12.1　概述

教学楼一般包括大学教学楼和中小学教学楼，建筑设计时应满足其功能要求。大学教学楼教室面积相对比较灵活，中小学教学楼应满足《中小学校设计规范》GB 50099—2011 的要求。

12.2　设计要点

12.2.1　一般规定

（1）中小学校的教学及教学辅助用房应包括普通教室、专用教室、公共教学用房及其各自的辅助用房。

（2）中小学校专用教室应包括下列用房：

① 小学的专用教室应包括科学教室、计算机教室、语言教室、美术教室、书法教室、音乐教室、舞蹈教室、体育建筑设施及劳动教室等，宜设置史地教室。

② 中学的专用教室应包括实验室、史地教室、计算机教室、语言教室、美术教室、书法教室、音乐教室、舞蹈教室、体育建筑设施及技术教室等。

（3）中小学校的公共教学用房应包括合班教室、图书室、学生活动室、体质测试室、心理咨询室、德育展览室等及任课教师办公室。

（4）中小学校的普通教室与专用教室、公共教学用房间应联系方便。教师休息室宜与普通教室同层设置。各专用教室宜与其教学辅助用房成组布置。教研组教师办公室宜设在其专用教室附近或与其专用教室成组布置。

（5）中小学校的教学用房及教学辅助用房宜多学科共用。

（6）各教室前端侧窗窗端墙的长度不应小于 1.00m，窗间墙宽度不应大于 1.20m。

（7）教学用房的窗应符合下列规定：

① 教学用房中，窗的采光应符合现行国家标准《建筑采光设计标准》GB/T 50033—2013 的有关规定。

② 教学用房及教学辅助用房的窗玻璃应满足教学要求，不得采用彩色玻璃。

③ 教学用房及教学辅助用房中，外窗的可开启窗扇面积应符合《中小学校设计规范》GB 50099—2011 通风换气的规定。

④ 教学用房及教学辅助用房的外窗在采光、保温、隔热、散热和遮阳等方面的要求应符合国家现行有关建筑节能标准的规定。

（8）炎热地区的教学用房及教学辅助用房中，可在内外墙设置可开闭的通风窗。通风窗下沿宜设在距室内楼地面以上 0.10～0.15m 高度处。

（9）教学用房的门应符合下列规定：

① 除音乐教室外，各类教室的门均宜设置上亮窗。

② 除心理咨询室外，教学用房的门扇均宜附设观察窗。

（10）教学用房的地面应有防潮处理。在严寒地区、寒冷地区及夏热冬冷地区，教学用房的地面应设保温措施。

（11）教学用房的楼层间及隔墙应进行隔声处理；走道的顶棚宜进行吸声处理。隔声、吸声的要求应符合现行国家标准《民用建筑隔声设计规范》GB 50118—2010 的有关规定。

（12）教学用房及学生公共活动区的墙面宜设置墙裙，墙裙高度应符合下列规定：

① 各类小学的墙裙高度不宜低于 1.20m。

② 各类中学的墙裙高度不宜低于 1.40m。

③ 舞蹈教室、风雨操场墙裙高度不应低于 2.10m。

（13）教学用房内设置黑板或书写白板及讲台时，其材质及构造应符合下列规定：

① 黑板的宽度应符合下列规定：

a. 小学不宜小于 3.60m。

b. 中学不宜小于 4.00m。

② 黑板的高度不应小于 1.00m。

③ 黑板下边缘与讲台面的垂直距离应符合下列规定：

a. 小学宜为 0.80～0.90m。

b. 中学宜为 1.00～1.10m。

④ 黑板表面应采用耐磨且光泽度低的材料。

⑤ 讲台长度应大于黑板长度，宽度不应小于 0.80m，高度宜为 0.20m。其两端边缘与黑板两端边缘的水平距离分别不应小于 0.40m。

12.2.2 普通教室

普通教室应满足下列规定：

（1）普通教室内单人课桌的平面尺寸应为 0.60m×0.40m。

（2）普通教室内的课桌椅布置应符合下列规定：

① 中小学校普通教室课桌椅的排距不宜小于 0.90m，独立的非完全小学可为 0.85m。

② 最前排课桌的前沿与前方黑板的水平距离不宜小于 2.20m。

③ 最后排课桌的后沿与前方黑板的水平距离应符合下列规定：

a. 小学不宜大于 8.00m。

b. 中学不宜大于 9.00m。

④ 教室最后排座椅之后应设横向疏散走道；自最后排课桌后沿至后墙面或固定家具的净距不应小于 1.10m。

⑤ 中小学校普通教室内纵向走道宽度不应小于 0.60m，独立的非完全小学可为 0.55m。

⑥ 沿墙布置的课桌端部与墙面或壁柱、管道等墙面突出物的净距不宜小于 0.15m。

⑦ 前排边座椅与黑板远端的水平视角不应小于 30°。

（3）普通教室内应为每个学生设置一个专用的小型储物柜。

12.2.3　专用教室

1. 科学教室、实验室

（1）科学教室和实验室均应附设仪器室、实验员室和准备室。

（2）科学教室和实验室的桌椅类型和排列布置应根据实验内容及教学模式确定，并应符合下列规定：

① 实验桌平面尺寸应符合表 12-1 的规定。

表 12-1　实验桌平面尺寸　　　　　　　　　　　　　　　　（m）

类　别	长　度	宽　度
双人单侧实验桌	1.20	0.60
四人双侧实验桌	1.50	0.90
捣式实验桌	1.80	1.25
气垫导轨实验桌	1.50	0.60
教师演示桌	2.40	0.70

② 实验桌的布置应符合下列规定：

a. 双人单侧操作时，两实验桌长边之间的净距不应小于 0.60m；四人双侧操作时，两实验桌长边之间的净距不应小于 1.30m；超过四人双侧操作时，两实验桌长边之间的净距不应小于 1.50m。

b. 最前排实验桌的前沿与前方黑板的水平距离不宜小于 2.50m。

c. 最后排实验桌的后沿与前方黑板之间的水平距离不宜大于 11.00m。

d. 最后排座椅之后应设横向疏散走道；自最后排实验桌后沿至后墙面或固定家具的净距不应小于 1.20m。

e. 双人单侧操作时，中间纵向走道的宽度不应小于 0.70m；四人或多于四人双向操作时，中间纵向走道的宽度不应小于 0.90m。

f. 沿墙布置的实验桌端部与墙面或壁柱、管道等墙面突出物间宜留出疏散走道，净宽不宜小于 0.60m；另一侧有纵向走道的实验桌端部与墙面或壁柱、管道等墙面突出物间可不留走道，但净距不宜小于 0.15m。

g. 前排边座座椅与黑板远端的最小水平视角不应小于 30°。

（3）科学教室

① 科学教室宜在附近附设植物培养室，在校园下风方向附设种植园及小动物饲养园。

② 冬季获得直射阳光的科学教室应在阳光直射的位置设置摆放盆栽植物的设施。

③ 科学教室内实验桌椅的布置可采用双人单侧实验桌平行于黑板布置，或采用多人双

侧实验桌成组布置。

④ 科学教室内应设置密闭地漏。

（4）化学实验室

① 化学实验室宜设在建筑物首层。化学实验室应附设药品室。化学实验室、化学药品室的朝向不宜朝西或西南。

② 每一化学实验桌的端部应设洗涤池；岛式实验桌可在桌面中间设通长洗涤槽。每一间化学实验室内应至少设置一个急救冲洗水嘴，急救冲洗水嘴的工作压力不得大于0.01MPa。

③ 化学实验室的外墙至少应设置2个机械排风扇，排风扇下沿应在距楼地面以上0.10～0.15m高度处。在排风扇室内一侧应设置保护罩，采暖地区应具有保温功能。在排风扇室外一侧应设置挡风罩。实验桌应有通风排气装置，排风口宜设在桌面以上。药品室的药品柜内应设通风装置。

④ 化学实验室、药品室、准备室宜采用易冲洗、耐酸碱、耐腐蚀的楼地面做法，并装设密闭地漏。

（5）物理实验室

① 当学校配置2个及以上物理实验室时，其中1个应为力学实验室。光学、热学、声学、电学等实验可共用同一实验室，并应配置各实验所需的设备和设施。

② 力学实验室需设置气垫导轨实验桌，在实验桌一端应设置气泵电源插座；另一端与相邻桌椅、墙壁或橱柜的间距不应小于0.90m。

③ 光学实验室的门窗宜设遮光措施。内墙面宜采用深色，实验桌上宜设置局部照明，特色教学需要时可附设暗室。

④ 热学实验室应在每一实验桌旁设置给水排水装置，并设置热源。

⑤ 电学实验室应在每一个实验桌上设置一组包括不同电压的电源插座，插座上每一电源宜设分开关，电源的总控制开关应设在教师演示桌处。

⑥ 物理实验员室宜具有设置钳台等小型机修装备的条件。

（6）生物实验室

① 生物实验室应附设药品室、标本陈列室、标本储藏室，宜附设模型室，并宜在附近附设植物培养室，在校园下风方向附设种植园及小动物饲养园。标本陈列室与标本储藏室宜合并设置，实验员室、仪器室、模型室可合并设置。

② 当学校有2个生物实验室时，生物显微镜观察实验室和解剖实验室宜分别设置。

③ 冬季获得直射阳光的生物实验室应在阳光直射的位置设置摆放盆栽植物的设施。

④ 生物显微镜观察实验室内的实验桌旁宜设置显微镜储藏柜。实验桌上宜设置局部照明设施。

⑤ 生物解剖实验室的给水排水设施可集中设置，也可在每个实验桌旁分别设置。

⑥ 生物标本陈列室和标本储藏室应采取通风、降温、隔热、防潮、防虫、防鼠等措施，其采光窗应避免直射阳光。

⑦ 植物培养室宜独立设置，也可以建在平屋顶上或其他能充分得到日照的地方。种植园的肥料及小动物饲养园的粪便均不得污染水源和周边环境。

（7）综合实验室

① 当中学设有跨学科的综合研习课时，宜配置综合实验室。综合实验室应附设仪器室、准备室；当化学、物理、生物实验室均在邻近布置时，综合实验室可不设仪器室、准备室。

② 综合实验室内宜沿侧墙及后墙设置固定实验桌，其上装设给水排水、通风、热源、电源插座及网络接口等设施。实验室中部宜设 $100m^2$ 开敞空间。

（8）演示实验室

① 演示实验室宜按容纳 1 个班或 2 个班设置。

② 演示实验室课桌椅的布置应符合下列规定：

a. 宜设置有书写功能的座椅，每个座椅的最小宽度宜为 0.55m。

b. 演示实验室中，桌椅排距不应小于 0.90m。

c. 演示实验室的纵向走道宽度不应小于 0.70m。

d. 边演示边实验的阶梯式实验室中，阶梯的宽度不宜小于 1.35m。

e. 边演示边实验的阶梯式实验室的纵向走道应有便于仪器药品车通行的坡道，宽度不应小于 0.70m。

③ 演示实验室宜设计为阶梯教室，设计视点应定位于教师演示实验台桌面的中心，每排座位宜错位布置，隔排视线升高值宜为 0.12m。

④ 演示实验室内最后排座位之后，应设横向疏散走道，疏散走道宽度不应小于 0.60m，净高不应小于 2.20m。

2. 史地教室

（1）史地教室应附设历史教学资料储藏室、地理教学资料储藏室和陈列室或陈列廊。

（2）史地教室的课桌椅布置方式宜与普通教室相同，并宜在课桌旁附设存放小地球仪等教具的小柜。教室内可设标本展示柜。在地质灾害多发地区附近的学校，史地教室标本展示柜应与墙体或楼板有可靠的固定措施。

（3）史地教室设置简易天象仪时，宜设置课桌局部照明设施。

（4）史地教室内应配置挂镜线。

3. 计算机教室

（1）计算机教室应附设一间辅助用房供管理员工作及存放资料。

（2）计算机教室的课桌椅布置应符合下列规定：

① 单人计算机桌平面尺寸不应小于 0.75m×0.65m，前后桌间距离不应小于 0.70m。

② 学生计算机桌椅可平行于黑板排列，也可顺侧墙及后墙向黑板成半围合式排列。

③ 课桌椅排距不应小于 1.35m。

④ 纵向走道净宽不应小于 0.70m。

⑤ 沿墙布置计算机时，桌端部与墙面或壁柱、管道等墙面突出物间的净距不宜小于 0.15m。

（3）计算机教室应设置书写白板。

（4）计算机教室宜设通信外网接口，并宜配置空调设施。

（5）计算机教室的室内装修应采取防潮、防静电措施，并宜采用防静电架空地板，不得采用无导出静电功能的木地板或塑料地板。当采用地板采暖系统时，楼地面需采用与之相适应的材料及构造做法。

4．语言教室

（1）语言教室应附设视听教学资料储藏室。

（2）中小学校设置进行情景对话表演训练的语言教室时，可采用普通教室的课桌椅，也可采用有书写功能的座椅，并应设置不小于 20m² 的表演区。

（3）语言教室宜采用架空地板。不架空时，应铺设可敷设电缆槽的地面垫层。

5．美术教室、书法教室

（1）美术教室

① 美术教室应附设教具储藏室，宜设美术作品及学生作品陈列室或展览廊。

② 中学美术教室空间宜满足一个班的学生用画架写生的要求。学生写生时的座椅为画凳时，所占面积宜为 2.15m²/人；用画架时所占面积宜为 2.50m²/人。

③ 美术教室应有良好的北向天然采光。当采用人工照明时，应避免眩光。

④ 美术教室应设置书写白板，宜设存放石膏像等教具的储藏柜。在地质灾害多发地区附近的学校，教具储藏柜应与墙体或楼板有可靠的固定措施。

⑤ 美术教室内应配置挂镜线，挂镜线宜设高低两组。

⑥ 美术教室的墙面及顶棚应为白色。

⑦ 当设置现代艺术课教室时，其墙面及顶棚应采取吸声措施。

（2）书法教室

① 小学书法教室可兼作美术教室。

② 书法教室可附设书画储藏室。

③ 书法条案的布置应符合下列规定：

a．条案的平面尺寸宜为 1.50m×0.60m，可供 2 名学生合用。

b．条案宜平行于黑板布置，条案排距不应小于 1.20m。

c．纵向走道宽度不应小于 0.70m。

④ 书法教室内应配置挂镜线，挂镜线宜设高低两组。

6．音乐教室

（1）音乐教室应附设乐器存放室。

（2）各类小学的音乐教室中，应有 1 间能容纳 1 个班的唱游课，每个学生边唱边舞所占面积不应小于 2.40m²。

（3）音乐教室讲台上应布置教师用琴的位置。

（4）中小学校应有 1 间音乐教室能满足合唱课教学的要求，宜在紧接后墙处设置 2～3 排阶梯式合唱台，每级高度宜为 0.20m，宽度宜为 0.60m。

（5）音乐教室应设置五线谱黑板。

（6）音乐教室的门窗应隔声，墙面及顶棚应采取吸声措施。

7．舞蹈教室

（1）舞蹈教室宜满足舞蹈艺术课、体操课、技巧课、武术课的教学要求，并可开展形体训练活动。每个学生的使用面积不宜小于 6m²。

（2）舞蹈教室应附设更衣室，宜附设卫生间、浴室和器材储藏室。

（3）舞蹈教室应按男女学生分班上课的需要设置。

（4）舞蹈教室内应在与采光窗相垂直的一面墙上设通长镜面，镜面含镜座总高度不宜小于 2.10m，镜座高度不宜大于 0.30m。镜面两侧的墙上及后墙上应装设可升降的把杆，镜面上宜装设固定把杆。把杆升高时的高度应为 0.90m，把杆与墙间的净距不应小于 0.40m。

（5）舞蹈教室宜设置带防护网的吸顶灯。采暖等各种设施应暗装。

（6）舞蹈教室宜采用木地板。

（7）当学校有地方或民族舞蹈课时，舞蹈教室设计宜满足其特殊需要。

8. 劳动教室、技术教室

（1）小学的劳动教室和中学的技术教室应根据国家或地方教育行政主管部门规定的教学内容进行设计，并应设置教学内容所需的辅助用房、工位装备及水、电、气、热等设施。

（2）中小学校内有油烟或气味发散的劳动教室、技术教室应设置有效的排气设施。

（3）中小学校内有振动或发出噪声的劳动教室、技术教室应采取减振减噪、隔振隔噪声措施。

（4）部分劳动课程、技术课程可以利用普通教室或其他专用教室。高中信息技术课可以在计算机教室进行，但其附属用房宜加大，以配置扫描仪、打印机等相应的设备。

12.2.4　公共教学用房

1. 合班教室

（1）各类小学宜配置能容纳 2 个班的合班教室。当合班教室兼用于唱游课时，室内不应设置固定课桌椅，并应附设课桌椅存放空间。兼作唱游课教室的合班教室应对室内空间进行声学处理。

（2）各类中学宜配置能容纳一个年级或半个年级的合班教室。

（3）容纳 3 个班及以上的合班教室应设计为阶梯教室。

（4）阶梯教室梯级高度依据视线升高值确定。阶梯教室的设计视点应定位于黑板底边缘的中点处。前后排座位错位布置时，视线的隔排升高值宜为 0.12m。

（5）合班教室宜附设 1 间辅助用房，储存常用教学器材。

（6）合班教室课桌椅的布置应符合下列规定：

① 每个座位的宽度不应小于 0.55m，小学座位排距不应小于 0.85m，中学座位排距不应小于 0.90m。

② 教室最前排座椅前沿与前方黑板间的水平距离不应小于 2.50m，最后排座椅的前沿与前方黑板间的水平距离不应大于 18.00m。

③ 纵向、横向走道宽度均不应小于 0.90m。当座位区内有贯通的纵向走道时，若设置靠墙纵向走道，靠墙走道宽度可小于 0.90m，但不应小于 0.60m。

④ 最后排座位之后应设宽度不小于 0.60m 的横向疏散走道。

⑤ 前排边座座椅与黑板远端间的水平视角不应小于 30°。

（7）当合班教室内设置视听教学器材时，宜在前墙安装推拉黑板和投影屏幕（或数字化智能屏幕），并应符合下列规定：

① 当小学教室长度超过 9.00m，中学教室长度超过 10.00m 时，宜在顶棚上或墙、柱上加设显示屏；学生的视线在水平方向上偏离屏幕中轴线的角度不应大于 45°，垂直方向上的仰角不应大于 30°。

② 当教室内自前向后每 6.00～8.00m 设 1 个显示屏时，最后排座位与黑板间的距离不

应大于 24.00m；学生座椅前缘与显示屏的水平距离不应小于显示屏对角线尺寸的 4～5 倍，并不应大于显示屏对角线尺寸的 10～11 倍。

③ 显示屏宜加设遮光板。

（8）教室内设置视听器材时，宜设置转暗设备，并宜设置座位局部照明设施。

（9）合班教室墙面及顶棚应采取吸声措施。

2. 图书室

（1）中小学校图书室应包括学生阅览室、教师阅览室、图书杂志及报刊阅览室、视听阅览室、检录及借书空间、书库、登录、编目及整修工作室，并可附设会议室和交流空间。

（2）图书室应位于学生出入方便、环境安静的区域。

（3）图书室的设置应符合下列规定：

① 教师与学生的阅览室宜分开设置，使用面积应符合相关规定。

② 中小学校的报刊阅览室可以独立设置，也可以在图书室内的公共交流空间设报刊架，开架阅览。

③ 视听阅览室的设置应符合下列规定：

a. 使用面积应符合相关规定。

b. 视听阅览室宜附设资料储藏室，使用面积不宜小于 12.00m²。

c. 当视听阅览室兼作计算机教室、语言教室使用时，阅览桌椅的排列应符合计算机教室、语言教室的规定。

d. 视听阅览室宜采用防静电架空地板，不得采用无导出静电功能的木地板或塑料地板；当采用地板采暖系统时，楼地面需采用与之相适应的构造做法。

④ 书库使用面积宜按以下规定计算后确定：

a. 开架藏书量约为 400～500 册/m²。

b. 闭架藏书量约为 500～600 册/m²。

c. 密集书架藏书量约为 800～1200 册/m²。

⑤ 书库应采取防火、降温、隔热、通风、防潮、防虫及防鼠的措施。

⑥ 借书空间除设置师生个人借阅空间外，还应设置检录及班级集体借书的空间。借书空间的使用面积不宜小于 10.00m²。

3. 学生活动室

（1）学生活动室供学生兴趣小组使用。各小组宜在相关的专用教室中开展活动，各活动室仅作为服务、管理工作和储藏用。

（2）学生活动室的数量宜依据学校的规模、办学特色和建设条件设置，面积应依据活动项目的特点确定。

（3）学生活动室的水、电、气、冷、热源等设备设施应根据活动内容的需要设置。

4. 体质测试室

（1）体质测试室宜设在风雨操场或医务室附近，并宜设为相连通的 2 间。体质测试室宜附设可容纳一个班的等候空间。

（2）体质测试室应有良好的天然采光和自然通风。

5. 心理咨询室

（1）心理咨询室宜分设为相连通的 2 间，其中有一间宜能容纳沙盘测试。其平面尺寸不宜小于 4.00m×3.40m。心理咨询室可附设能容纳 1 个班的心理活动室。

（2）心理咨询室宜安静、明亮。

6. 德育展览室

（1）德育展览室的位置宜设在校门附近或主要教学楼入口处，也可设在会议室、合班教室附近，或在学生经常经过的走道处附设展览廊。

（2）德育展览室可与其他展览空间合并或连通。

（3）德育展览室的面积不宜小于 60.00m²。

7. 任课教师办公室

（1）任课教师办公室应包括年级组教师办公室和各课程教研组办公室。

（2）年级组教师办公室宜设置在该年级普通教室附近。课程有专用教室时，该课程教研组办公室宜与专用教室成组设置，其他课程教研组可集中设置于行政办公室或图书室附近。

（3）任课教师办公室内宜设洗手盆。

12.2.5　行政办公用房和生活服务用房

1. 行政办公用房

（1）行政办公用房应包括校务、教务等行政办公室、档案室、会议室、学生组织及学生社团办公室、文印室、广播室、值班室、安防监控室、网络控制室、卫生室（保健室）、传达室、总务仓库及维修工作间等。

（2）主要行政办公用房的位置应符合下列规定：

① 校务办公室宜设置在与全校师生易于联系的位置，并宜靠近校门。

② 教务办公室宜设置在任课教师办公室附近。

③ 总务办公室宜设置在学校的次要出入口或食堂、维修工作间附近。

④ 会议室宜设在便于教师、学生、来客使用的适中位置。

⑤ 广播室的窗应面向全校学生做课间操的操场。

⑥ 值班室宜设置在靠近校门、主要建筑物出入口或行政办公室附近。

⑦ 总务仓库及维修工作间宜设在校园的次要出入口附近，其运输及噪声不得影响教学环境的质量和安全。

（3）中小学校设计应依据使用和管理的需要设安防监控中心。安防工程的设置应符合现行国家标准《安全防范工程技术标准》GB 50348—2018 的有关规定。

（4）网络控制室宜设空调。

（5）网络控制室内宜采用防静电架空地板，不得采用无导出静电功能的木地板或塑料地板。当采用地板采暖时，楼地面需采用相适应的构造。

（6）卫生室（保健室）的设置应符合下列规定：

① 卫生室（保健室）应设在首层，宜邻近体育场地，并方便急救车辆就近停靠。

② 小学卫生室可只设 1 间，中学宜分设相连通的 2 间，分别为接诊室和检查室，并可设观察室。

③ 卫生室的面积和形状应能容纳常用诊疗设备，并能满足视力检查的要求；每间房间的面积不宜小于 15.00m²。

④ 卫生室宜附设候诊空间，候诊空间的面积不宜小于 20.00m²。

⑤ 卫生室（保健室）内应设洗手盆、洗涤池和电源插座。

⑥ 卫生室（保健室）宜朝南。

2. 生活服务用房

（1）中小学校生活服务用房应包括饮水处、卫生间、配餐室、发餐室、设备用房，宜包括食堂、淋浴室、停车库（棚）。寄宿制学校应包括学生宿舍、食堂和浴室。

（2）中小学校的饮用水管线与室外公厕、垃圾站等污染源间的距离应大于 25.00m。

（3）教学用建筑内应在每层设饮水处，每处应按每 40～45 人设置一个饮水水嘴计算水嘴的数量。

（4）教学用建筑每层的饮水处前应设置等候空间，等候空间不得挤占走道等疏散空间。

（5）教学用建筑每层均应分设男、女学生卫生间及男、女教师卫生间；学校食堂宜设工作人员专用卫生间。当教学用建筑中每层学生少于 3 个班时，男、女生卫生间可隔层设置。

（6）卫生间位置应方便使用且不影响其周边教学环境卫生。

（7）在中小学校内，当体育场地中心与最近的卫生间的距离超过 90.00m 时，可设室外厕所。所建室外厕所的服务人数可依学生总人数的 15% 计算。室外厕所宜预留扩建的条件。

（8）学生卫生间卫生洁具的数量应按下列规定计算：

① 男生应至少每 40 人设 1 个大便器或 1.20m 长大便槽；每 20 人设 1 个小便斗或 0.60m 长小便槽；女生应至少每 13 人设 1 个大便器或 1.20m 长大便槽。

② 每 40～45 人设 1 个洗手盆或 0.60m 长盥洗槽。

③ 卫生间内或卫生间附近应设污水池。

（9）中小学校的卫生间内，厕位蹲位距后墙不应小于 0.30m。

（10）各类小学大便槽的蹲位宽度不应大于 0.18m。

（11）厕位间宜设隔板，隔板高度不应低于 1.20m。

（12）中小学校的卫生间应设前室。男、女生卫生间不得共用一个前室。

（13）学生卫生间应具有天然采光、自然通风的条件，并应安置排气管道。

（14）中小学校的卫生间外窗距室内楼地面 1.70m 以下部分应设视线遮挡措施。

（15）中小学校应采用水冲式卫生间。当设置旱厕时，应按学校专用无害化卫生厕所设计。

12.2.6　主要教学用房及教学辅助用房面积指标和净高

1. 面积指标

（1）主要教学用房的使用面积指标应符合表 12-2 的规定。

表 12-2　主要教学用房的使用面积指标　　　　（m²/每座）

房间名称	小学	中学	备注
普通教室	1.36	1.39	—
科学教室	1.78	—	—
实验室	—	1.92	—
综合实验室	—	2.88	—
演示实验室	—	1.44	若容纳 2 个班，则指标为 1.20

房间名称	小学	中学	备注
史地教室	—	1.92	—
计算机教室	2.00	1.92	—
语言教室	2.00	1.92	—
美术教室	2.00	1.92	—
书法教室	2.00	1.92	—
音乐教室	1.70	1.64	—
舞蹈教室	2.14	3.15	宜和体操教室公用
合班教室	0.89	0.90	—
学生阅览室	1.80	1.90	—
教师阅览室	2.30	2.30	—
视听阅览室	1.80	2.00	—
报刊阅览室	1.80	2.30	可不集中设置

注：1. 表中指标是按完全小学每班 45 人，各类中学每班 50 人排布测定的每个学生所需使用面积；班级人数定额不同时需进行调整，但学生的全部座位均必须在"黑板可视线"范围以内。

2. 体育建筑设施、劳动教室、技术教室、心理咨询室未列入此表，另行规定。

3. 任课教师办公室未列入此表，应按每位教师使用面积不小于 $5.0m^2$ 计算。

（2）体育建筑设施的使用面积应按选定的体育项目确定。

（3）劳动教室和技术教室的使用面积应按课程内容的工艺要求、工位要求、安全条件等因素确定。

（4）心理咨询室的使用面积要求应符合相关的规定。

（5）主要教学辅助用房的使用面积不宜低于表 12-3 的规定。

表 12-3 主要教学辅助用房的使用面积指标 （m^2/每间）

房间名称	小学	中学	备注
普通教室教师休息室	(3.50)	(3.50)	指标为每位教师的使用面积
实验员室	12.0	12.0	
仪器室	18.0	24.0	
药品室	18.0	24.0	—
准备室	18.0	24.0	
标本陈列室	42.0	42.0	可陈列在能封闭管理的走道内
历史资料室	12.0	12.0	
地理资料室	12.0	12.0	
计算机教室资料室	24.0	24.0	—
语言教室资料室	24.0	24.0	
美术教室教具室	24.0	24.0	可将部分教具置于美术教室内
乐器室	24.0	24.0	—
舞蹈教室更衣室	12.0	12.0	

注：除注明者外，指标为每室最小面积，当部分功能移入走道或教室时，指标作相应调整。

2. 净高

（1）中小学校主要教学用房的最小净高应符合表 12-4 的规定。

表 12-4 主要教学用房的最小净高 （m）

教室	小学	初中	高中
普通教室、史地、美术、音乐教室	3.00	3.05	3.10
舞蹈教室	4.50		
科学教室、实验室、计算机教室、劳动教室、技术教室、合班教室	3.10		
阶梯教室	最后一排（楼地面最高处）距顶棚或上方突出物最小距离为 2.20m		

（2）风雨操场的净高应取决于场地的运动内容。各类体育场地最小净高应符合表 12-5 的规定。

表 12-5 各类体育场地的最小净高 （m）

体育场地	田径	篮球	排球	羽毛球	乒乓球	体操
最小净高	9	7	7	9	4	6

注：田径场地可减少部分项目降低净高。

12.2.7 安全、通行与疏散

1. 建筑环境安全

（1）中小学校应装设周界视频监控、报警系统。有条件的学校应接入当地的公安机关监控平台。中小学校安防设施的设置应符合现行国家标准《安全防范工程技术规范》GB 50348—2004 的有关规定。

（2）中小学校建筑设计应符合现行国家标准《建筑抗震设计规范》GB 50011—2010（2016 年版）、《建筑设计防火规范》GB 50016—2014（2018 年版）的有关规定。

（3）学校设计所采用的装修材料、产品、部品应符合现行国家标准《建筑内部装修设计防火规范》GB 50222—2017、《民用建筑工程室内环境污染控制标准》GB 50325—2020 的有关规定及国家有关材料、产品、部品的标准规定。

（4）体育场地采用的地面材料应满足环境卫生健康的要求。

（5）临空窗台的高度不应低于 0.90m。

（6）上人屋面、外廊、楼梯、平台、阳台等临空部位必须设防护栏杆，防护栏杆必须牢固、安全，高度不应低于 1.10m。防护栏杆最薄弱处承受的水平推力应不小于 1.5kN/m。

（7）下列用房的楼地面应采用防滑构造做法，室内应装设密闭地漏：

① 疏散通道。

② 教学用房的走道。

③ 科学教室、化学实验室、热学实验室、生物实验室、美术教室、书法教室、游泳池（馆）等有给水设施的教学用房及教学辅助用房。

④ 卫生室（保健室）、饮水处、卫生间、盥洗室、浴室等有给水设施的房间。

（8）教学用房的门窗设置应符合下列规定：

① 疏散通道上的门不得使用弹簧门、旋转门、推拉门、大玻璃门等不利于疏散通畅、安全的门。

② 各教学用房的门均应向疏散方向开启，开启的门扇不得挤占走道的疏散通道。

③ 靠外廊及单内廊一侧教室内隔墙的窗开启后，不得挤占走道的疏散通道，不得影响安全疏散。

④ 二层及二层以上临空外窗的开启扇不得外开。

（9）在抗震设防烈度为 6 度或 6 度以上地区建设的实验室不宜采用管道燃气作为实验用热源。

2. 疏散通行宽度

（1）中小学校每股人流的宽度应按 0.60m 计算。

（2）中小学校建筑的疏散通道宽度最少应为 2 股人流，并应按 0.60m 的整数倍增加疏散通道宽度。

（3）中小学校建筑的安全出口、疏散通道、疏散楼梯和房间疏散门等处每 100 人的净宽度应按表 12-6 计算。同时，教学用房的内走道净宽度不应小于 2.40m，单侧走道及外廊的净宽度不应小于 1.80m。

表 12-6　安全出口、疏散通道、疏散楼梯和房间疏散门每 100 人的净宽度　　　　（m）

所在楼层位置	耐火等级		
	一级、二级	三级	四级
地上一层、二层	0.70	0.80	1.05
地上三层	0.80	1.05	—
地上四层、五层	1.05	1.30	—
地下一层、二层	0.80	—	—

（4）房间疏散门开启后，每樘门净通行宽度不应小于 0.90m。

3. 建筑物出入口

（1）校园内除建筑面积不大于 200m² 、人数不超过 50 人的单层建筑外，每栋建筑应设置 2 个出入口。非完全小学内，单栋建筑面积不超过 500m²，且耐火等级为一级、二级的低层建筑可只设 1 个出入口。

（2）教学用房在建筑的主要出入口处宜设门厅。

（3）教学用建筑物出入口净通行宽度不得小于 1.40m，门内与门外各 1.50m 范围内不宜设置台阶。

（4）在寒冷或风沙大的地区，教学用建筑物出入口应设挡风间或双道门。

（5）教学用建筑物的出入口应设置无障碍设施，并应采取防止上部物体坠落和地面防滑的措施。

（6）停车场地及地下车库的出入口不应直接通向师生人流集中的道路。

4. 走道

（1）教学用建筑的走道宽度应符合下列规定：

① 应根据在该走道上各教学用房疏散的总人数，按照相关规范要求计算走道的疏散宽度。

② 走道疏散宽度内不得有壁柱、消火栓、教室开启的门窗扇等设施。

（2）中小学校的建筑物内，当走道有高差变化应设置台阶时，台阶处应有天然采光或照明，踏步级数不得少于 3 级，并不得采用扇形踏步。当高差不足 3 级踏步时，应设置坡道。坡道的坡度不应大于 1∶8，不宜大于 1∶12。

5. 楼梯

（1）中小学校建筑中疏散楼梯的设置应符合现行国家标准《民用建筑设计统一标准》GB 50352—2019、《建筑设计防火规范》GB 50016—2014（2018 年版）和《建筑抗震设计规范》GB 50011—2010（2016 年版）的有关规定。

（2）中小学校教学用房的楼梯梯段宽度应为人流股数的整数倍。梯段宽度不应小于1.20m，并应按 0.60m 的整数倍增加梯段宽度，每个梯段可增加不超过 0.15m 的摆幅宽度。

（3）中小学校楼梯每个梯段的踏步级数不应少于 3 级，且不应多于 18 级，并应符合下列规定：

① 各类小学楼梯踏步的宽度不得小于 0.26m，高度不得大于 0.15m。

② 各类中学楼梯踏步的宽度不得小于 0.28m，高度不得大于 0.16m。

③ 楼梯的坡度不得大于 30°。

（4）疏散楼梯不得采用螺旋楼梯和扇形踏步。

（5）楼梯两梯段间楼梯井净宽不得大于 0.11m，大于 0.11m 时，应采取有效的安全防护措施。两梯段扶手间的水平净距宜为 0.10～0.20m。

（6）中小学校楼梯扶手的设置应符合下列规定：

① 楼梯宽度为 2 股人流时，应至少在一侧设置扶手。

② 楼梯宽度达 3 股人流时，两侧均应设置扶手。

③ 楼梯宽度达 4 股人流时，应加设中间扶手，中间扶手两侧的净宽均应满足规范规定。

④ 中小学校室内楼梯扶手高度不应低于 0.90m，室外楼梯扶手高度不应低于 1.10m；水平扶手高度不应低于 1.10m。

⑤ 中小学校的楼梯栏杆不得采用易于攀登的构造和花饰；杆件或花饰的镂空处净距不得大于 0.11m。

⑥ 中小学校的楼梯扶手上应加装防止学生溜滑的设施。

（7）除首层及顶层外，教学楼疏散楼梯在中间层的楼层平台与梯段接口处宜设置缓冲空间，缓冲空间的宽度不宜小于梯段宽度。

（8）中小学校的楼梯两相邻梯段间不得设置遮挡视线的隔墙。

（9）教学用房的楼梯间应有天然采光和自然通风。

6. 教室疏散

（1）每间教学用房的疏散门均不应少于 2 个，疏散门的宽度应通过计算确定；同时，每樘疏散门的通行净宽度不应小于 0.90m。当教室处于袋形走道尽端时，若教室内任一处距教室门不超过 15m，且门的通行净宽度不小于 1.50m 时，可设 1 个门。

（2）普通教室及不同课程的专用教室对教室内桌椅间的疏散走道宽度要求不同，教室内疏散走道的设置应符合各教室设计的规定。

12.2.8　采光

（1）教学用房工作面或地面上的采光系数不得低于表 12-7 的规定和现行国家标准《建

筑采光设计标准》GB 50033—2013 的有关规定。在建筑方案设计时，其采光窗洞口面积应按不低于表 12-7 窗地面积比的规定估算。

表 12-7　教学用房工作面或地面上的采光系数标准和窗地面积比

房间名称	规定采光系数的平面	采光系统最低值（%）	窗地面积比
普通教室、史地教室、美术教室、书法教室、语言教室、音乐教室、合班教室、阅览室	课桌	2.0	1∶5.0
科学教室、实验室	实验桌面	2.0	1∶5.0
计算机教室	机台面	2.0	1∶5.0
舞蹈教室、风雨操场	地面	2.0	1∶5.0
办公室、保健室	地面	2.0	1∶5.0
饮水处、厕所、淋浴	地面	2.0	1∶10.0
走道、楼梯间	地面	1.0	—

注：表中所列采光系数值适用于我国Ⅲ类光气候区，其他光气候区应将表中的采光系数值乘以相应的光气候区系数。光气候区系数应符合现行国家标准《建筑采光设计标准》GB 50033—2013 的规定。

（2）普通教室、科学教室、实验室、史地、计算机、语言、美术、书法等专用教室及合班教室、图书室均应以自学生座位左侧射入的光为主。教室为南向外廊式布局时，应以北向窗为主要采光面。

（3）除舞蹈教室、体育建筑设施外，其他教学用房室内各表面的反射比值应符合表 12-8 的规定，会议室、卫生室（保健室）的室内各表面的反射比值宜符合表 12-8 的规定。

表 12-8　教学用房室内各表面的反射比值

表面部位	反射比
顶棚	0.70～0.80
前墙	0.50～0.60
地面	0.20～0.40
侧墙、后墙	0.70～0.80
课桌面	0.25～0.45
黑板	0.10～0.20

12.3　设计实例

某小学新建教学楼施工图详见附本 51～64 页图 12-1 至图 12-14 或扫描二维码也可参看。

附录 A
《房屋建筑学》课程设计

任务书

土木工程_____级

20____年____月

×××建筑设计

一、题目

自拟，如永兴家园 1 号住宅楼建筑设计、盛大公司办公楼建筑设计等。

二、目的和要求

通过本次设计使学生在初步设计的基础上，能够运用建筑构造设计的基本理论和方法继续完成建筑施工图设计，了解设计的全过程。

要求套型恰当、使用方便、经济合理、造型美观。施工图设计结构合理，各部分作法正确、完整无遗漏，投影关系正确、无矛盾，符合建筑设计规范要求和房屋建筑制图统一标准。

三、设计条件

1. 基地自定

2. 技术条件

结构按砖混结构或钢筋混凝土框架结构考虑。建筑的水、暖、电均由城市集中供应；抗震设防烈度、耐火等级、防水等级等查相关规范确定。

3. 层数及层高

（1）层数：4～6 层。

（2）层高：自定，住宅一般可选用 2.8m、2.9m 或 3m，其他建筑 3m、3.3m、3.6m 等。

四、方案选择

学生自己选择方案，根据所选房屋的使用性质和各种承重方案的特点，选择合理的承重方案。

五、设计内容及深度要求

本次设计自己确定建筑方案，初步选定主要构件尺寸及布置，明确各部位构造做法。在此基础上按施工图深度要求进行设计。内容如下：

1. 建筑设计总说明、图纸目录、门窗表（电脑绘制）及技术经济指标等

技术经济指标的项目和计算方法依据《住宅设计规范》GB 50096—2011 和《建筑工程建筑面积计算规范》GB/T 50353—2013；建筑设计说明中注明总建筑面积、材料做法等；图纸目录按顺序编排。

2. 平面、立面、剖面施工图绘制（电脑绘制，比例 1∶100 或自选）

（1）平面图：一层平面图、标准层平面图、顶层平面图（自选）、屋顶平面图（比例 1∶200）。

（2）立面图：以轴线命名，主要立面及侧立面图（根据需要）。

（3）剖面图：选有代表性的墙、柱、门窗处，不剖楼梯。

3. 楼梯详图（手工绘制，比例 1∶50 或 1∶60）

包括楼梯平面图和剖面图。

4. 其他详图（电脑绘制，比例 1：50 或自选）

厨房、卫生间、盥洗室详图等。

根据自己所选项目的使用功能，有必要绘制的其他建筑施工图。

表示房屋设备的详图，如厨房、厕所、浴室等详图。数量、比例自定。

六、其他要求

1. 图纸

图纸均采用 A2 图纸（标准尺寸 420mm×594mm）或 A2 加长。

2. 设计时间

集中设计时间为两周。

附录 B 常用规范、标准目录

1. 《城市居住区规划设计规范》GB 50180
2. 《城市停车规划规范》GB/T 51149
3. 《总图制图标准》GB/T 50103
4. 《房屋建筑制图统一标准》GB/T 50001
5. 《建筑制图标准》GB/T 50104
6. 《建筑结构制图标准》GB/T 50105
7. 《建筑模数协调标准》GB/T 50002
8. 《建筑工程设计文件编制深度规定》（2016 年版）
9. 《民用建筑设计统一标准》GB 50352
10. 《无障碍设计规范》GB 50763
11. 《建筑工程建筑面积计算规范》GB/T 50353
12. 《无障碍设计规范》GB 50763
13. 《绿色建筑评价标准》GB/T 50378
14. 《民用建筑绿色设计规范》JGJ/T 229
15. 《民用建筑热工设计规范》GB 50176
16. 《建筑照明设计标准》GB 50034
17. 《建筑设计防火规范》GB 50016（2018 年版）
18. 《建筑内部装修设计防火规范》GB 50222
19. 《汽车库、修车库、停车场设计防火规范》GB 50067
20. 《建筑地面设计规范》GB 50037
21. 《地下工程防水技术规范》GB 50108
22. 《屋面工程技术规范》GB 50345
23. 《种植屋面工程技术规程》JGJ 155
24. 《住宅设计规范》GB 50096
25. 《住宅建筑规范》GB 50368
26. 《老年人居住建筑设计规范》GB 50340
27. 《宿舍建筑设计规范》JGJ 36
28. 《办公建筑设计标准》JGJ/T 67
29. 《旅馆建筑设计规范》JGJ 62
30. 《中小学校设计规范》GB 50099
31. 《商店建筑设计规范》JGJ 48
32. 《图书馆建筑设计规范》JGJ 38
33. 《档案馆建筑设计规范》JGJ 25
34. 《博物馆建筑设计规范》JGJ 66

35.《剧场建筑设计规范》JGJ 57

36.《电影院建筑设计规范》JGJ 58

37.《体育建筑设计规范》JGJ 31

38.《综合医院建筑设计规范》GB 51039

39.《疗养院建筑设计规范》JGJ 40

40.《饮食建筑设计标准》JGJ 64

41.《托儿所、幼儿园建筑设计规范》JGJ 39

42.《车库建筑设计规范》JGJ 100

43.《城市公共厕所设计标准》CJJ 14

44.《电梯制造与安装安全规范　第 1 部分：乘客电梯和载货电梯》GB/T 7588.1—2020

45.《电梯制造与安装安全规范　第 2 部分：电梯部件的设计原则、计算和检验》GB/T 7588.2—2020

46.《电梯主参数及轿厢、井道、机房的型式与尺寸　第 1 部分：Ⅰ、Ⅱ、Ⅲ、Ⅵ类电梯》GB/T 7025.1

47.《电梯主参数及轿厢、井道、机房的型式与尺寸　第 2 部分：Ⅳ类电梯》GB/T 7025.2

48.《电梯主参数及轿厢、井道、机房的型式与尺寸　第 3 部分：Ⅴ类电梯》GB/T 7025.3

49.《液压电梯》JG 5071

50.《建筑气候区划标准》GB 50178

51.《公共建筑节能设计标准》GB 50189

52.《严寒和寒冷地区居住建筑节能设计标准》JGJ 26

53.《夏热冬冷地区居住建筑节能设计标准》JGJ 134

54.《夏热冬暖地区居住建筑节能设计标准》JGJ 75

55.《温和地区居住建筑节能设计标准》JGJ 475

56.《工业建筑节能设计统一标准》GB 51245

57.《既有居住建筑节能改造技术规程》JGJ/T 129

58.《居住建筑节能检测标准》JGJ/T 132

59.《建筑外门窗气密、水密、抗风压性能检测方法》GB/T 7106—2019

60.《外墙外保温工程技术规程》JGJ 144

61.《外墙内保温工程技术规程》JGJ/T 261

62.《建筑结构可靠度设计统一标准》GB 50068

63.《建筑结构荷载规范》GB 50009

64.《混凝土结构设计规范》GB 50010（2015 年版）

65.《建筑地基基础设计规范》GB 50007

66.《砌体结构设计规范》GB 50003

67.《建筑抗震设计规范》GB 50011（2016 年版）

68.《安全防范工程技术标准》GB 50348—2018

69.《民用建筑工程室内环境污染控制标准》GB 50325—2020

参考文献

[1] 魏利金. 建筑工程设计文件编制深度规定(2016年版)应用范例——建筑结构[M]. 北京：中国建筑工业出版社. 2018.

[2] 中国建筑协会. 建筑设计资料集(第三版)[M]. 北京：中国建筑工业出版社，2017.

[3] 陈晓霞. 房屋建筑学[M]. 北京：机械工业出版社，2017.

[4] 同济大学、西安建筑科技大学、东南大学、重庆大学. 房屋建筑学(第五版)[M]. 北京：中国建筑工业出版社. 2016.

[5] 王钢，金少蓉. 房屋建筑学课程设计指南[M]. 北京：中国建筑工业出版社，2010.

[6] 张启香，杨茂森，王鳌杰. 房屋建筑学实训指导[M]. 北京：北京理工大学出版社，2009.

[7] 王海军，魏华. 房屋建筑学[M]. 北京：高等教育出版社，2015.

[8] 尚晓峰. 房屋建筑学[M]. 武汉：武汉大学出版社，2016.

[9] 袁金艳. 房屋建筑学[M]. 北京：北京邮电大学出版社，2013.

[10] 史铜柱. 河南科技大学松园宿舍楼设计[D]. 郑州：郑州科技学院，2018.

[11] 李必瑜，王雪松. 房屋建筑学(第5版)[M]. 武汉：武汉理工大学出版社，2014.

[12] 单立欣，穆丽丽. 建筑施工图设计[M]. 北京：机械工业出版社，2011.

普通高等院校"十三五"规划教材

房屋建筑学
课程设计指南（施工图）

陈晓霞　吴双双　主编

中国建材工业出版社

普通高等院校"十三五"规划教材

房屋建筑学

课程设计指南（施工图）

陈晓霞　吴双双　主编

中国建材工业出版社

目 录

某商住小区X号楼施工图

工程号：XXXXX

某建筑设计有限公司

2017年X月

图 8-2   施工图封面页

1

图 纸 目 录

技术经济指标：

住宅楼总建筑面积13359.60m²				
户型	套型总建筑面积	套内使用面积	套型阳台(半)面积	套数
B-1户型	124.03m²	81.23m²	3.00m²	72套
B-2户型	123.04m²	80.51m²	3.085m²	36套

一、设计依据

1. 有关部门批文及审批通过的规划设计。
2. 我公司与某建筑设计有限公司签订的设计合同。
3. 甲方提供的有关技术资料及建筑设计要求。
4. 现行的国家有关建筑设计规定、规范及标准。
1) 《民用建筑设计通则》(GB 50352-2005)；
2) 《建筑设计防火规范》(GB50016-2014)；
3) 《住宅设计规范》(GB50096-2011)；
4) 《住宅建筑规范》(GB50368-2005)；
5) 《城市居住区规划设计规范》(GB50180-93)(2016年版)；
6) 《无障碍设计规范》(GB 50763-2012)；
7) 《屋面工程技术规范》(GB 50345-2012)；
8) 《地下工程防水技术规范》(GB 50108-2008)；
9) 《建筑内部装修设计防火规范》(GB 50222-2017)；
10) 《建筑外墙外保温工程技术规程》(JGJ/T 235-2011)；
11) 《建筑设计标准强制性条文》(房屋建筑部分)(2013年版)。

二、工程概况

1. 工程项目名称：某商住小区X号楼。
2. 建筑地点：XXXXXX，XX大道与XXX交叉口，具体位置详见总平面示意图。
3. 建设单位：某房地产有限公司。
4. 本工程建筑高度及层数及使用性质：建筑高度为52.75m，地上十八层均为住宅，地下一层为储藏间；地上一层层高为3.15m，二~十八层高为2.9m，地下一层层高为3.00m。
5. 建筑层数及标高布置：建筑面积14067.05m²，其中含(地下室面积707.86m²、阳台平面积327.06m²)，建筑基底面积825.82m²。
6. 建筑防火分类和耐火等级：本建筑防火分类为二类，建筑耐火等级为二级，地下室耐火等级为一级。
7. 结构类型和抗震设防：钢筋混凝土剪力墙结构；抗震设防烈度8度。
8. 建筑等级为二级；设计合理使用年限为五十年(3类)。

三、总图有关事项

1. 本建筑室内外高差为0.30m，室内标高±0.000相当于绝对标高76.050m。
2. 总平面图尺寸单位以米为单位，其余单位为毫米。标高以米为单位，其他以毫米计。
   各层标注标高为完成面标高(建筑标高)，屋面标高为结构标高。

四、地下室防水设计

1. 地下室防水等级为二级，做法12YJ1第12页地坪1-2F2, 12YJ2第(6节点5穿墙套管防水做法详12YJ2页C16。
2. 地下室各相关部位做法构造做法要求按严格按《地下工程防水技术规范》及标准图12YJ2《地下工程防水》中有关说明及节点详做处理。地下工程防水混凝土设计抗渗等级为P6。
3. 地下室防水涂料、卷材防水应高出室外地坪500mm；防水混凝土施工、穿墙管道留预留洞转角处、后浇带等部位建筑构造应按《地下防水工程质量验收规范》(GB 50208-2011)处理。

五、屋面防水及保温工程

1. 本建筑物屋面防水等级为Ⅰ级。
2. a：标高52.450m高处为上人屋面，做法采用12YJ1第136页屋101-1F1-50-B1
   女儿墙顶墙距屋面净高应不低于1100mm。
   b：用于钢筋混凝土雨蓬，做法为雨蓬上抹20厚(最薄处)1:2.5水泥砂浆面层(内掺5%防水剂)，并向出水口(临空侧或地漏)找1%坡。
3. 各种屋面出屋面防水做法参见12YJ5-1第A21页。
4. 屋面排水组织见屋面平面图，雨篷、阳台及飘窗板排水坡度为1%。
5. 屋面做法未详处之处按照《屋面工程质量验收规范》(GB 50207-2012)及《平屋面》(12YJ5-1A)型(卷材、涂膜防水屋面)进行施工。
6. 雨水管穿楼板时，应做严密的防水处理，其防水层泛起高度不小于300mm。
7. 烟道、通风道的出气口设置在上人屋面、住户平台上时，应高出屋面或平台面2.0m；当高四4.0m之内有门窗时，应高出门上皮0.6m。
8. 屋面泛水做法参见12YJ5-1页A14。
9. 屋面钢爬梯做法参12YJ8-页94节点5。爬梯下部距下面建筑地面高度不小于1.8m，详屋顶平面图。

六、墙体工程

1. 材料与厚度：本工程所有填充墙均为加气混凝土砌块，厚度详平面图标注。
2. 轴线定位：钢筋混凝土墙体尺寸及柱子定位详结施图。
3. 构造要求：加气混凝土墙体的施工工艺以及各相关构造做法要求参照河南省通用建筑标准设计图集《蒸压加气混凝土砌块》(12YJ3-3)。
4. 卫生间楼板间四周墙下除门洞口外，向上做一道200mm(完成面)高混凝土翻边与楼板一起浇筑。
5. 凡高度≤200且长度≥200时，采用现浇混凝土、柱墙体砌筑。
6. 墙身防潮层：在室内地坪下约60处做20厚1:2水泥砂浆内加水3%~5%防水剂的墙身水平防潮层(在此标高为钢筋混凝土构造时可不做)。
7. 空调冷凝水管，做法详12YJ6第77页。
8. 油烟道、风道做法详D《厨房、卫生间》留窗洞处φ90塑料套管，洞顶高2.65m处，洞中心侧做120×300mm。
9. 预埋木砖与所有木构件与混凝土或砌体接触处均应做好防腐处理；所有外露铁件应防锈饰做。

七、门窗工程

1. 建筑门窗应遵循《建筑玻璃应用技术规程》(JGJ 113-2015)和《建筑安全玻璃管理规定》发改运行[2003]2116号及地方主管部门的有关规定和《塑料门窗工程技术规程》(JGJ 103-2008)各项要求。
2. 外墙门窗均采用塑料型材框：中空玻璃(6mm高透Low-E+12mm空气+6mm透明)。
   不采取双向窗户不隔油或隔油窗采用单框双扇玻璃，所有外墙窗户均应做妙窗。
3. 门窗立面高度以结构洞开尺寸，门窗加工尺寸应按装修完成面予以调整。
   窗洞：厨房、门厅，留置洞口外均为外立墙，其他均为妙窗。
4. 管道井口处设C15素混凝土压顶，厚度按墙厚，高度100mm(完成面)。
5. 底层窗和阳台门、下沉院子加高或采用能关闭上人屋面的窗和门，并采取防护措施(甲方自定)。
6. 建筑外门窗的物理性能指标需达到：
   a.抗风压性能7级；b.气密性：7级；c.水密性：3级；d.保温性能：7级。
   e.空气声性能：3级；f.采光性能：3级。

八、建筑隔声

1. 卧室在关窗状态下的允许噪声级昼间为45dB(A声级)，夜间为37dB(A声级)。
   起居室在关窗状态下的允许噪声级为45dB(A声级)。
2. 分隔卧室、起居室的分户墙和分户楼板，空气声隔声评价量(Rw+C)应大于45dB。
3. 卧室、起居室的分户楼板计权规范化撞击声压级应小于75dB。
4. 水、暖、电、气管线穿过楼板和墙体时，孔洞周边应采取密封隔声措施。

九、内装修工程

1. 内装修工程应满足《建筑内部装修设计防火规范》(GB 50222-2017)；
   楼地面部分满足《建筑地面设计规范》(GB 50037-2013)要求。

建 筑 设 计 说 明（一）

b：用于钢筋混凝土雨蓬，做法为雨蓬上抹20厚(最薄处)1:2.5水泥砂浆面层(内掺5%防水剂)，并向出水口(临空侧或地漏)找1%坡。

十、外装修工程

1. 外墙颜色、分格做法参照各立面及室内装修图标，外墙面施工前应作出样板，待甲方和设计单位认可后方可进行施工。
2. 室外台阶、挡墙、散水、台阶、散水的位置及做法详首层平面图标。
3. 钢筋混凝土雨篷底面及顶面做法：排水坡度及面色涂料。
4. 女儿墙内侧墙面抹20厚聚合物砂浆，做法参见12YJ1-外墙2B。
5. 各外墙阳台下层做应做滴水，做法参见滴水线做法12YJ3-1-D13页-A。
6. 涂料墙面：做法参见12YJ1第117页外装15(基层做法详平面，增加一遍5厚干粉类聚合物水泥抹灰砂浆)。
7. 外保温相关外墙面做法详请参照《外墙外保温》(12YJ3-1)第-页A1,A7相应部位施工。
8. 本工程中凡涉颜色、规格等的材料，均在施工前应做样板或样板，经建设单位和设计单位认可后，方可订货加工、施工。

十一、建筑节能设计（详建筑专业节能设计表）

1. 节能依据：
   1) 《河南省居住建筑节能设计标准(寒冷地区65%+)》(DBJ 41/062-2017)；
   2) 《民用建筑热工规范》(GB 50176-2016)；
   3) 《外墙外保温工程技术规程》(JGJ 144-2004/JJ 408-2005)；
   4) 《建筑外门窗气密、水密、抗风压性能分级及检测方法》(GB/T 7106-2008)；
   5) 《建筑外窗采光性能分级及检测方法》(GB/T 11976-2015)；
   6) 《建筑外门窗保温性能分级及检测方法》(GB/T 8484-2008)。
2. 节能措施：选用12YJ3-1-A型(岩棉板燃烧性能为A级)。
   1) (涂料饰面)墙体选用12YJ3-1-A8。
   2) (涂料饰面)普通窗选用12YJ3-1页A10。
      凸窗选用12YJ3-1-A13。
   3) (涂料饰面)墙体选用12YJ3-1页A14节点①②。
   4) (涂料饰面)女儿墙选用12YJ3-1页A14节点⑤。
   5) 分隔采暖与非采暖空间隔墙内20厚保温砂浆。
   6) 地下室顶板采用60厚岩棉板，做法12YJ3-1-A17-③。
3. 外门窗框与门窗口之间的缝隙，应采用发泡剂等高效保温材料填实。
   并用密封膏嵌填密缝，不得采用水泥砂浆填缝。
4. 维护结构热桥部位应采取保温措施，保证其内表面温度大于室内空气露点温度。

右上说明：

1. 凡设有地漏房间的楼地面均应做防水层，防水层在内墙面应上翻250高，图中未注明整个房间找坡者做0.5%坡度放向地漏或塑道。卫生间楼地面标高应低于同层楼地面标高20。
2. 内墙面阳角做1:2水泥砂浆护角高1800mm，做法12YJ1-第61页节点。
3. 砌筑墙上消火栓、配电箱等设备预留洞尺寸及位置详相关专业图纸中所注，须留洞待管道及设备安装完毕后用(C25细石混凝土填实，水电专业楼板留洞待设备管线安装完毕后在每层楼板采用不透水混凝料填实填实密实。风井、烟道内侧墙面应低于内墙面高低于细砂地面标高20。
4. 内墙道角处用砂浆找坡，水泥浆加5%防水剂)抹灰。
5. 水电油漆采用调和漆，木门采用亚白色调和漆，做法详12YJ1页103页油漆101。
6. 住宅室内空气污染物的限值，应符合《住宅设计规范》(GB 50096-2011)中第7.5.3各要求。
7. 电梯基础、集水井、电梯井内墙及管道井内壁采用抹20厚1:2.5水泥砂浆(内掺5%防水剂)抹面。
8. 内装采用的材料，均由施工单位制作样板和选样，经甲方确认后进行封样，并据此进行验收。

图 8-3　建筑设计说明（一）

建筑设计说明（二）

十二、消防设计

1. 本工程应严格遵守《建筑设计防火规范》(GB 50016-2014)的有关要求。本工程为二类住宅建筑，耐火等级地下一级，地上二级。

2. 防火间距：建筑物之间防火间距满足要求，详见总平面图。

3. 消防救援场地和入口：沿建筑物的一个长边设有消防车道和消防车登高操作场地。消防车登操作场地面及救援场地设在建筑物南面，且在此范围内设有直通楼梯间的入口。消防车登高操作场地内不得设置妨碍消防车操作的树木、架空管线。场地的承载能力要能满足消防车满载时的停靠要求。

4. 防火分区：地下二层为储藏室，分为二个防火分区，每个防火分区有两个安全出口；地上住宅每部每层为一个防火分区，每个防火分区面积均小于1500m²。

5. 开向储藏室及合用前室住宅门为乙级防火门。

6. 住宅楼均应为防烟楼梯间，且直通屋面。

7. 住宅每层设置消火栓、灭火器，管道井采用丙级防火门；楼梯间门、首层门为乙级防火门。

8. 建筑外墙上、下层开口之间实体墙高度为1.2m；住宅建筑外墙上相邻户口之间墙体宽度不应小于1.0m。

9. 本工程选用的防火门窗应在当地消防部门注册的产品，其防火门窗应遵循国家标准中的有关规定。

   ①常开防火门应能在火灾时自行关闭，并具有信号反馈功能。

   ②常闭防火门应在其明显位置设置"保持防火门关闭"等提示标识。

   ③除管井检修门和住宅的户门外，防火门应具有自行关闭功能，双扇防火门应具有按顺序关闭的功能。

   ④防火门应能在其内外两侧手动开启。

   ⑤设置在防火墙、防火隔墙上的防火窗，应采用不可开启的窗扇或具有火灾时能自行关闭的功能。

   ⑥防火门应符合现行国家标准《防火门》(GB 12955-2008)的有关规定。

   ⑦防火窗应符合现行国家标准《防火窗》(GB 16809-2008)的有关规定。

   ⑧防火门应向疏散方向开启。

10. 防火墙采用200厚、100厚加气混凝土砌块墙。防火墙应直接设置于建筑的基础或框架、梁等承重结构上，框架、梁承重结构的耐火极限不应低于防火墙的耐火极限；防火墙的构造应能在防火墙任一侧的屋架、梁、楼板受到火灾的影响而破坏时，不会导致防火墙倒塌。

11. 凡管道穿防火墙、隔墙、楼板处，待管线安装后，均需用相当于防火墙、隔墙、楼板耐火极限的不燃材料填塞密实；套管、消火栓箱的后面应粘贴防火板，耐火极限应达到所在墙体的耐火极限要求。

12. 除通风井外，建筑内电缆井、管道井等竖井每层采用与楼板相同耐火度材料，层层封堵；与相邻房间、走道等通道间的孔洞缝隙应用防火材料封堵。

13. 外墙保温材料燃烧性能为A级(岩棉板)。

14. 建筑外墙保温系统基层墙体、装饰层之间的空腔，应在每层楼板处采用防火封堵材料封堵，做法参12YJ3-1页K8。

十三、设备订货须知

1. 本工程每个单元设有两部电梯，一部为普通电梯(兼担架电梯)载重量1000kg；电梯的行驶速度为1.5m/s。另一部为消防电梯载重量1000kg；消防电梯的速度从首层到顶层的运行时间不超过60s。电梯门口设挡水台阶，高30mm，斜面找坡。

2. 消防电梯制造与安装应符合《消防电梯制造与安装安全规范》(GB26465-2011)。

3. 建设单位在电梯进土建施工前，应确定电梯型号，楼层电梯召唤、层显盘留洞及电梯机房楼板。

4. 吸音：电梯紧邻卧室和兼起居室卧室布置时，电梯并道底及内壁墙50厚玻璃棉板，外包玻璃丝布，并钉铝板贴至距底板1500mm，电梯并道顶板采用50厚保温隔音岩棉板。

5. 电梯层门的耐火极限不应低于1.00h，并应符合现行国家标准《电梯层门耐火试验 完整性、隔热性和热通量测定法》(GB／T 27903-2011)规定的完整性和隔热性要求。

十四、安全防护措施

1. 所有净高低于900mm的窗台，应加设900mm高护窗栏杆，做法详12YJ6-页68-3a。(普通窗)。凸窗的防护高度应从窗台面算起净高不应低于900mm，做法详12YJ6-页68-3a。

2. 楼梯栏杆扶手高度不应小于900mm，当水平段栏杆长度大于500mm时，该水平段扶手高度不应小于1050mm；栏杆井净宽大于110mm时，必须采取防止儿童攀滑的措施。

3. 临空栏杆安全措施：应能承受荷载规范栏杆顶部水平向和竖向荷载的要求，且栏杆高度1.10m，垂直杆件净距小于110，栏杆距踏步面0.1m高度内不留空。

4. 所有防护栏杆不得设横向或易于攀爬、攀登的构造措施，垂直杆件净距小于110mm。

5. 住宅的公共出入口位于阳台、外廊及开敞楼梯平台的下部时，应采取防止物体坠落伤人的安全措施。

6. 单元出入口或门口灰采用玻璃雨棚时，应设置安全警示标志。

7. 金属百叶应坚固、耐用，并能承受荷载规范规定的水平荷载(标准值为1.0kN/m)。

十五、无障碍设计

1. 本建筑为居住建筑，依照《无障碍设计规范》在入口、候梯厅、公共走道等处进行无障碍设计(详首层平面图)。

2. 单元入口处设有无障碍坡道，公共走道及入口处采用小力度的弹簧门，其门扇下方安装高0.35mm的不锈钢护门板，门内外高差为20mm并以斜面过渡。

3. 无障碍电梯设施参照12YJ12第35页详图2。

4. 无障碍住房应甲方要求设一设置二期。

5. 所有供残疾人使用的部位均按《无障碍设计规范》(GB50763-2012)要求设置。

十六、其他应注意事项

1. 土建施工中应注意将建筑、结构、水、暖、电等各专业施工图纸相互对照，确认墙体及楼板各种预留孔洞尺寸及位置无误时方可进行施工；土建施工时均需与设备各专业图密切配合，若有疑问与待提建与建设单位沟通解决，待设计单位确认后方可施工。

2. 本工程建筑的装修可由业主及建设方按需要进行二次装修，二次装修设计及施工不应影响原有建筑结构的安全性并符合国家有关使用安全性的规范要求。

3. 图中未详尽部分应严格按照国家现行有关施工及验收规范执行施工。

4. 本工程需建设人防主管部门审查通过后方可进行施工。

5. 地下室人防工程见人防施工图。

6. 中央空调预留洞详见结构图。

绿色建筑设计专篇

本工程绿色建筑目标为二星级

第一篇：设计依据

1) 《民用建筑绿色设计规范》(JGJ／T 229-2010)；
2) 《绿色建筑评价标准》(GB／T 50378-2014)；
3) 《城市居住区规划设计规范》(GB 50180-93)(2016年版)；
4) 《河南省居住建筑节能设计标准》(寒冷地区65%+)(DB J41/62-2017)；
5) 《民用建筑工程室内环境污染控制规范》(GB 50325-2010)(2013年修订版)；
6) 《建筑与小区雨水利用工程技术规范》(GB 50400-2016)；
7) 《民用建筑太阳能热水系统应用技术规范》(GB 50364-2005)；
8) 《室内装饰装修材料有害物质限量》(GB 18580-18588-2001)；
9) 《建筑材料放射性核素限量》(GB 6566-2010)；
10) 《民用建筑节水设计标准》(GB 50555-2010)。

第二篇：建筑

一、规划

1. 场地内无自然灾害、危险化学品、易燃易爆危险源的威胁，无电磁辐射、含氡土壤等危害。

2. 场地内无排放超标的污染源。

3. 场地内人行通道均无障碍设计，符合《无障碍设计规范》(GB 50763-2012)有关要求。

4. 场地内环境噪声符合现行国家标准《声环境质量标准》(GB 3096-2008)有关要求。

5. 本小区人均集中绿地指标：7~12层平均为24m²，13~18层平均为22m²。

6. 住宅建筑的日照环境，采光、通风均满足国家标准《城市居住区规划设计规范》(GB50180-93)(2016年版)的相关规定。

7. 小区的绿地率不低于30%，人均公共绿地面积不低于1m²。

8. 小区内设置地下车库、地下室，合理开发利用地下空间。

9. 本工程符合本地城市规划行政主管部门及有关部门的要求。

二、建筑单体

1. 利用场地自然条件，合理设计建筑形体、朝向、楼距和窗墙面积比，使住宅获得良好的日照、通风和采光。

2. 建筑造型要素简洁，不大量设置装饰性构件。

3. 每套住宅至少有一个居住房间满足日照标准的要求。

4. 卧室、起居室(厅)、厨房、书房设置窗户，房间的采光系数不低于现行国家标准《建筑采光设计标准》(GB 50033-2013)的规定。

5. 本小区建筑主要功能房间的室内噪声级和隔声性能，符合《民用建筑隔声设计规范》(GB 50118-2010)的规定。

6. 居住空间可自然通风，通风开口面积不小于5%。

7. 居住空间外窗具有良好的视野，与相邻建筑的直接间距超过18m，避免户间的视线干扰。

8. 屋面、地面、外墙和外墙内表面在室内温、湿度设计条件下无结露现象。

9. 自然通风条件下，房间的屋顶和东、西外墙内表面的最高温度满足现行的国家标准《民用建筑热工设计规范》(GB 50176-2016)的规定。

第三篇：结构

1. 本工程设计使用年限50年。结构形式为钢筋混凝土剪力墙结构，主楼采用筏板基础。

2. 本工程采用商品混凝土，并添加合适添加剂，混凝土强度有较好保障，且搅拌、输送过程中污染较少。

3. ±0.000以下采用混凝土实心砖，砂浆采用Mb7.5水泥砂浆，±0.000以上采用A3.5加气混凝土砌块填充墙，砂浆采用M5混合砂浆，混凝土块体和M5混合砂浆均采用商品砂浆。

4. 本工程大量采用CRB600H(中ᴴᴮ)级钢筋，钢筋强度较高，减少钢材用量，减少污染。

5. 本工程土建与装饰一体化施工，土建施工时与其他专业相互配合，预留洞口和埋件。

6. 本建筑形体属规则型建筑形体，符合《建筑抗震设计规范(2016年版)》(GB 50011-2010)的规定。

第四篇：给排水

1. 建筑平均日用水量达到《民用建筑节水设计标准》(GB 50555-2010)中的节水用水定额下限值的要求。

2. 给水系统：本工程采用分区供水方式，其中低区(一层至三层)利用市政管网直接供水，高区设备加压供给，高区(四层以上)由变频供水机组或叠压供水设备加压供给。

3. 生活热水系统：生活热水采用阳台壁挂式太阳能热水器和燃气热水器(与排烟一体化设计)。

4. 排水系统：本工程排水采用雨、污分流制，污废合流制。其中雨水采用入渗、回用相结合和利用方式，即场地采用透水地面的形式，最大限度降低综合雨水径流系数。

5. 本工程污水经化粪池处理后排入市政污水管网。

节水设计

1) 卫生器具及给水配件均采用节水型，包括采用节水型两档水式大便器，采用住房城乡建设部推荐的产品。

2) 采用减压限流措施，确保用水点处水压不影响卫生器具的使用舒适性，也不会因为水压过大导致用水浪费。

3) 合理设置检修阀门的位置，避免检修时浪费水资源的流损。

4) 采用密闭性能较高的阀门等。

5) 采用新型管材，保证安全供水。

6) 采用合理的管网计算，使供水的流量、压力在合理经济的范围内，避免供水压力过高或压力骤变。

第五篇：电气

1. 通过负荷计算，合理确定变压器容量及台数，各变压器负载率控制在70%~85%范围内减少变压器自身能耗。并考虑到四季节负荷变化情况下为变压器节能经济运行创造条件。

2. 变配电所设置靠近负荷中心，以减少低压配电线路长度，低压干线供电半径不大于200m合理选择线路路径以降低线路损耗。

3. 选择高效低耗、低噪声的节能环保变压器SC(B)H15变压器选用DYn11绕组接线。

4. 变配电房发电机组运离有人员长期停留的场所灵置，避免电磁辐射，噪声扰动对人的危害。

5. 变压器低压侧设集中无功补偿，提高功率因数，减少无功损耗。补偿后高压侧功率因数不低于0.90，选用调谐滤波电容器组，有效控制谐波电流。

6. 设计时三相负荷平衡，照明系统配电干线与各相负荷分配均衡，最大相负荷不超过三相负荷平均值的115%，最小相负荷不小于平均值的85%。

7. 电梯选用无磁场同步电机驱动的无齿轮曳引机，并采用调频调速(VVVF)控制技术和微机控制技术。

8. 按照《建筑照明设计标准》(GB 50034-2013)的要求，严格控制房间、场所的照明功率密度值。

9. 走廊、楼梯间、电梯厅选用紧凑型节能灯，车库、设备房等采用T8三基色荧光灯，配电子镇流器。

10. 灯具选用高效节能灯具。

11. 照明回路尽可能细分，按场景分区域控制；充分利用天然采光，室外侧一侧的照明灯具单独控制。

12. 按不同的场所采用不同的节能照明控制方式，如集中控制、分区控制、定时控制、红外感应控制声光感应控制等方式。

13. 低压配电屏各出现回路均按分项计量要求，设置分项计量装置。

14. 主干管线均在公共区域集中设置，便于检修，维护及更换。

第六篇：暖通

1. 本项目为住宅，采用家用分体式空调，建议用户采购机组能效达到不低于2级的空调设备。

2. 住宅内主要居住空间均采用自然通风，主要功能房间的外窗开启面积与该房间地板面积比均满足规范要求。

3. 本工程室内冬季为低温地板辐射供暖系统，分户热计量方式为热量表计费测量；一户一表制，设置室温调节装置。

4. 采暖能耗不高于国家批准或各省市的建筑节能标准规定值的80%。

图 8-4　建筑设计说明（二）

3

门窗表

类型	设计编号	洞口尺寸(mm)	数量	选用图及页次编号	备注
门	DYM2133	2100X3300	3	详见建施-16	单元电子对讲门（甲方自定）
	HMZ1021	1000X2100	108		乙级防火、保温、防盗、隔声门 户门（甲方自定）
	M0921	900X2100	324	参12YJ4-1页78-PM-0921	卧室门
	M0821	800X2100	216	参12YJ4-1页79-PM-0821	卫生间门门框地留30mm缝隙
	TLM2127	2100X2650	6	塑钢中空玻璃推拉门	（南阳台门甲方自定）
	TLM2124	2100X2400	102	塑钢中空玻璃推拉门	（南阳台门甲方自定）
	TLM1825	1800X2500	102	塑钢推拉门	（厨房门甲方自定）
	TLM1827	1800X2750	6	塑钢推拉门	（一层厨房门甲方自定）
	GM1221	1200X2100	3	参12YJ4-1页78-PM-1221	普通电梯机房门（安全防护甲方自定）
地下室门	DM0921	900X2100	45	参12YJ4-1页78-PM-0921	地下室门距地面门30mm缝隙（钢制甲方自定）
防火门	FM丙0720	700X2000	114	参12YJ4-2页3-MFM01-1020	丙级防火门（普通井门）
	FMZ1021	1000X2100	68	参12YJ4-2页3-MFM01-1021	乙级防火门（楼梯间、电信间、配电小间、合用前室门）
	FM甲1021	1000X2100	2	参12YJ4-2页3-MFM01-1021	甲级防火门（设置防火墙电信间门）
	FMZ1221	1200X2100	3	参12YJ4-2页3-MFM01-1221	乙级防火门（一层楼梯间门）
	GM甲1221	1200X2100	6	参12YJ4-2页3-MFM01-1221	甲级防火门（层顶消防电梯机房门）
窗	C0518	500X1750	4	参照12YJ4-1页12-SXC1-0615	塑钢中空玻璃推拉窗（窗台高900，仅一层有）
	C0515	500X1500	68	参照12YJ4-1页12-SXC1-0615	塑钢中空玻璃推拉窗（窗台高900，仅一层有）
	C0618	600X1750	4	参照12YJ4-1页12-SXC1-0615	塑钢中空玻璃推拉窗（窗台高900，仅一层有）
	C0918	900X1750	8	参照12YJ4-1页21-TC1-0918	塑钢中空玻璃推拉窗（窗台高900，仅一层有）
	C0615	600X1500	32	参照12YJ4-1页12-SXC1-0615	塑钢中空玻璃推拉窗（窗台高900）
	C0915	900X1500	108	参照12YJ4-1页21-TC1-0915	塑钢中空玻璃推拉窗（窗台高900）
	C0614	600X1400	2	参照12YJ4-1页12-PC-0614	塑钢中空玻璃推拉窗（窗台高900）
	C0914	900X1400	4	参照12YJ4-1页21-TC1-0915	塑钢中空玻璃推拉窗（窗台高900）
	C1518	1500X1750	6	参照12YJ4-1页21-TC1-1518	塑钢中空玻璃推拉窗（窗台高900，仅一层有）
	C1515	1500X1500	96	参照12YJ4-1页21-TC1-1515	塑钢中空玻璃推拉窗（窗台高900）
	C1514	1500X1400	4	参照12YJ4-1页21-TC1-1515	塑钢中空玻璃推拉窗（窗台高900，仅二层有）
	TC1824	1800X2400	3	参照12YJ4-1页21-TC1-1515	塑钢推拉窗（窗台高900）
	C1818	1800X1750	6	参照12YJ4-1页21-TC1-1518	塑钢中空玻璃推拉窗（窗台高900）
	C1815	1800X1500	96	参照12YJ4-1页21-TC1-1515	塑钢中空玻璃推拉窗（窗台高900）
	C1814	1800X1400	4	参照12YJ4-1页21-TC1-1515	塑钢中空玻璃推拉窗（窗台高900，仅二层有）
	C0933	900X3300	6	—	塑钢固定窗
	C2930	2900X3000	4	详见建施-14	塑钢固定窗
	C2130	2100X3000	4	详见建施-16	塑钢固定窗
	C1530	1500X3000	2	详见建施-16	塑钢固定窗
	C2118	2100X1800	4	详见建施-16	塑钢中空玻璃推拉窗（窗台高900）
梯间窗	C1215	1200X1500	51	参照12YJ4-1页21-TC1-1215	（楼梯间窗台高详楼梯详图）塑钢推拉窗
	C1021	1200X2100	3		（地下室窗）塑钢开窗
机房窗	C0612	600X1200	6	参照12YJ4-1页12-PC-0612	塑钢开窗
飘窗	TC1520	1500X1950	6	详见建施-16	塑钢中空玻璃推拉窗（窗台高600）
	TC1517	1500X1700	102	详见建施-16	塑钢中空玻璃推拉窗（窗台高600）
	TC2120	2100X1950	4	详见建施-15	塑钢中空玻璃推拉窗（窗台高600，仅一层有）
	TC2117	2100X1700	68	详见建施-16	塑钢中空玻璃推拉窗（窗台高600）
	ZJC3120	3100X1950	2	详见建施-16	塑钢中空玻璃推拉窗（窗台高600）
	ZJC3117	3100X1700	34	详见建施-16	塑钢中空玻璃推拉窗（窗台高600）
阳台窗	C2125	2100X2450	6	详见建施-16	塑钢中空玻璃推拉窗（一层阳台窗）
	C2122	2100X2200	86	详见建施，详建施-19	塑钢中空玻璃推拉窗（详见建施-19）
	C2117	2100X1700	4	详见建施-16	塑钢中空玻璃推拉窗（三层阳台窗）
	C2917	2900X1700	4	详见建施-14	塑钢中空玻璃推拉窗（十七层阳台窗）
	C2922	2900X2200	4	详见建施-14	塑钢中空玻璃推拉窗（十八层阳台窗）
电梯洞	DTM1122	1100X2200	117	—	电梯层门的耐火极限不应低于1.00h。

注：楼梯间的门为常闭防火门。

室内装修表

层数	房间名称	楼地面	踢脚	内墙粉刷	顶棚
地下一层	所有房间	• 30厚C20细石砼随打随抹光 • 素水泥浆结合层一道 • 基础砼板刷干净	水泥踢脚150高 12YJ1页59-踢1-B(钢筋混凝土墙)、C(加气混凝土墙)	12YJ1页77-内墙1-B(钢筋混凝土墙)、C(加气混凝土墙) 面层乳胶漆	12YJ3-1-A17节点3 面层乳胶漆
一层	入口大堂合用前室	12YJ1-32-楼201（浅土黄色地砖楼面）		12YJ1页82-内墙1-B(钢筋混凝土墙B)、C(加气混凝土墙)	混合砂浆顶棚 12YJ1页92-顶5 面层乳胶漆
2～18层	合用前室	• 水泥楼面 • 12YJ1-24-楼101	面砖踢脚150高 12YJ1页61-踢3-C、B	12YJ1页78-内墙3(钢筋混凝土墙C) 面层乳胶漆	混合砂浆顶棚 12YJ1页92-顶5 面层乳胶漆
1～18层 住宅	住宅部位	• 30厚面层用户自理 • 素水泥浆一道 • 钢筋混凝土楼板清扫干净	水泥踢脚150高 12YJ1页59-踢1-C、B	混合砂浆 12YJ1页78-内墙3-B-C(钢筋混凝土墙)、C(加气混凝土墙)	混合砂浆顶棚 12YJ1页92-顶5
	住宅卫生间	• 30厚面层用户自理 • 1.5厚聚氨酯防水涂料 • 最薄处加1:3水泥浆找平 • 素水泥浆一道 • 钢筋混凝土楼板清扫干净	釉面砖	釉面砖 12YJ1页80-内墙6-B(钢筋混凝土墙)	水泥砂浆顶棚 12YJ1页92-顶6 面层乳胶漆
	封闭阳台	• 30厚面层用户自理 • 1.5厚聚氨酯防水涂料四周上翻250高 • 素水泥浆一道 • 钢筋混凝土楼板清扫干净	水泥踢脚150高 12YJ1页59-踢1-C、B	混合砂浆 12YJ1页78-内墙3-B、C 面层乳胶漆	混合砂浆顶棚 12YJ1页92-顶5 面层乳胶漆
	机房	12YJ1-24-楼101	水泥踢脚150高 12YJ1页59-踢1-B、C	混合砂浆 12YJ1页78-内墙3-B、C	混合砂浆顶棚 12YJ1页92-顶5

注：除门厅、合用前室、楼梯间、机房外，甲方要求毛墙毛地面。

1～18层 外墙 涂料外墙做法：参12YJ1页124-外墙15。
（基层墙面找平后，增加一道5厚干粉类聚合物水泥防水砂浆）

屋面
1. 52.450m标高处为上人屋面有保温，12YJ1页136页屋101-1F1-50-B1。
2. 门斗-3.750m标高无保温屋面选用12YJ1页142页屋108-1F1。
3. 机房76.95m标高、楼梯间56.95m标高为不上人屋面有保温，12YJ1页140页屋105-1F1-50-B1。
4. 上人屋面女儿墙顶墙距屋面净高点不低于1100。

河南省寒冷地区居住建筑建筑专业节能设计表（≥9层的建筑）

建筑层数（地上/地下）	18/1		所处气候区	寒冷B区	冬季室内计算温度（℃）	18	室内空气露点温度（℃）	10.12
外墙墙体材料及选用的外墙保温体系	320厚 5.1外-加气混凝土砌块200+岩棉板80				冬季室外计算温度（℃）	-7	最不利热桥部位内表面温度（℃）	16.50
体形系数	限值		9～13层 0.30	≥14层 0.26	窗墙面积比	限值	东：0.35 南：0.50 西：0.35 北：0.30	
	设计值		0.31			设计值	0.29 0.60 0.29 0.30	

围护结构部位	限值（标准指标）	设计值	保温层材料、厚度、燃烧性能等级	保温材料导热系数及修正系数
屋面	0.40	0.54	挤塑聚苯板50mm（B1级）	0.030 1.10
外墙/凸窗（不透明）的顶板、底板、侧板	0.70/0.70	外墙 0.53 凸窗不透明的板 顶 0.53 底 0.53 侧	岩棉板80mm（A级） 岩棉板80mm（A级）	0.040 1.20
架空或外挑楼板				
非采暖地下室顶板 传热系数 K [W/(m²·K)]	0.65	0.65	岩棉板60mm（A级）	0.040 1.20
分隔采暖与非采暖空间的隔墙	1.5	0.80	保温砂浆30mm	0.290 1.25
分隔采暖与非采暖空间的户门	1.8	1.80	乙级防火保温、防盗、隔声门	—
阳台门下部门芯板	1.7	1.70	5厚塑料扣板内填40厚岩棉板+5厚	
周地地面 保温材料层热阻R [(m²·K)/W]			挤塑聚苯板50厚	0.030 1.10
地下室外墙（与土壤接触的外墙）				

外窗（含开启式阳台门上部透明部分）	朝向	窗墙面积比（简称Cw）	传热系数K [W/(m²·K)]			遮阳系数Sc（东、西向/南、北向）	传热系数K [W/(m²·K)]		遮阳系数Sc	窗框材料及窗玻璃品种、规格，中空玻璃露点
			普通	凸窗	寒冷(A)	寒冷(B)	普通	凸窗		
	东南西北	Cw≤0.20	2.6	2.2	-/-		2.1	2.1		塑料型材框+中空玻璃（6mm高透光Low-E+12mm空气+6mm透明）-40℃
		0.20<Cw≤0.30	2.4	2.0	-/-					
		0.30<Cw≤0.40	2.2	1.9	0.45/-					
		0.40<Cw≤0.50	2.0	1.7	0.35/-					

外窗及敞开式阳台门气密性等级（GB/T 7106-2008）：限值 ≥7级，设计值 7级

封闭式阳台 当阳台和房间之间设置隔墙和门、窗，且所设隔墙和门、窗的传热系数大于本标准第4.22条表中所列限值时	传热系数K	室外空气与阳台的接触部位			阳台窗	阳台和直接连通房间隔墙的窗面积比
	部位	墙板	顶板	地板		
	限值	0.84	0.84	0.84	3.1	限值 东：0.35 南：0.50 西：0.35 北：0.30
	设计值	0.661	0.588			设计值 0.00 0.54 0.00 0.00

是否符合标准规定性指标要求：是□ 否□

围护结构热工性能的权衡判断

建筑物耗热量指标限值（W/m²）	9.60	限值（权衡判断时也必须满足）	东：0.45 南：0.60 西：0.45 北：0.40
设计建筑的建筑物耗热量指标（W/m²）	8.23	窗比 设计值	0.29 0.60 0.29 0.30

注：
1. 地下室、楼梯间、电梯厅、管井、电梯井道等部位为不采暖空间（室内为采暖空间）。
2. 外墙保温材料选用岩棉板80mm厚（A级）。

图 8-5 建筑设计表格

4

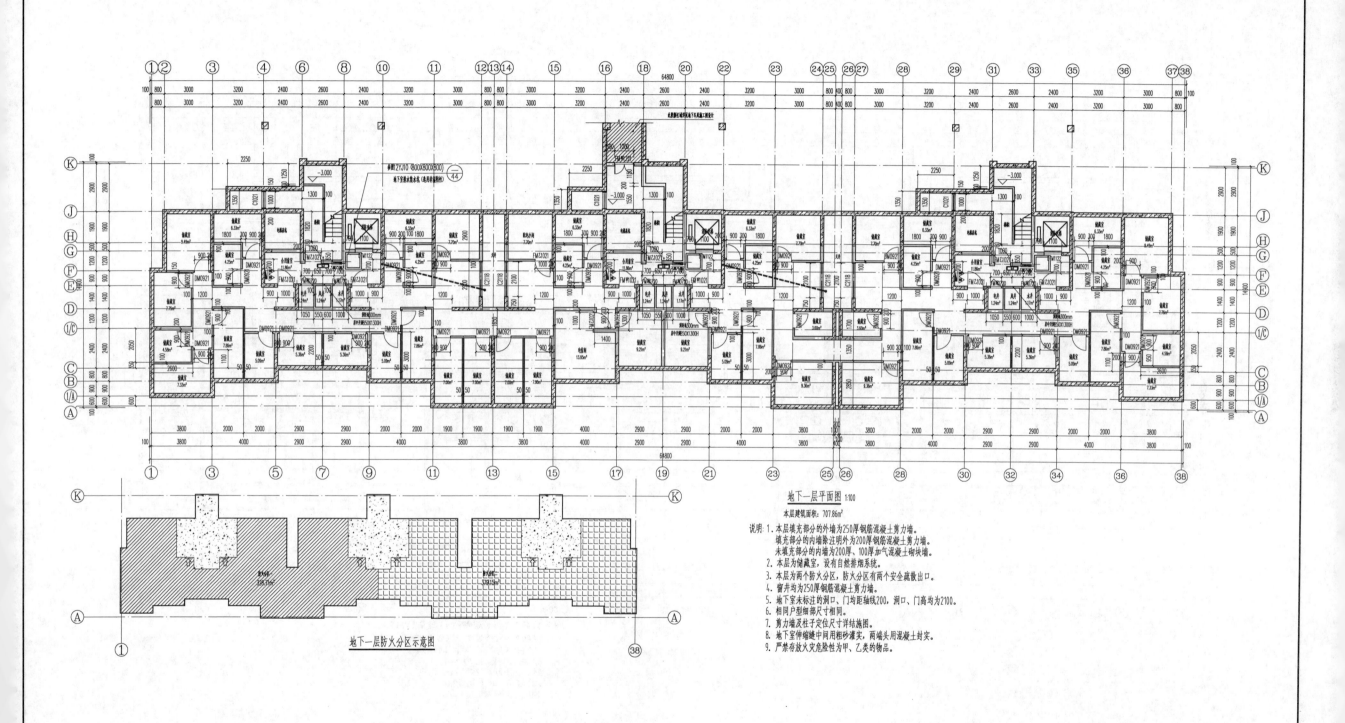

地下一层平面图 1:100

本层建筑面积：707.86m²

说明：1. 本层填充部分的外墙为250厚钢筋混凝土剪力墙。
　　　　填充部分的内墙除注明外为200厚钢筋混凝土剪力墙。
　　　　未填充部分的内墙为200厚、100厚加气混凝土砌块墙。
　　　2. 本层为储藏室，设有自然排烟系统。
　　　3. 本层为两个防火分区，防火分区有两个安全疏散出口。
　　　4. 窗井均为250厚钢筋混凝土剪力墙。
　　　5. 地下室未标注的洞口、门均距轴线200，洞口、门高均为2100。
　　　6. 相同户型细部尺寸相同。
　　　7. 剪力墙及柱子定位尺寸详结施图。
　　　8. 地下室伸缩缝中间用粗砂灌实，两端头用混凝土封实。
　　　9. 严禁存放火灾危险性为甲、乙类的物品。

地下一层防火分区示意图

图 8-6　地下一层平面图

5

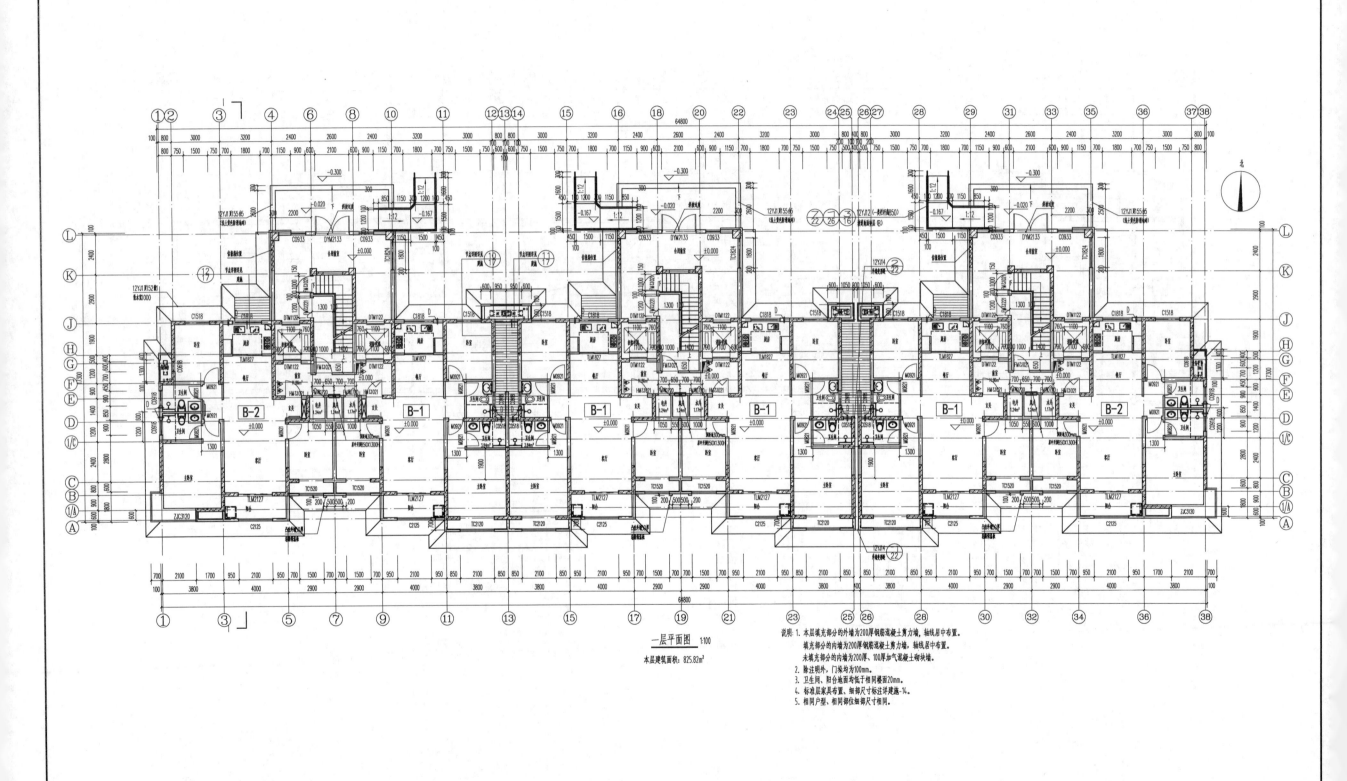

一层平面图 1:100

本层建筑面积：825.82m²

说明：1. 本层填充部分的外墙为200厚钢筋混凝土剪力墙，轴线居中布置。
　　　　填充部分的内墙为200厚钢筋混凝土剪力墙，轴线居中布置。
　　　　未填充部分的内墙为200厚、100厚加气混凝土砌块墙。
　　　2. 除注明外，门窗均为100mm。
　　　3. 卫生间、阳台地面均低于相同楼面20mm。
　　　4. 标准层家具布置、细部尺寸标注详建施-14。
　　　5. 相同户型、相同部位细部尺寸相同。

图 8-7　一层平面图

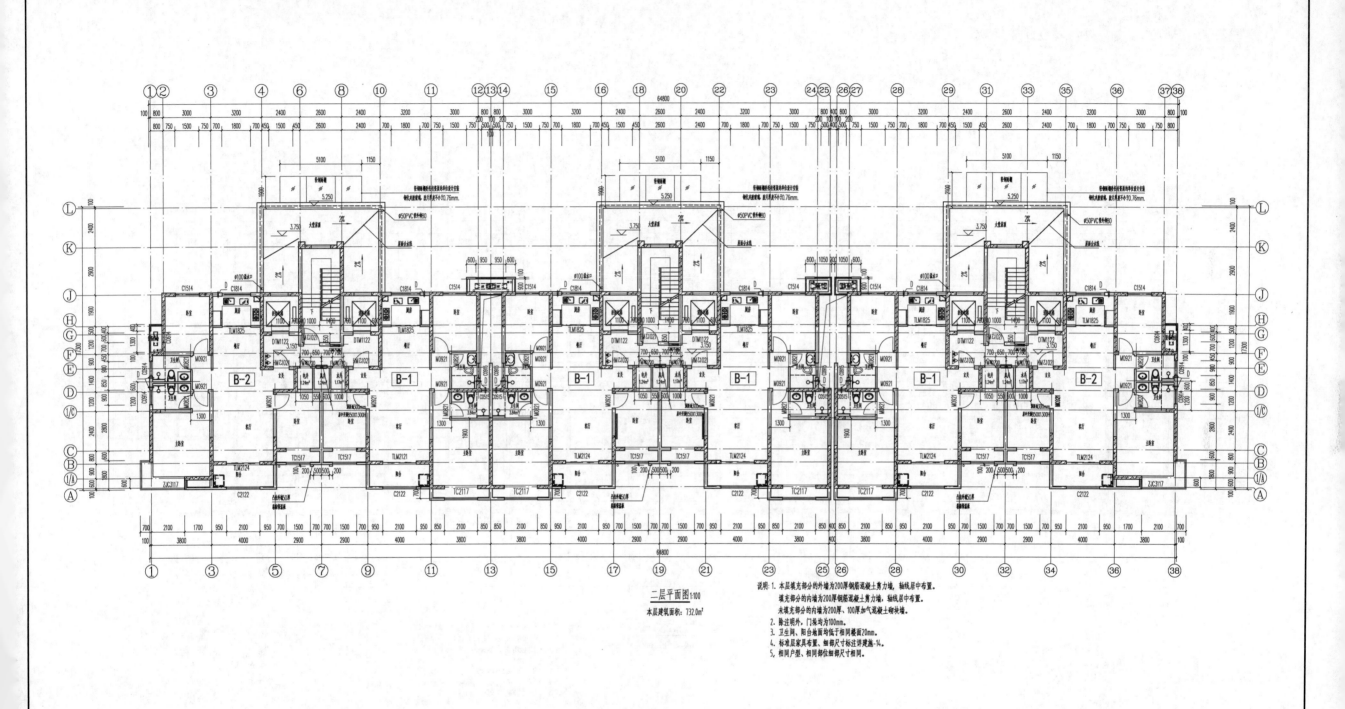

二层平面图 1:100

本层建筑面积：732.0m²

说明：1. 本层填充部分的外墙为200厚钢筋混凝土剪力墙，轴线居中布置。
　　　　填充部分的内墙为200厚钢筋混凝土剪力墙，轴线居中布置。
　　　　未填充部分的内墙为200厚、100厚加气混凝土砌块墙。
　　　2. 除注明外，门垛均为100mm。
　　　3. 卫生间、阳台地面均低于相同楼面20mm。
　　　4. 标准层家具布置、细部尺寸标注详建施-14。
　　　5. 相同户型、相同部位细部尺寸相同。

图 8-8　二层平面图

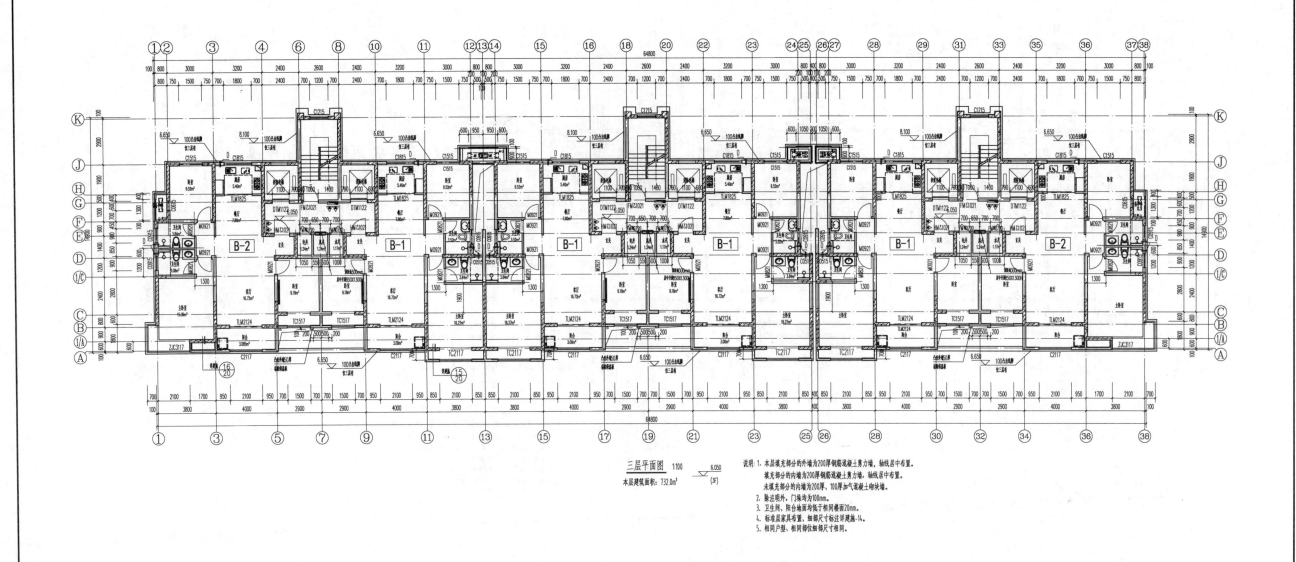

三层平面图 1:100 ▽ 6.050
本层建筑面积：732.0m²   (3F)

说明：1. 本层填充部分的外墙为200厚钢筋混凝土剪力墙，轴线居中布置。
        填充部分的内墙为200厚钢筋混凝土剪力墙，轴线居中布置。
        未填充部分的内墙为200厚、100厚加气混凝土砌块墙。
     2. 除注明外，门垛均为100mm。
     3. 卫生间、阳台地面均低于相同楼面20mm。
     4. 标准层家具布置、细部尺寸标注详建施-14。
     5. 相同户型、相同部位细部尺寸相同。

图 8-9 三层平面图

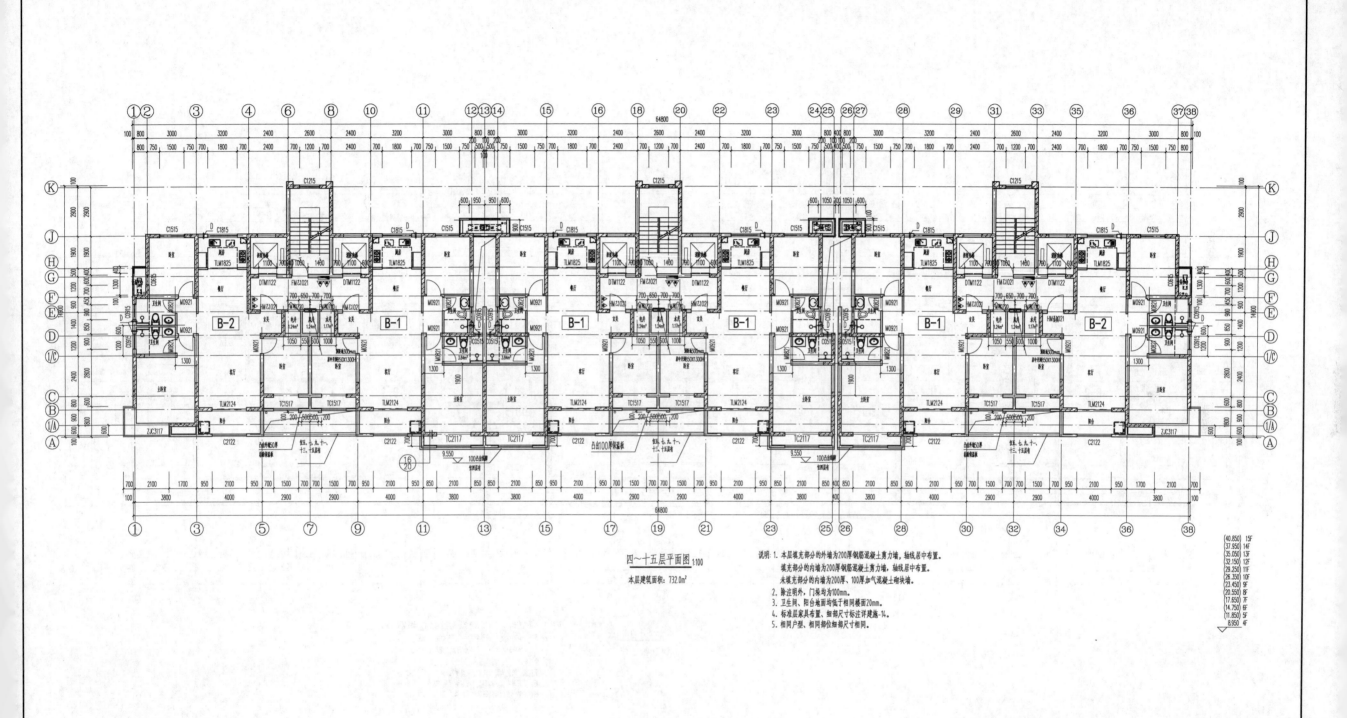

四~十五层平面图 1:100

本层建筑面积：732.0m²

说明：1. 本层填充部分的外墙为200厚钢筋混凝土剪力墙，轴线居中布置。
　　　　填充部分的内墙为200厚钢筋混凝土剪力墙，轴线居中布置。
　　　　未填充部分的内墙为200厚、100厚加气混凝土砌块墙。
　　　2. 除注明外，门垛均为100mm。
　　　3. 卫生间、阳台地面均低于相同楼面20mm。
　　　4. 标准层家具布置、细部尺寸详注详建施-14。
　　　5. 相同户型、相同部位细部尺寸相同。

图 8-10　四~十五层平面图

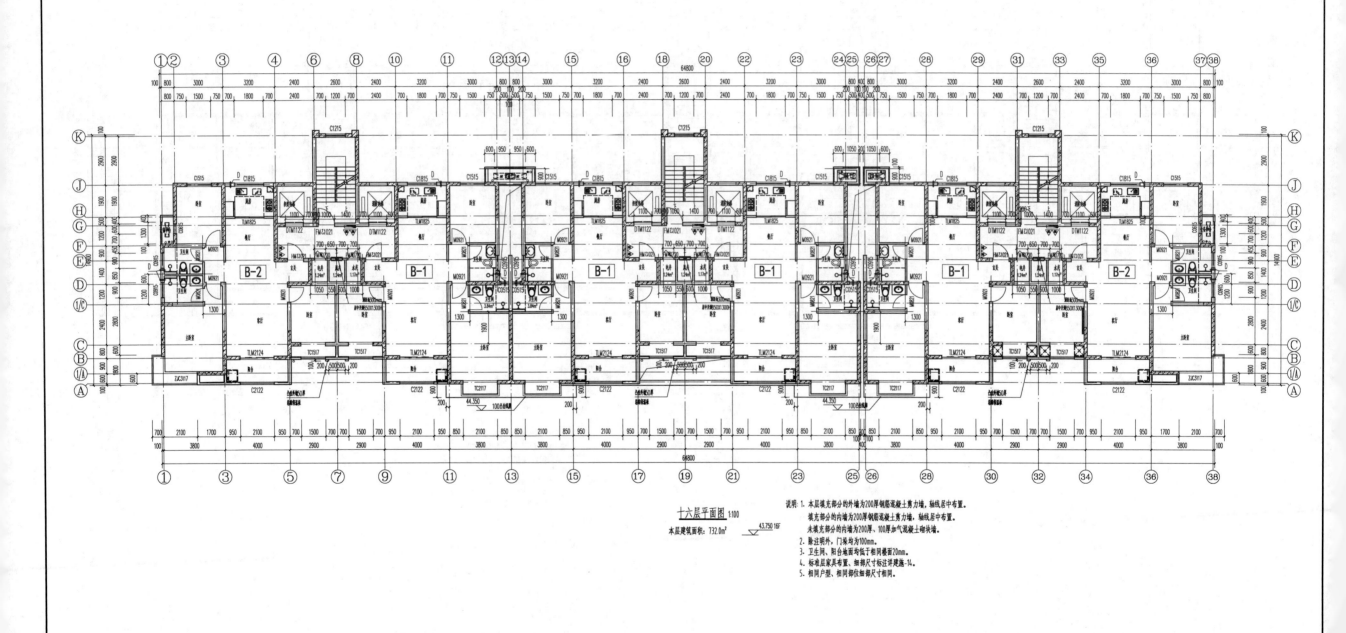

说明：1. 本层填充部分的外墙为200厚钢筋混凝土剪力墙，轴线居中布置。
　　　　填充部分的内墙为200厚钢筋混凝土剪力墙，轴线居中布置。
　　　　未填充部分的内墙为200厚、100厚加气混凝土砌块墙。
　　　2. 除注明外，门垛均为100mm。
　　　3. 卫生间、阳台地面均低于相同楼面20mm。
　　　4. 标准层家具布置、细部尺寸详见施-14。
　　　5. 相同户型、相同部位细部尺寸相同。

十六层平面图 1:100

本层建筑面积：732.0m²　　43.750 16F

图 8-11　十六层平面图

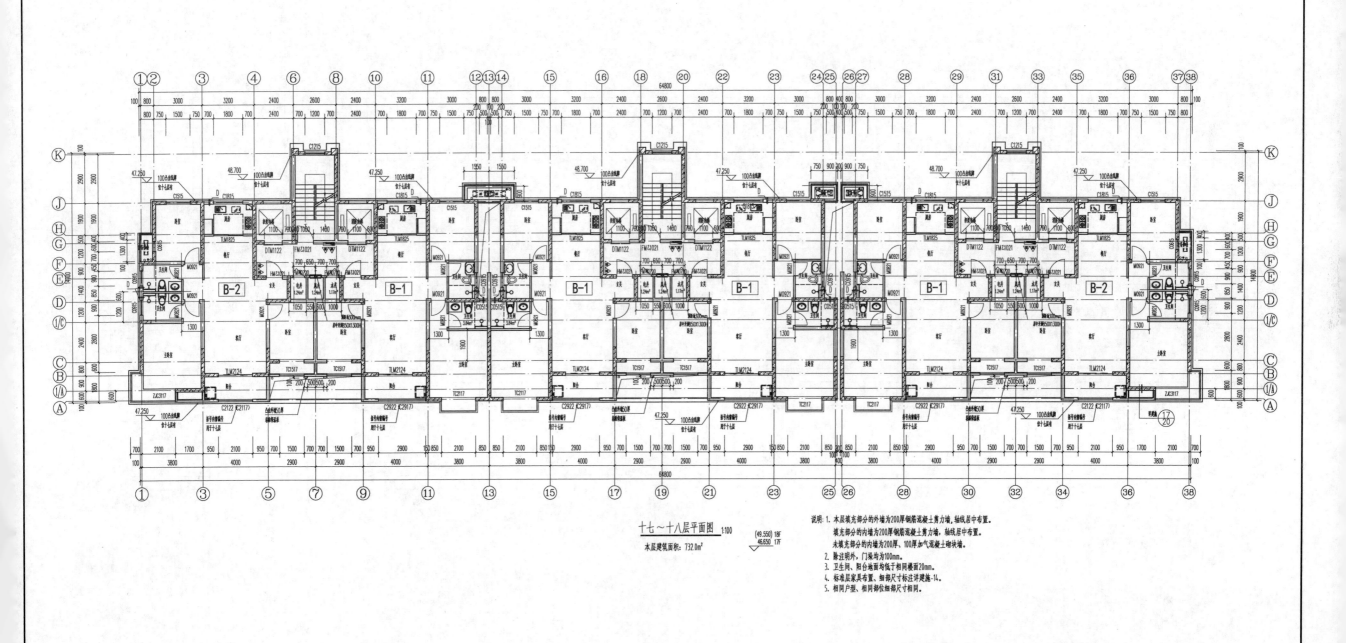

十七~十八层平面图 1:100

本层建筑面积：732.0m²

(49.550) 18F
46.650 17F

说明：1. 本层填充部分的外墙为200厚钢筋混凝土剪力墙，轴线居中布置。
　　　填充部分的内墙为200厚钢筋混凝土剪力墙，轴线居中布置。
　　　未填充部分的内墙为200厚、100厚加气混凝土砌块墙。
　　2. 卧注明外，门垛均为100mm。
　　3. 卫生间、阳台地面均低于相同楼面20mm。
　　4. 标准层家具布置、细部尺寸标注详建施-14。
　　5. 相同户型、相同部位细部尺寸相同。

图 8-12　十七~十八层平面图

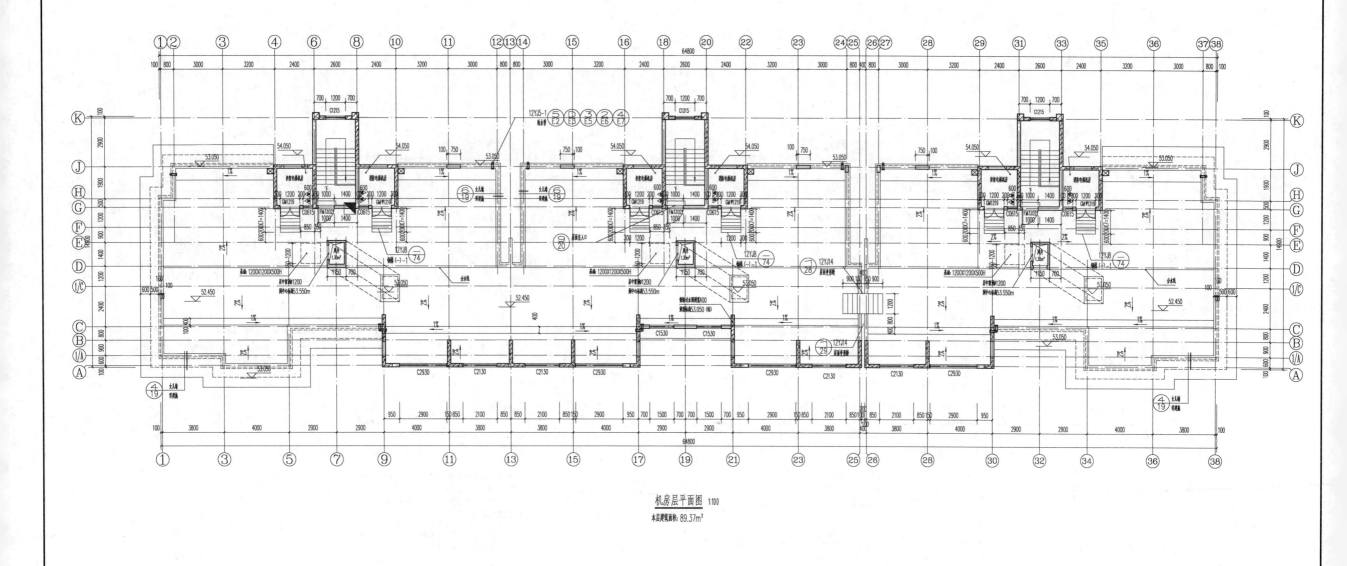

机房层平面图 1:100

本层建筑面积：89.37m²

图 8-13　机房层平面图

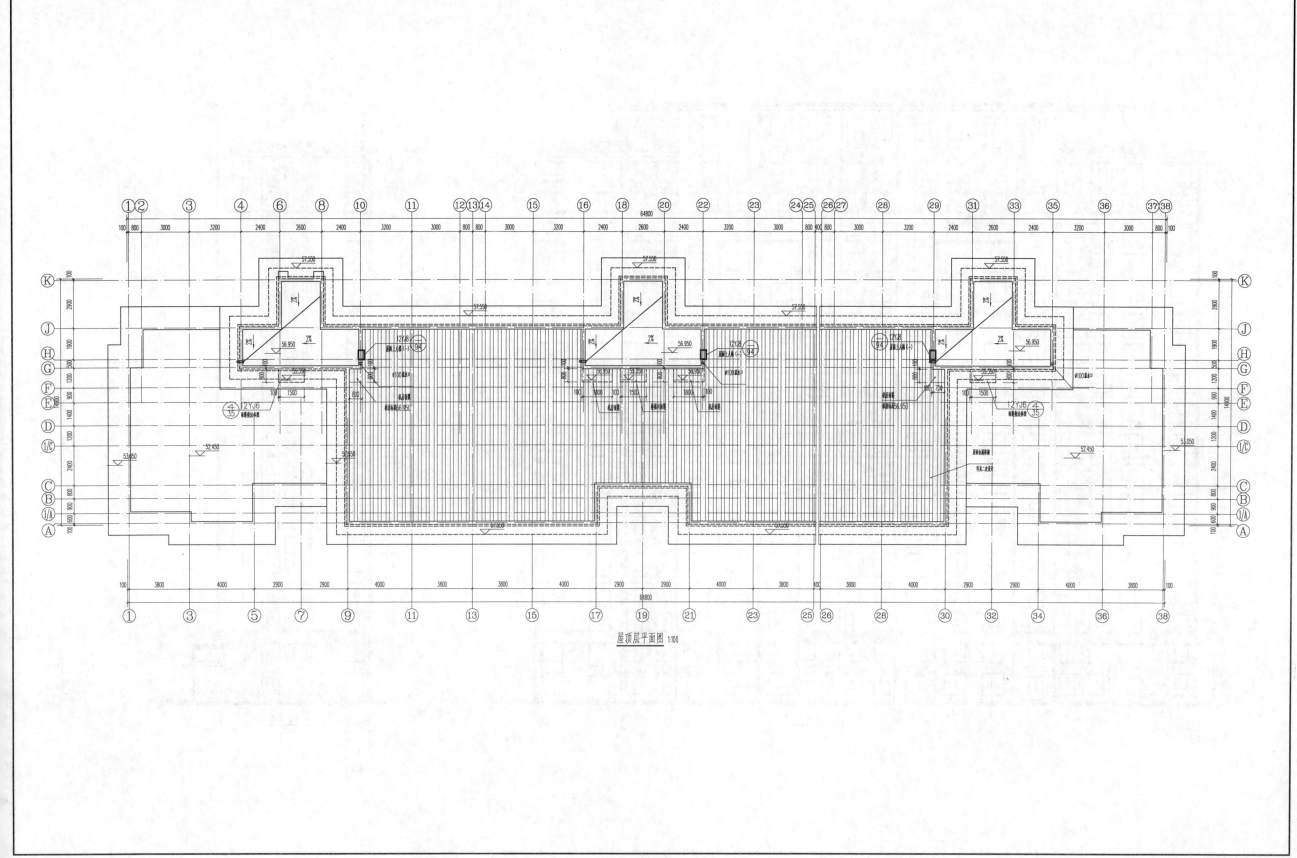

图 8-14 屋顶层平面图

13

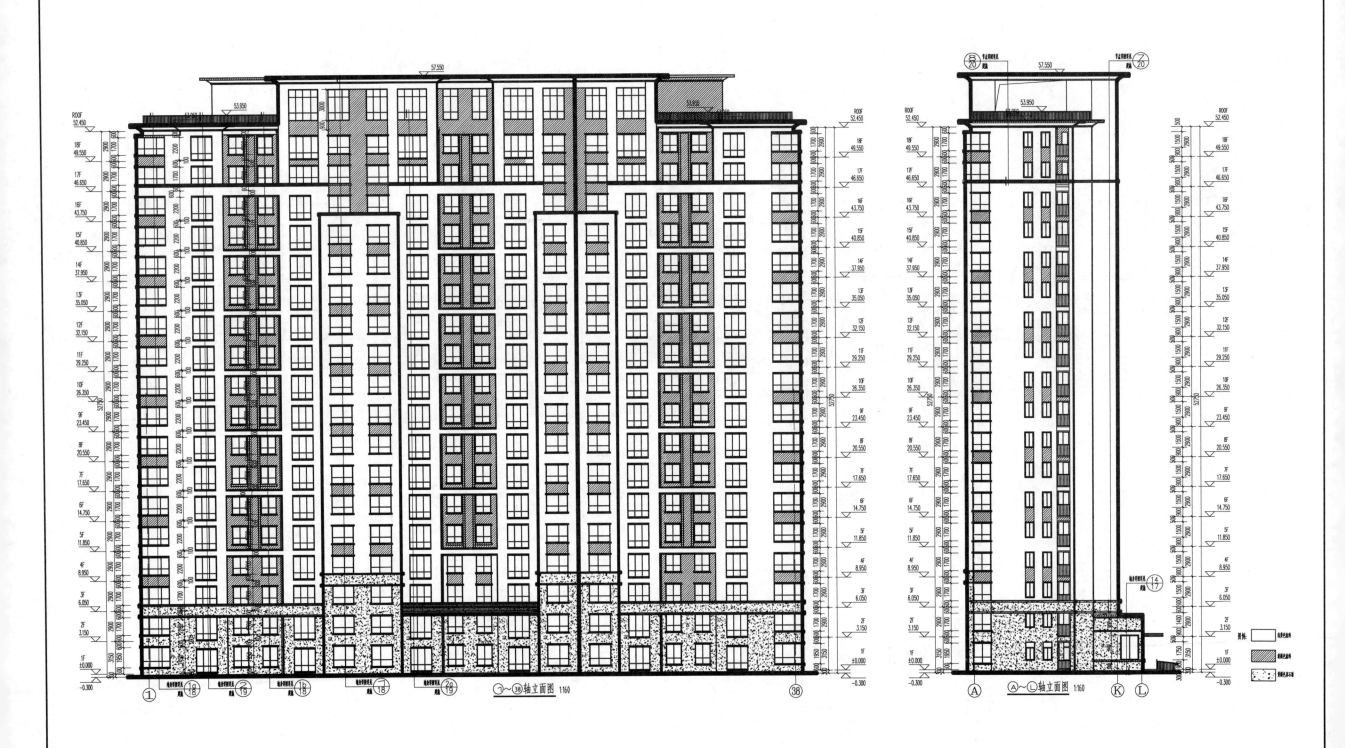

图 8-15 轴立面图

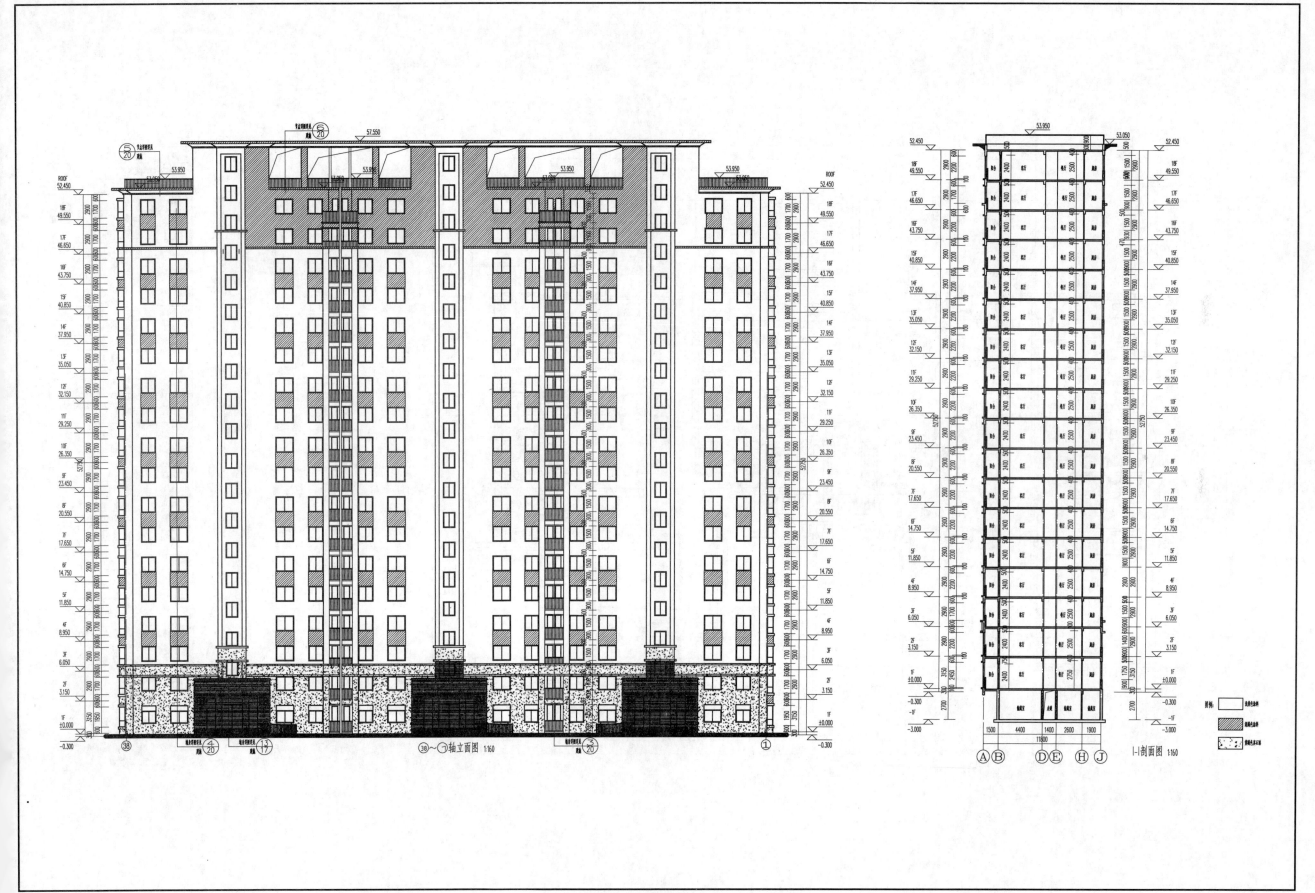

图 8-16　轴立面图和剖面图

15

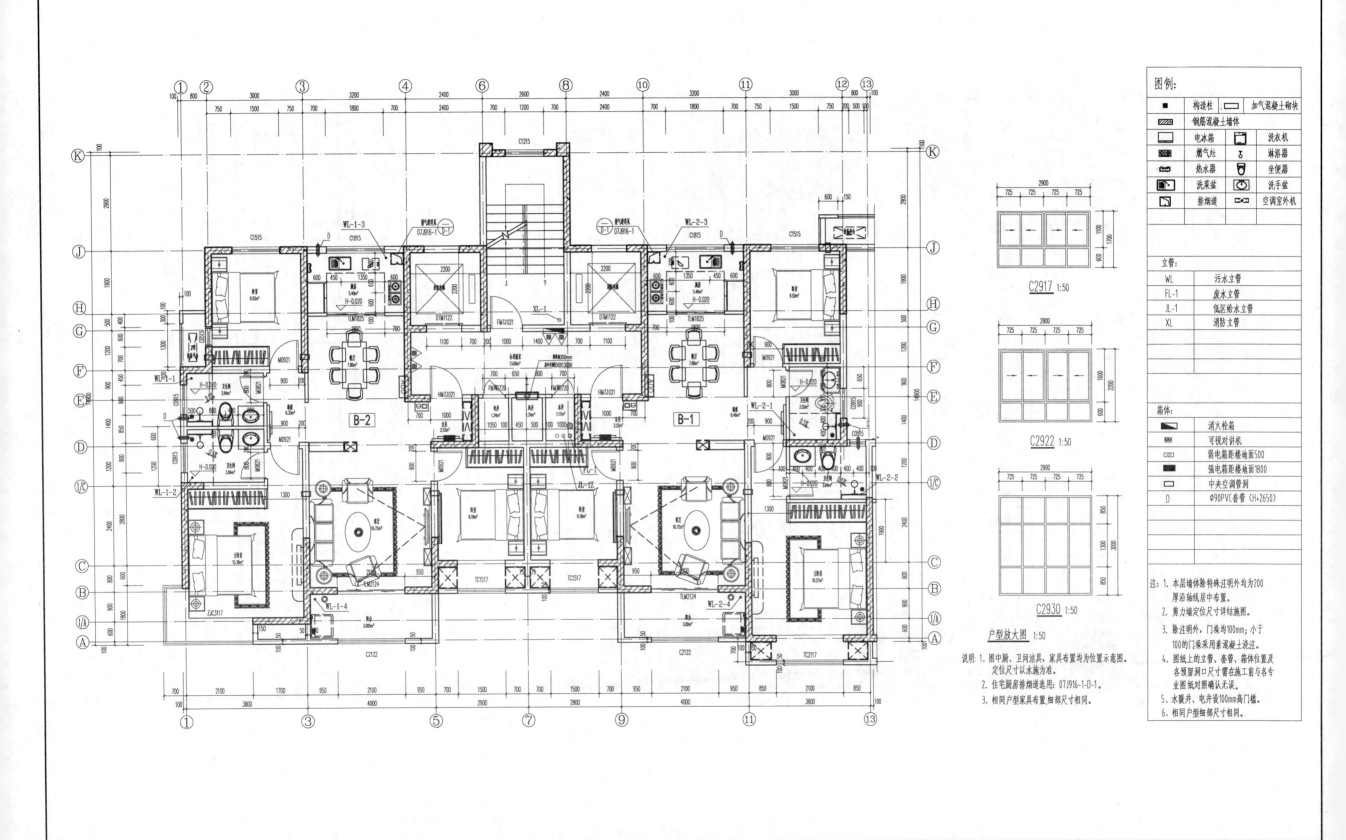

图 8-17 户型放大图

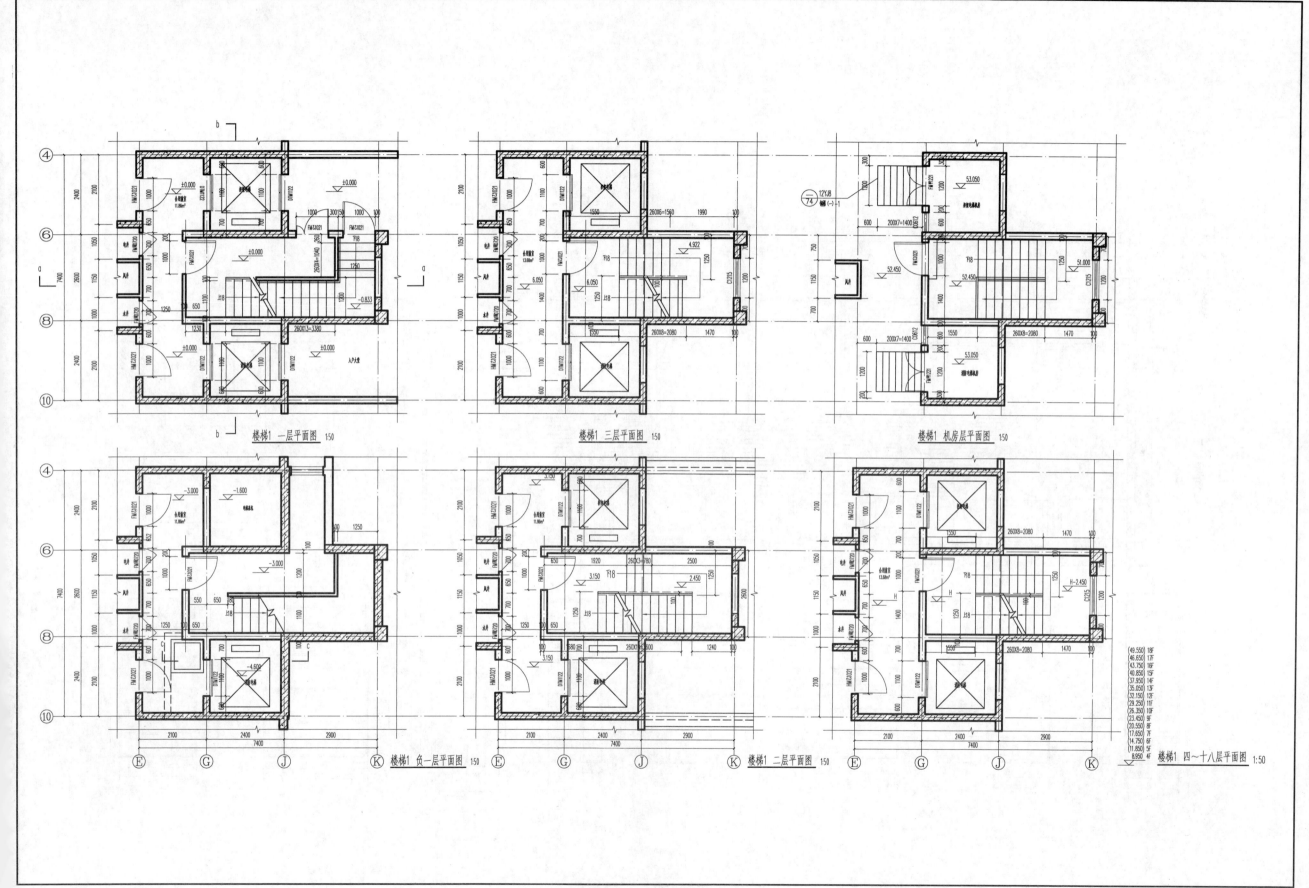

楼梯1 一层平面图 1:50

楼梯1 三层平面图 1:50

楼梯1 机房层平面图 1:50

楼梯1 负一层平面图 1:50

楼梯1 二层平面图 1:50

楼梯1 四～十八层平面图 1:50

图 8-18 四～十八层平面图

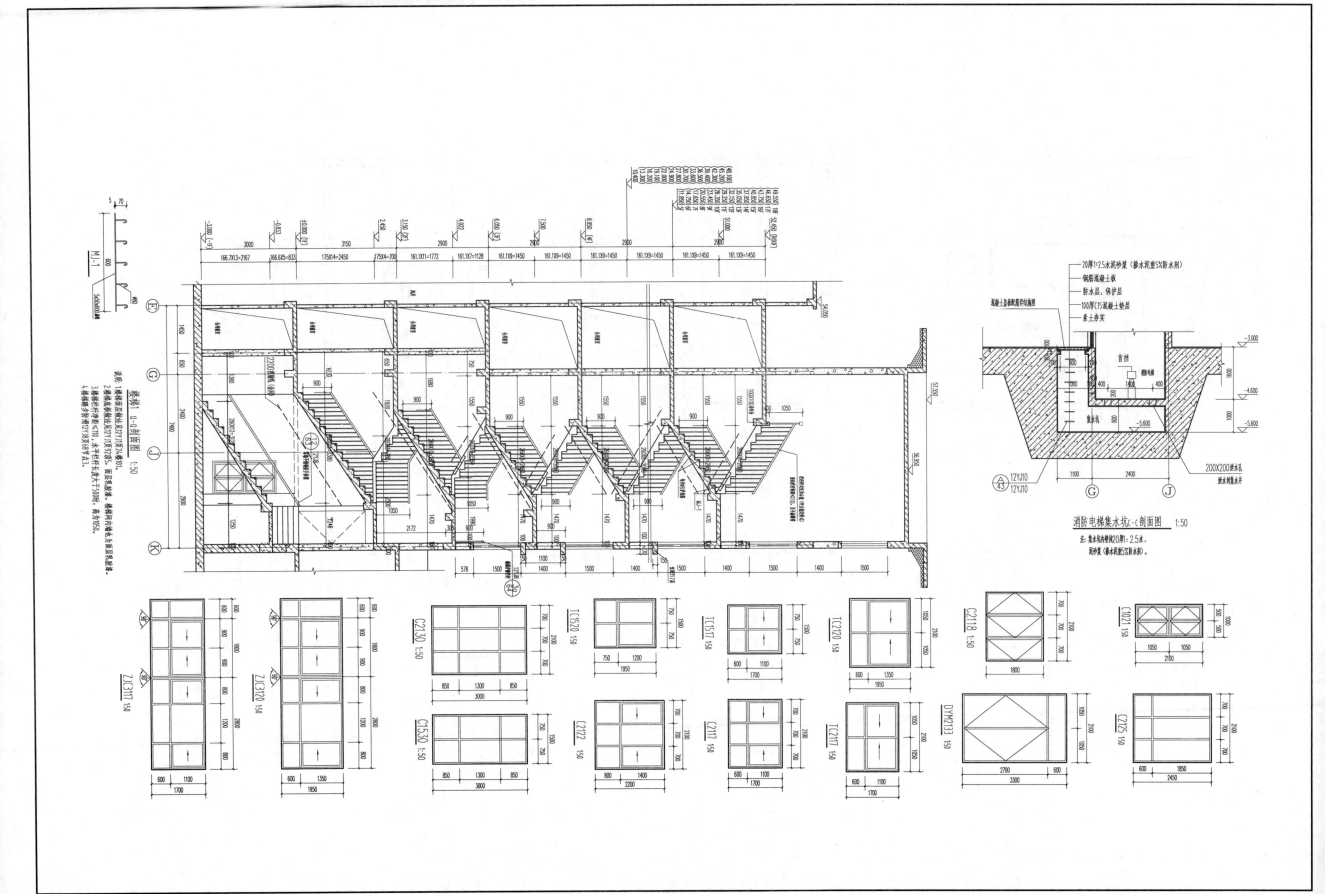

图 8-19　各种剖面图（一）

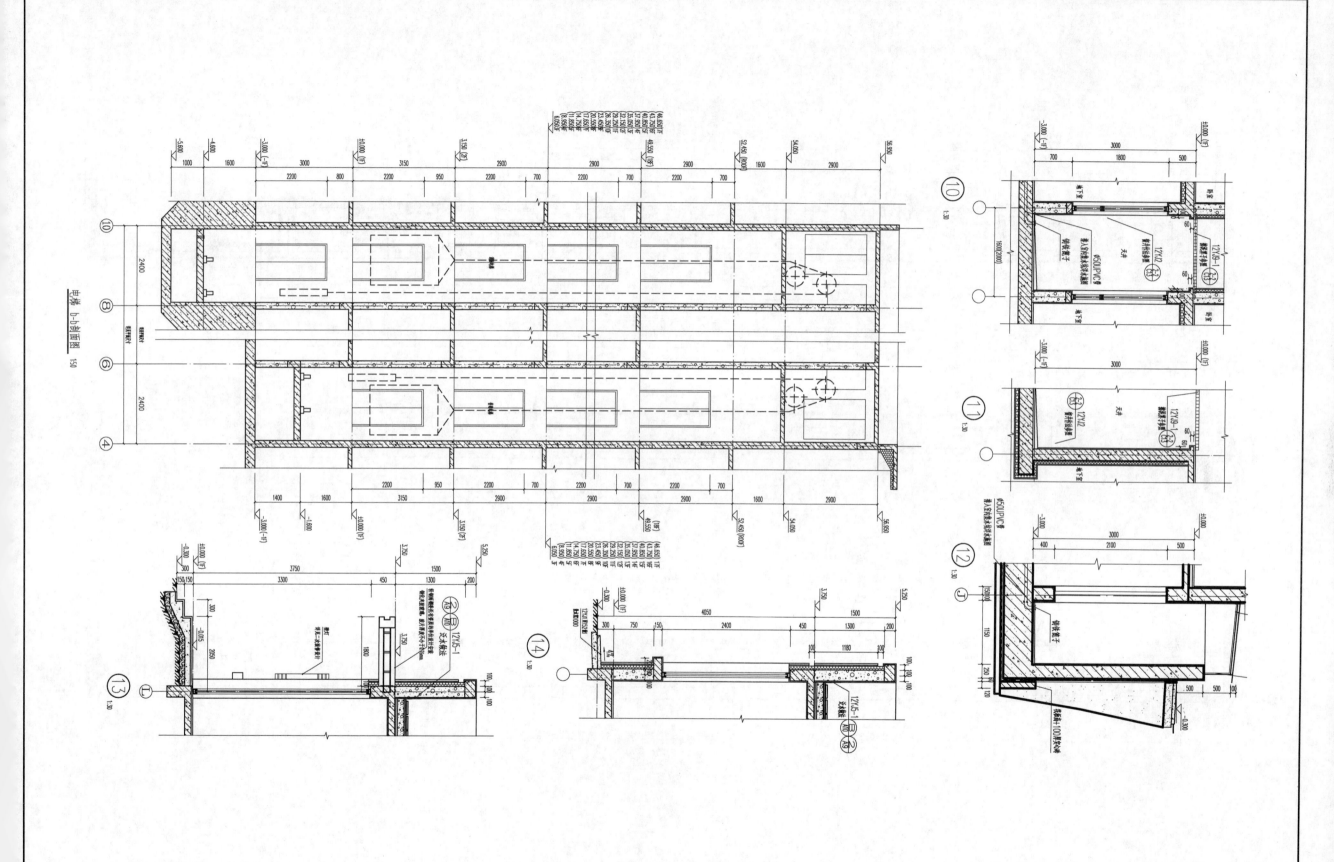

图 8-20 各种剖面图（二）

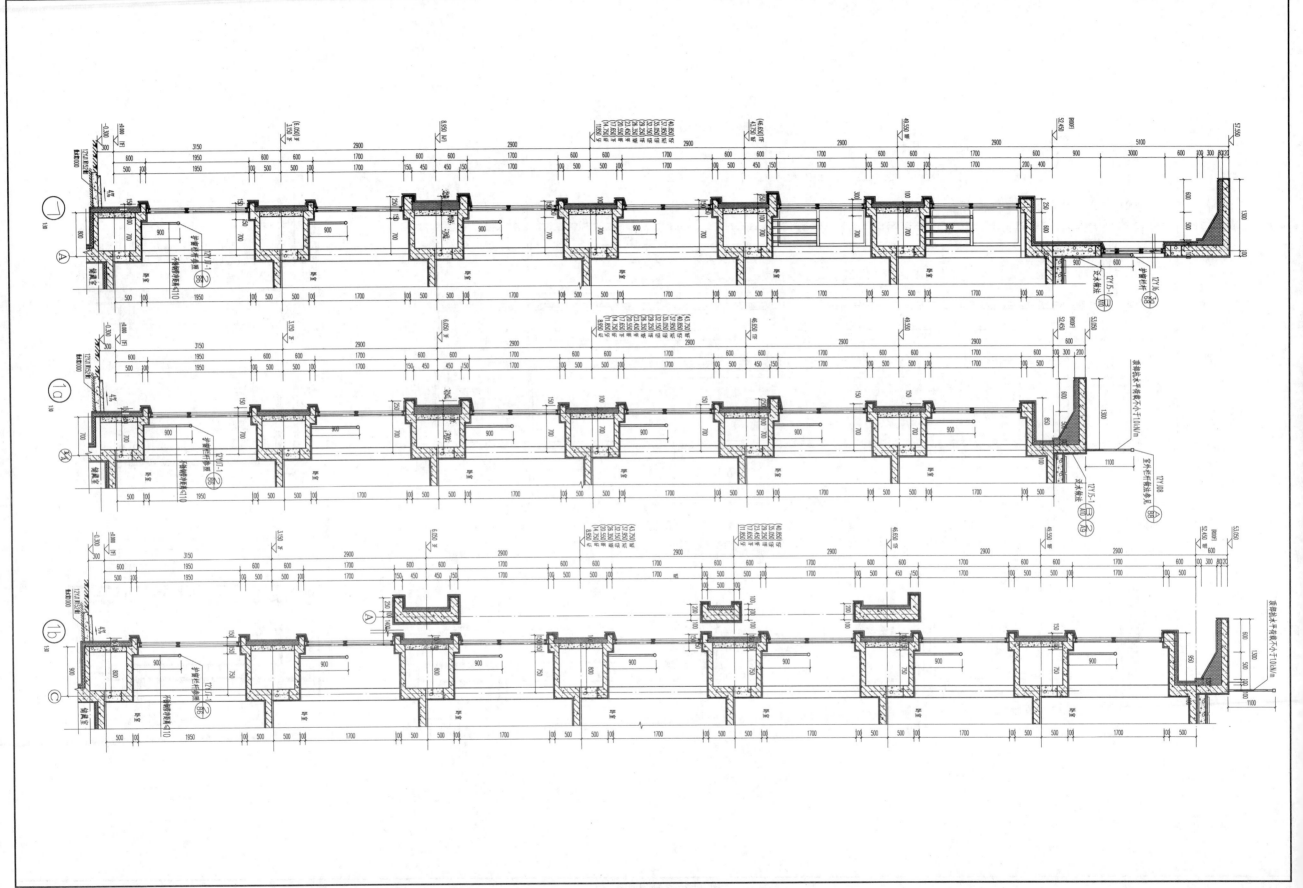

图 8-21　各种剖面图（三）

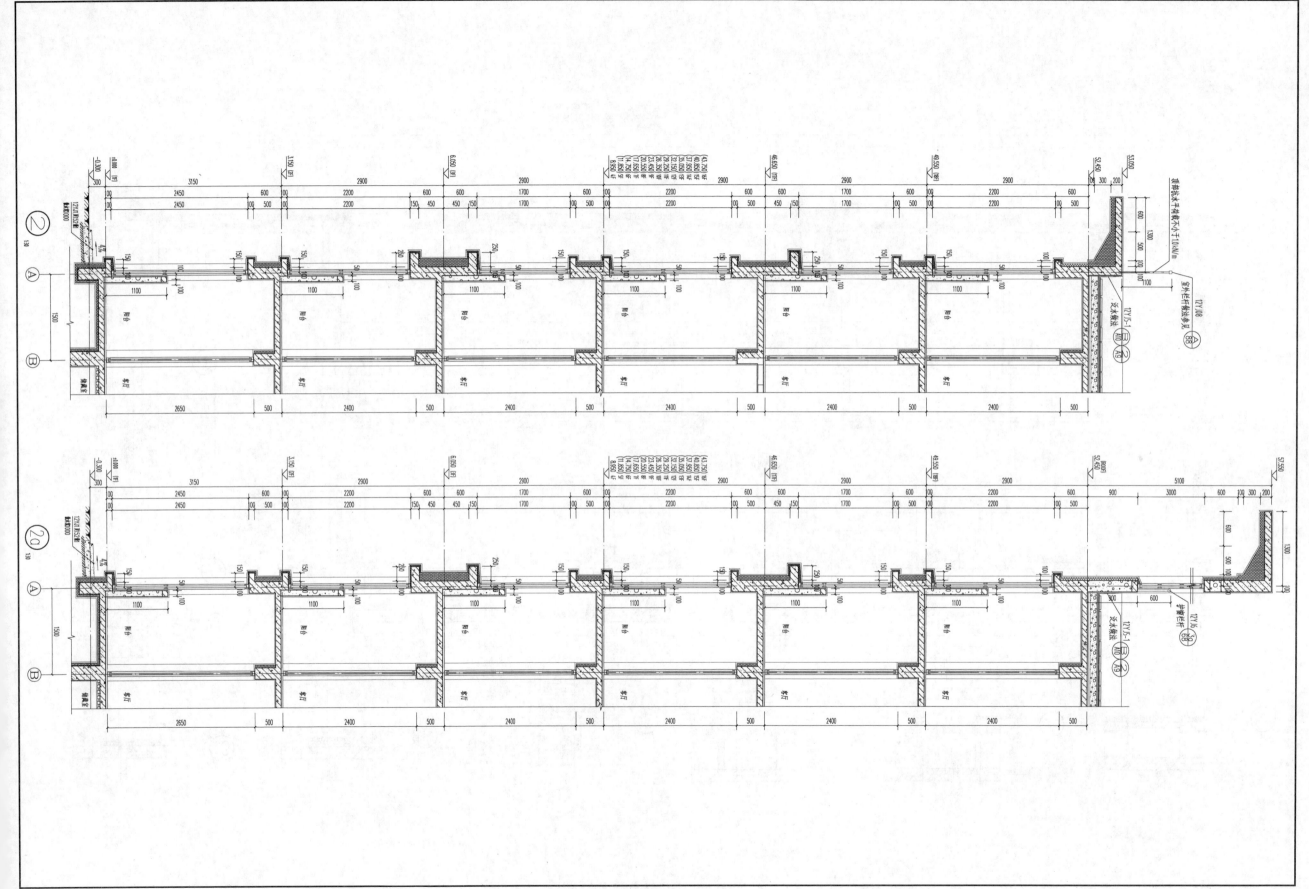

图 8-22 各种剖面图（四）

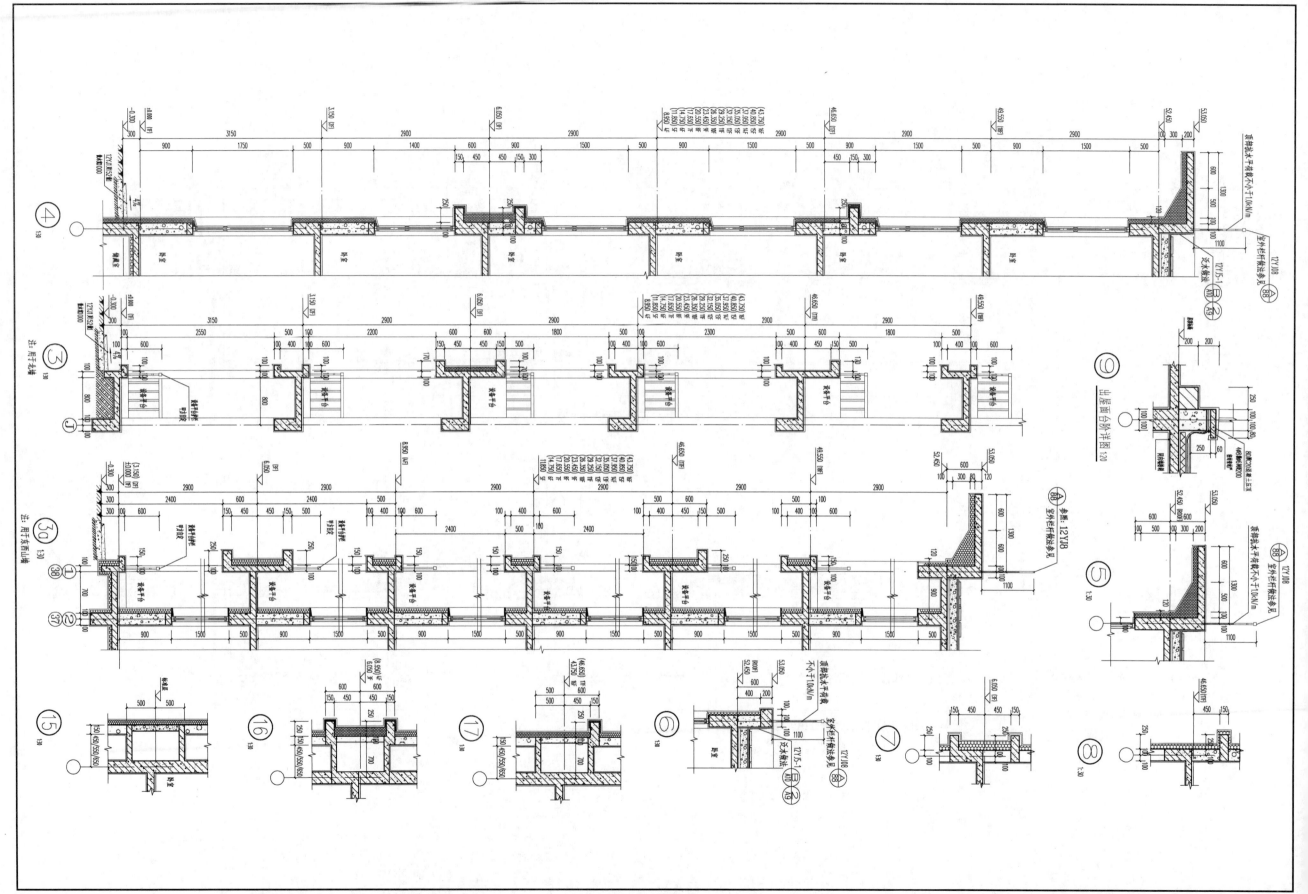

图 8-23 各种剖面图（五）

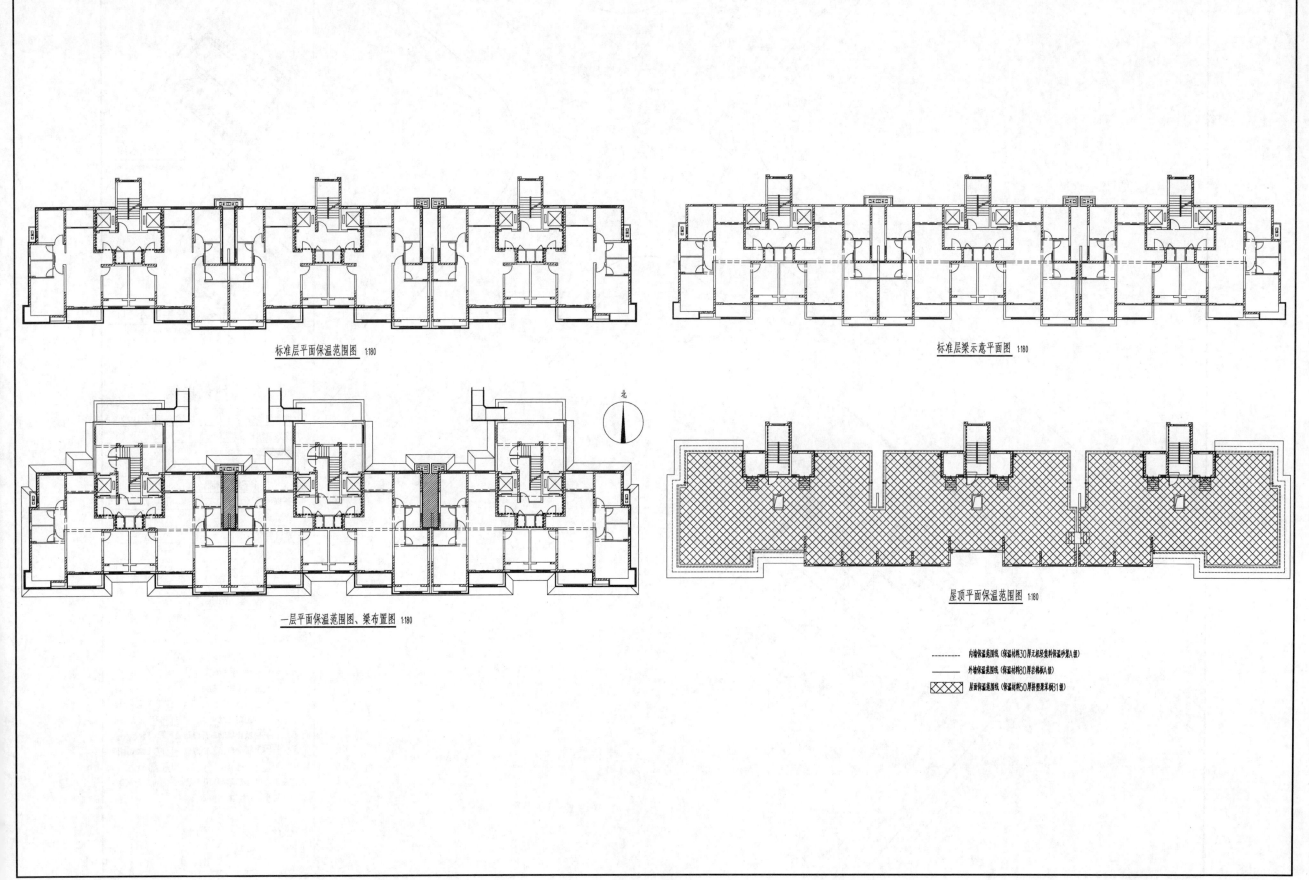

标准层平面保温范围图 1:180

标准层梁示意平面图 1:180

一层平面保温范围图、梁布置图 1:180

屋顶平面保温范围图 1:180

北

内墙保温范围线（保温材料30厚无机轻集料保温砂浆A级）

外墙保温范围线（保温材料80厚岩棉板A级）

屋面保温范围线（保温材料50厚挤塑聚苯板B1级）

图 8-24　其他图

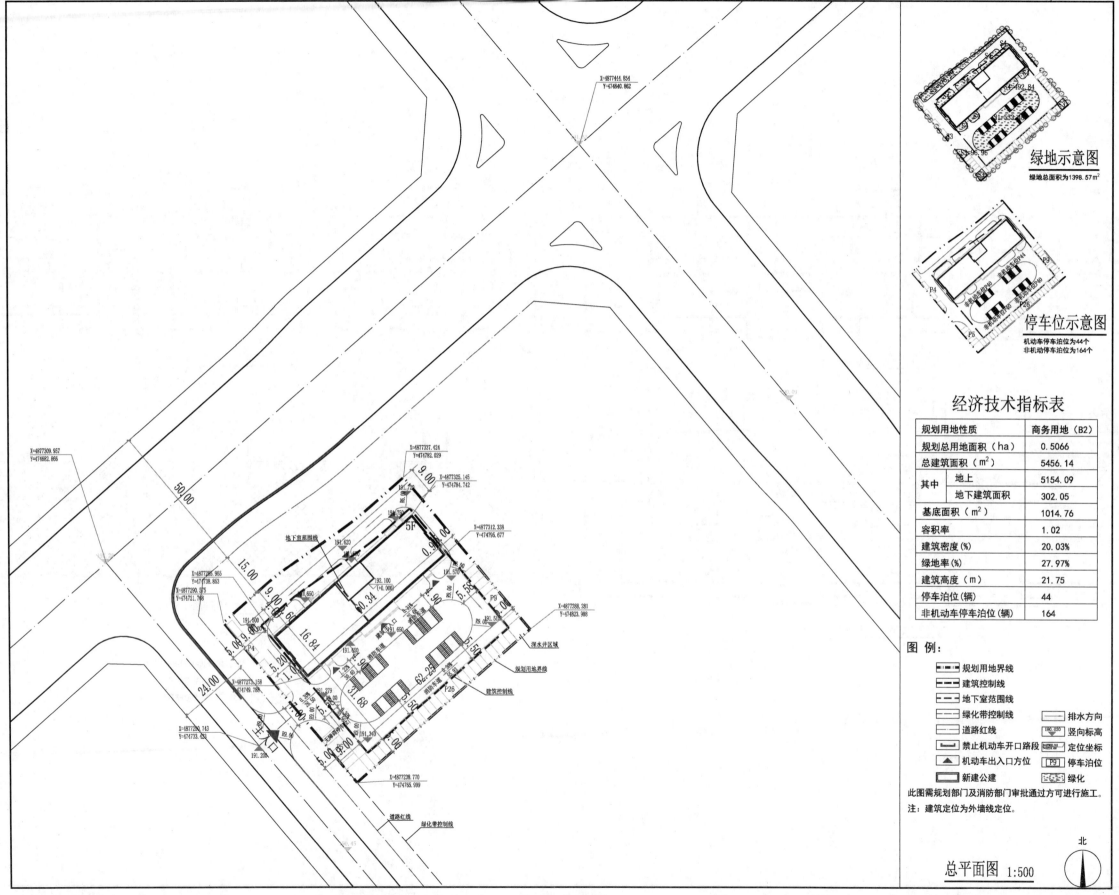

绿地示意图

绿地总面积为1398.57m²

停车位示意图

机动车停车泊位为44个
非机动停车泊位为164个

经济技术指标表

规划用地性质		商务用地（B2）
规划总用地面积（ha）		0.5066
总建筑面积（m²）		5456.14
其中	地上	5154.09
	地下建筑面积	302.05
基底面积（m²）		1014.76
容积率		1.02
建筑密度(%)		20.03%
绿地率(%)		27.97%
建筑高度（m）		21.75
停车泊位（辆）		44
非机动车停车泊位(辆)		164

图 例：

规划用地界线
建筑控制线
地下室范围线
绿化带控制线   排水方向
道路红线   竖向标高
禁止机动车开口路段   定位坐标
机动车出入口方位   P9 停车泊位
新建公建   绿化

此图需规划部门及消防部门审批通过方可进行施工。

注：建筑定位为外墙线定位。

北

总平面图 1:500

图 9-1 总平面图

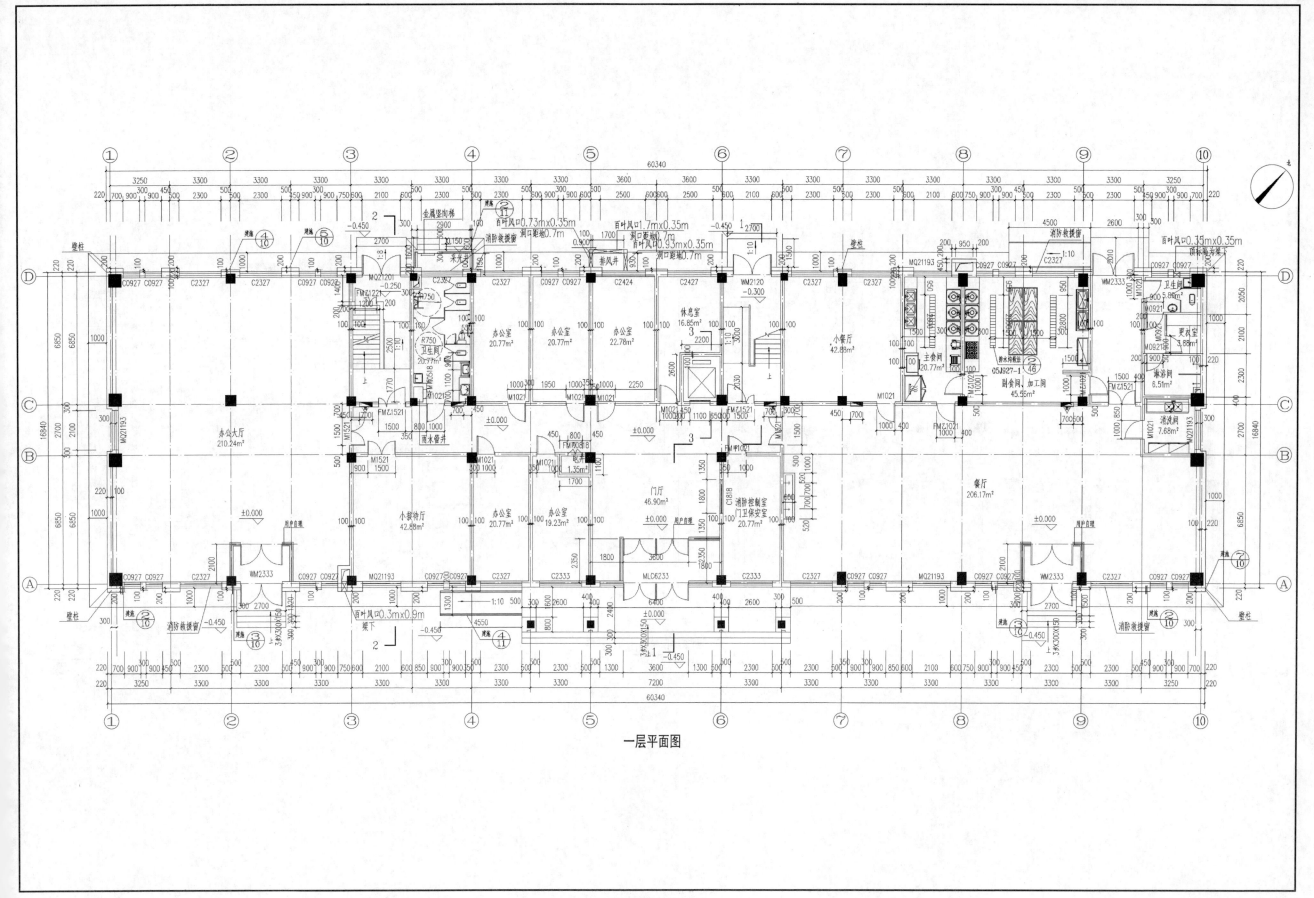

图 9-2 一层平面图

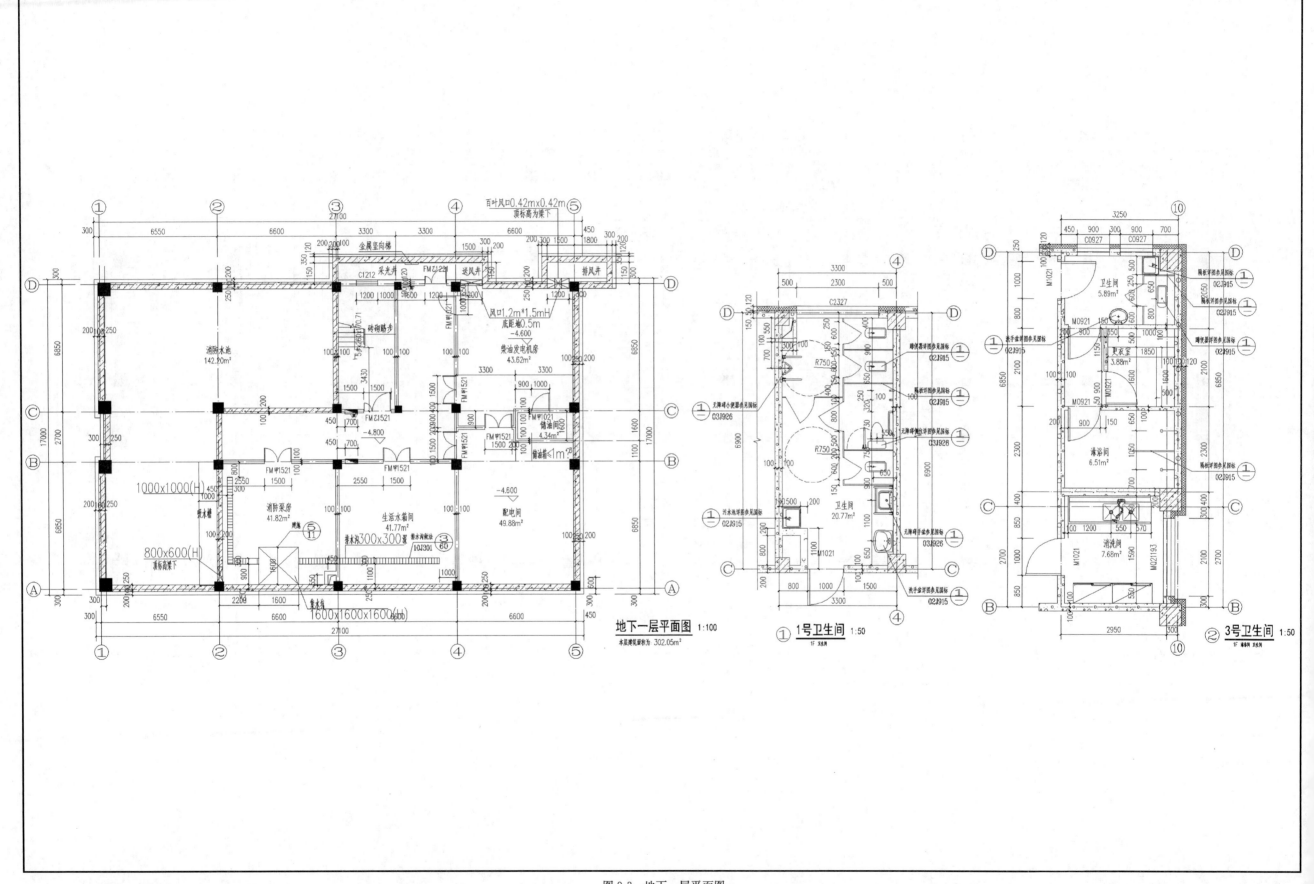

地下一层平面图 1:100
本层建筑面积为：302.05m²

① 1号卫生间 1:50
1F 盥洗间 卫生间

② 3号卫生间 1:50
1F 盥洗间 卫生间

图 9-3　地下一层平面图

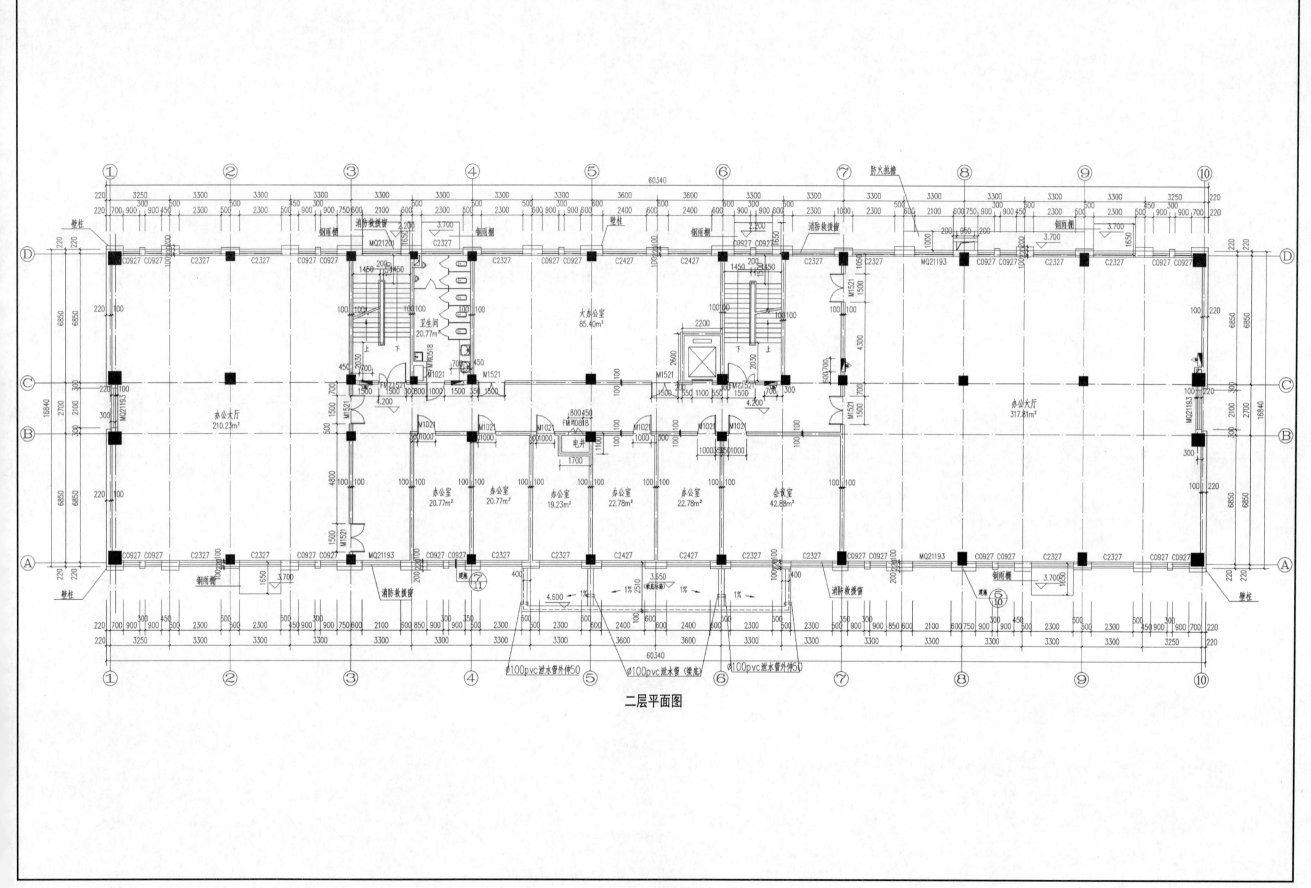

图 9-4 二层平面图

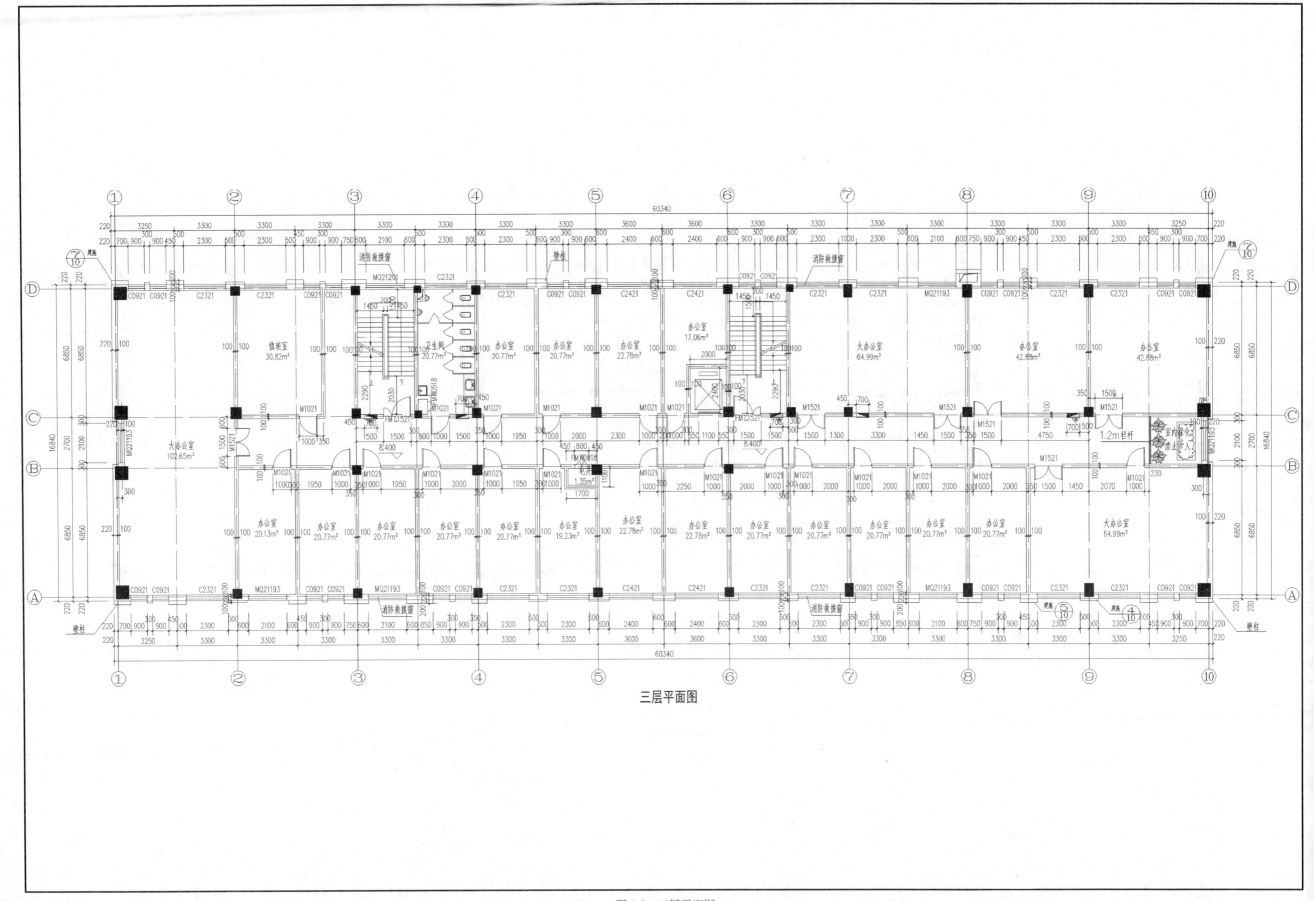

图 9-5 三层平面图

三层平面图

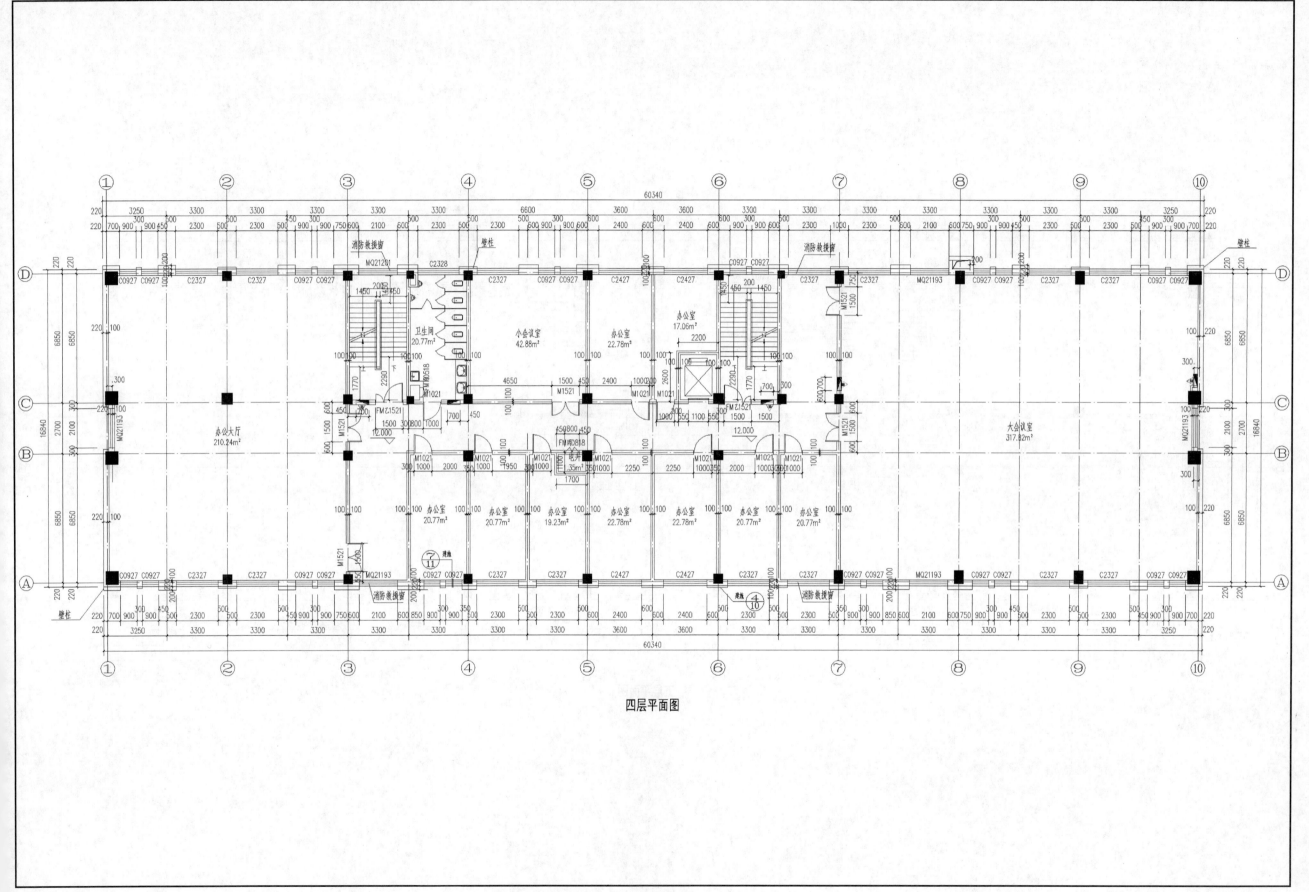

图 9-6　四层平面图

四层平面图

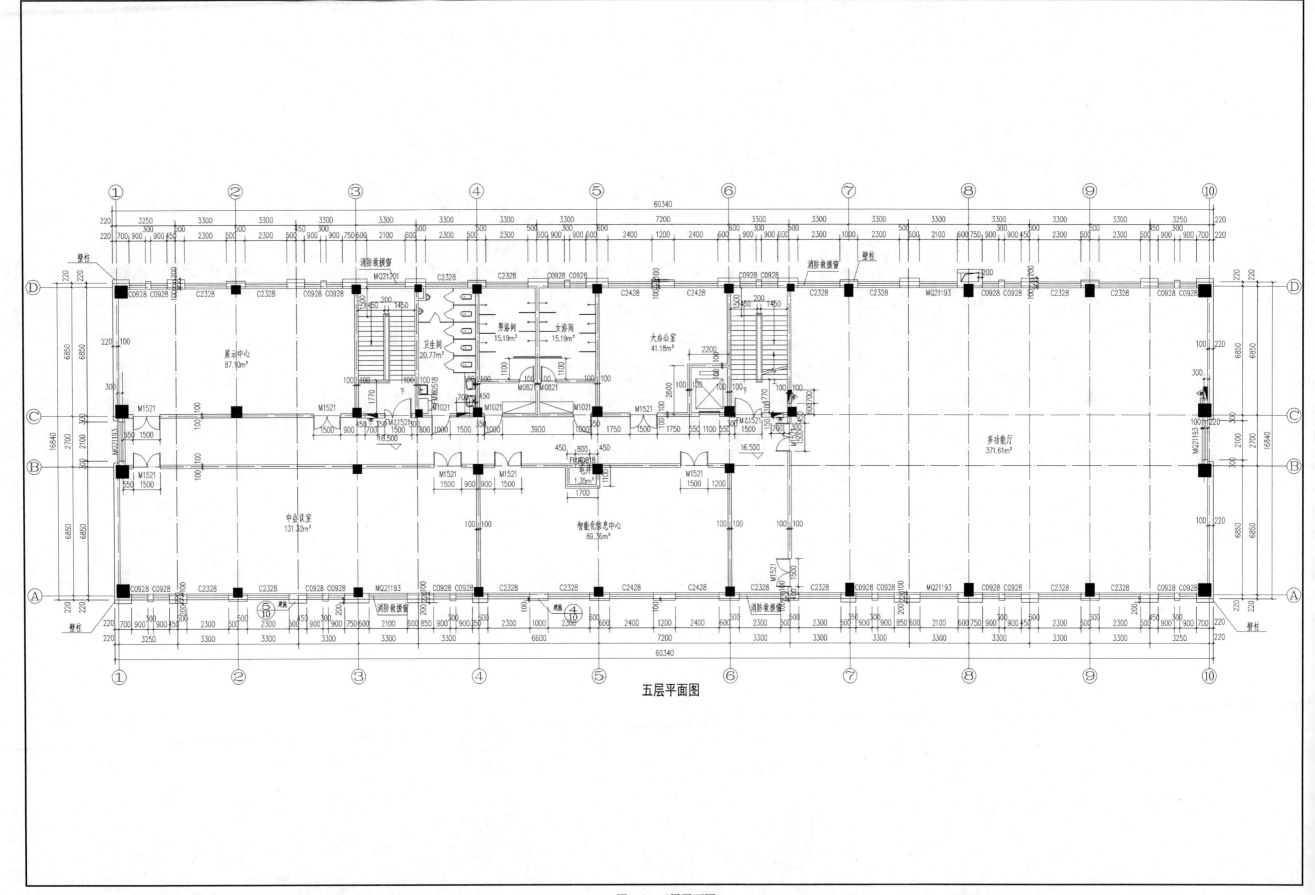

图 9-7 五层平面图

五层平面图

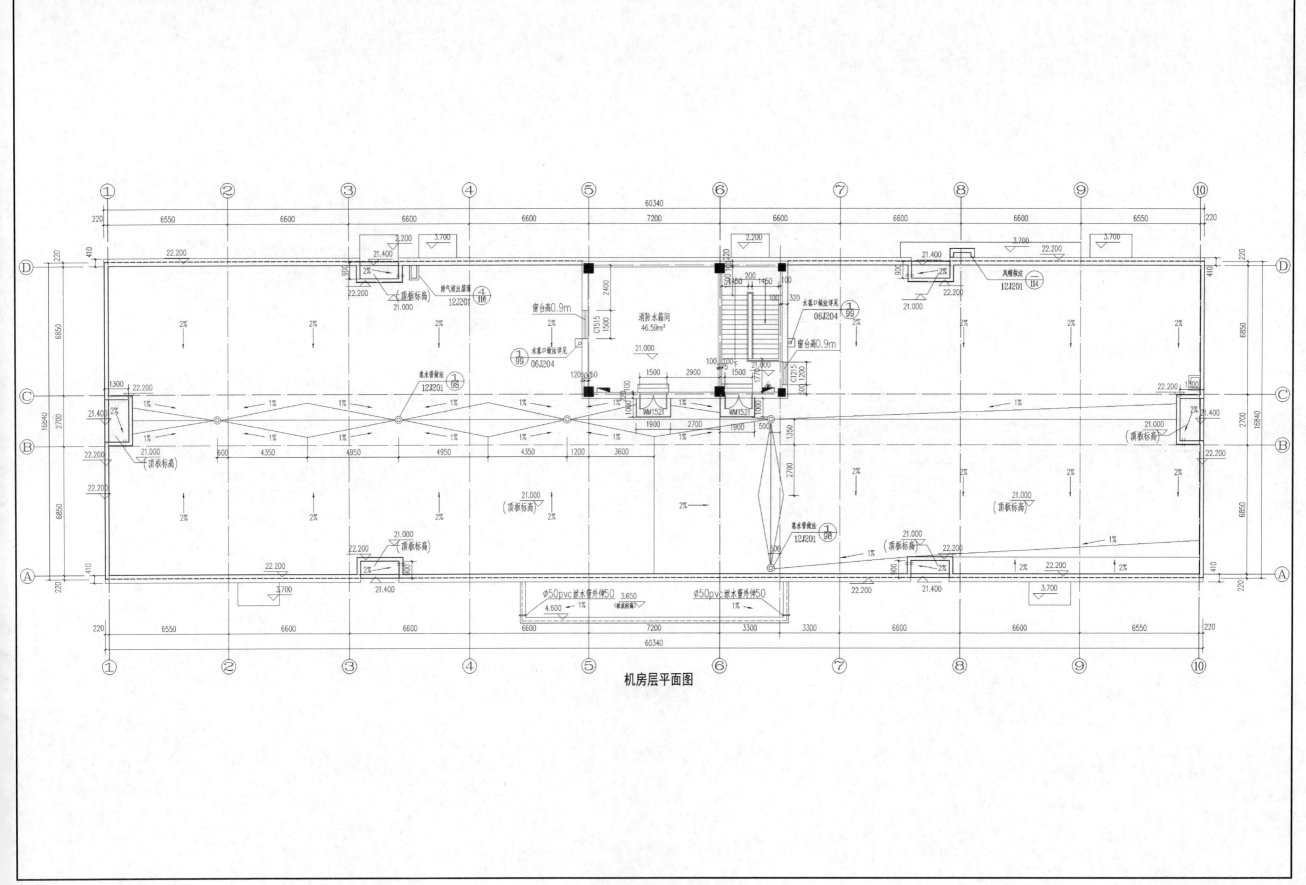

图 9-8　机房层平面图

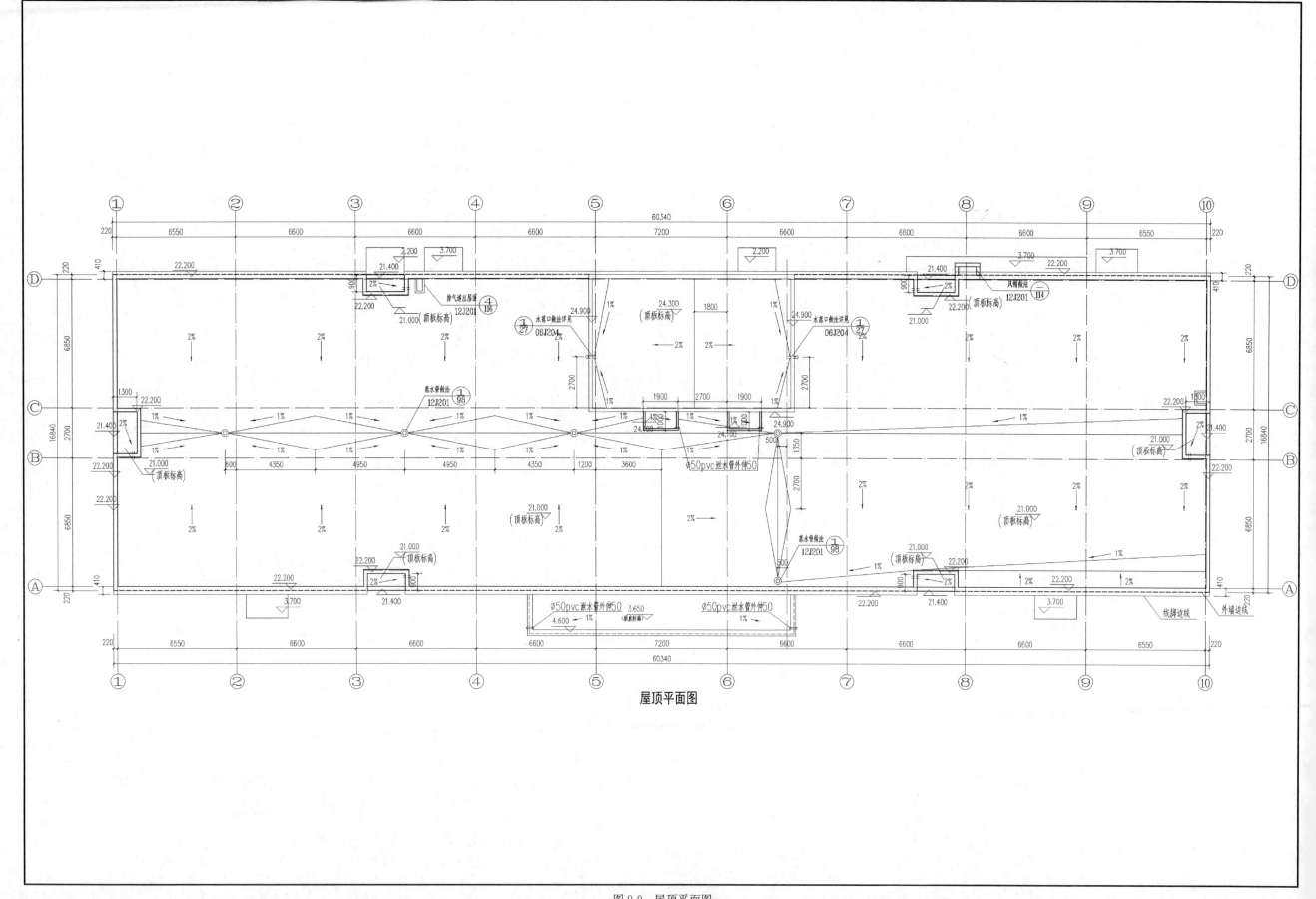

图 9-9　屋顶平面图

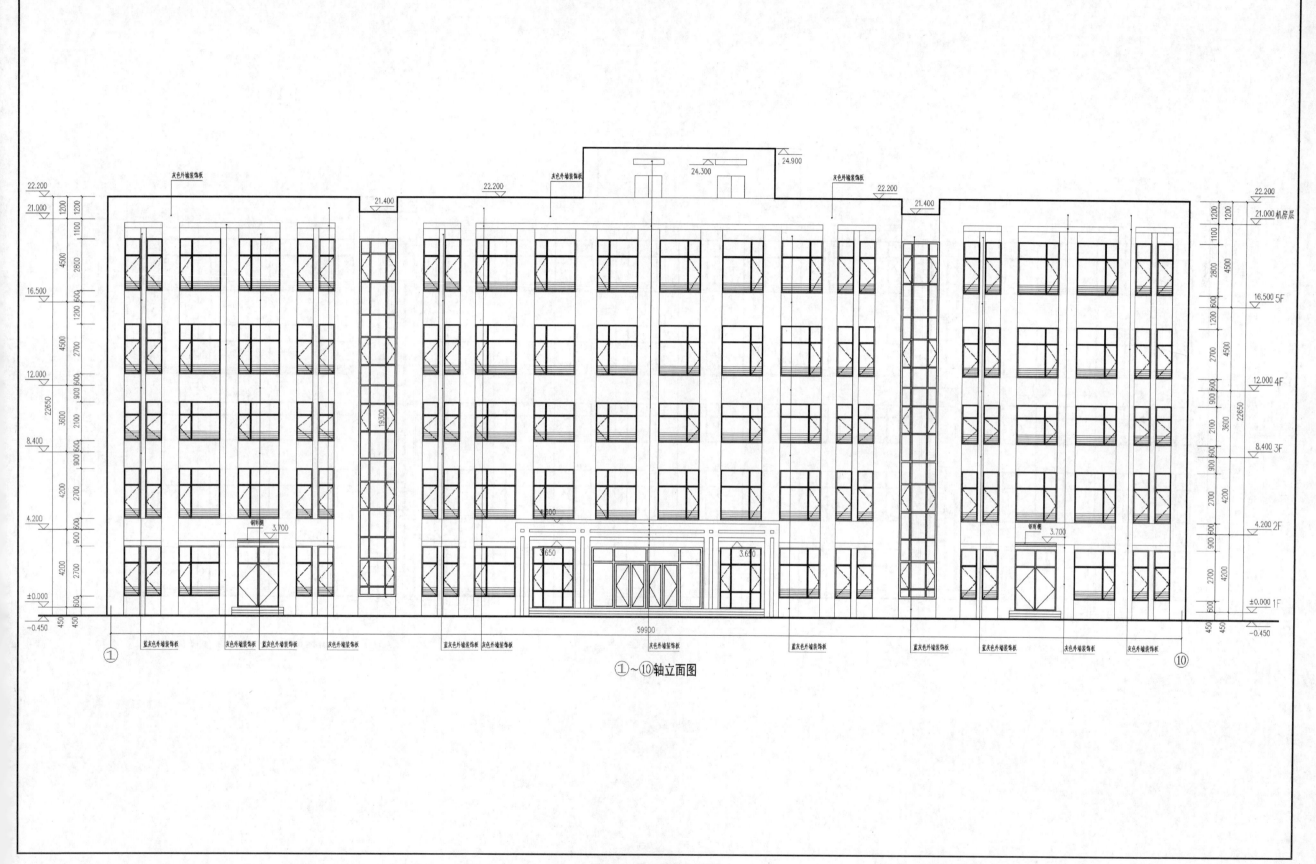

①~⑩轴立面图

图 9-10 ①~⑩轴立面图

33

图 9-11　⑩～①轴立面图

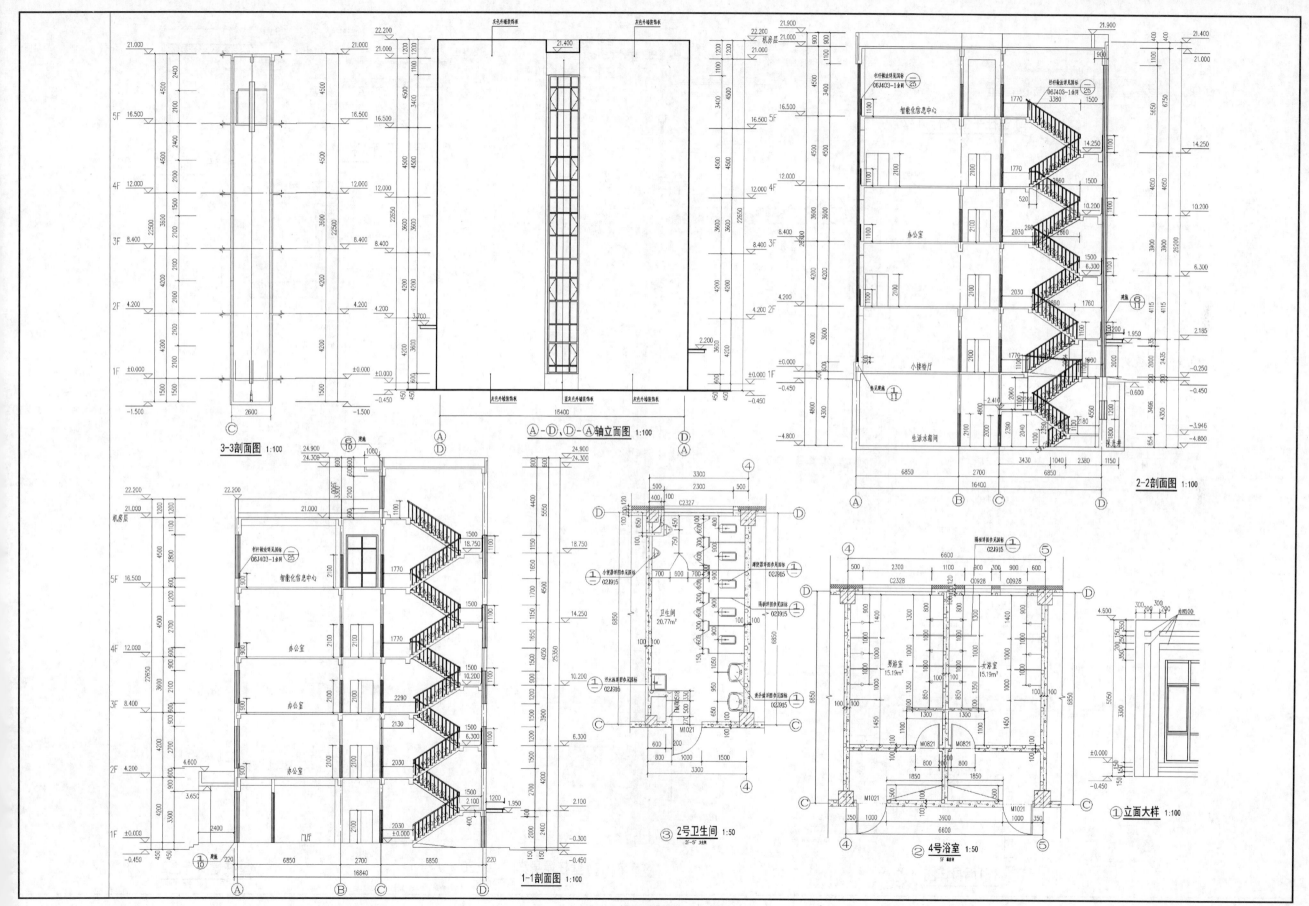

图 9-12　剖面图及立面大样图

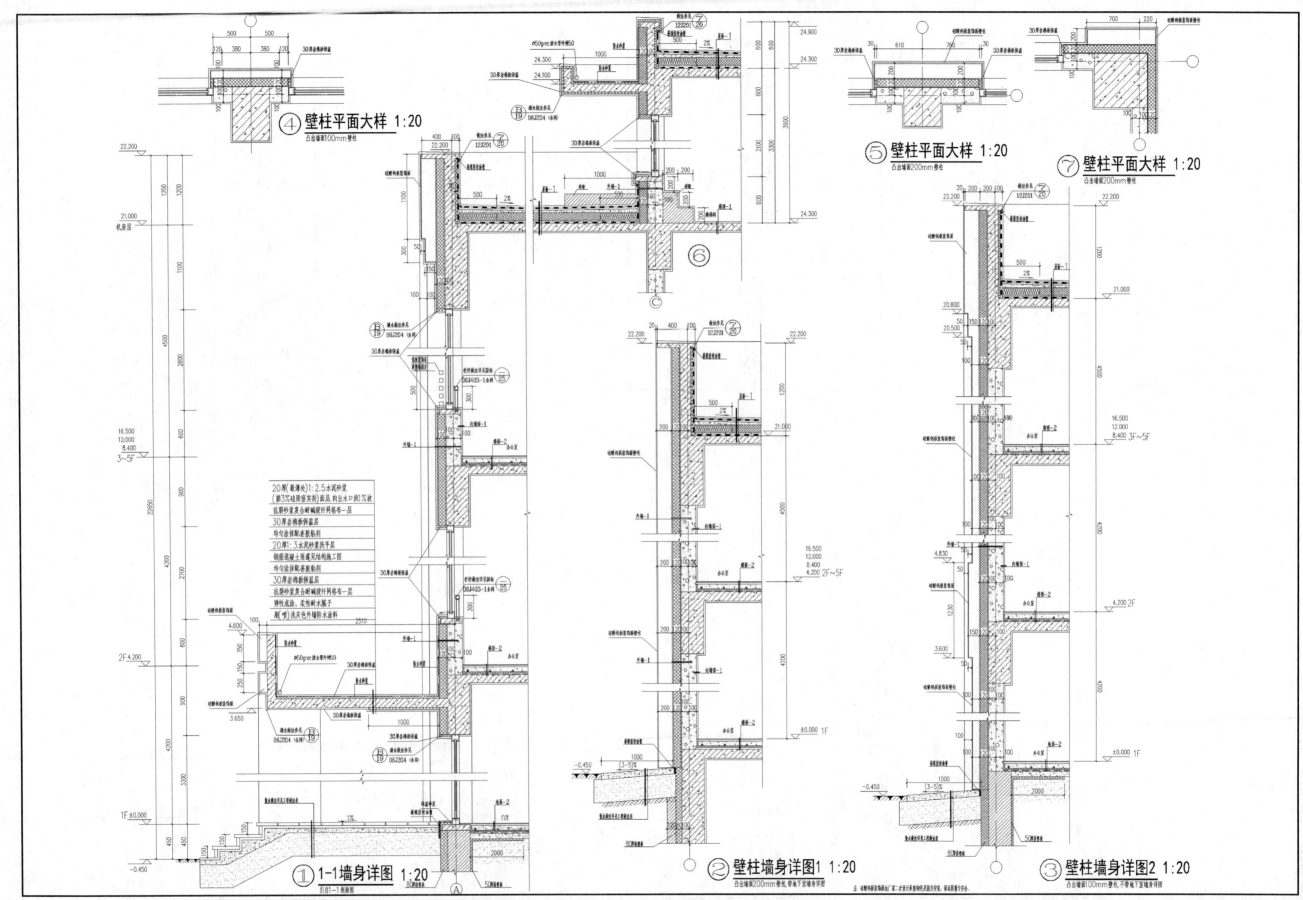

图 9-13　详图及平面大样图

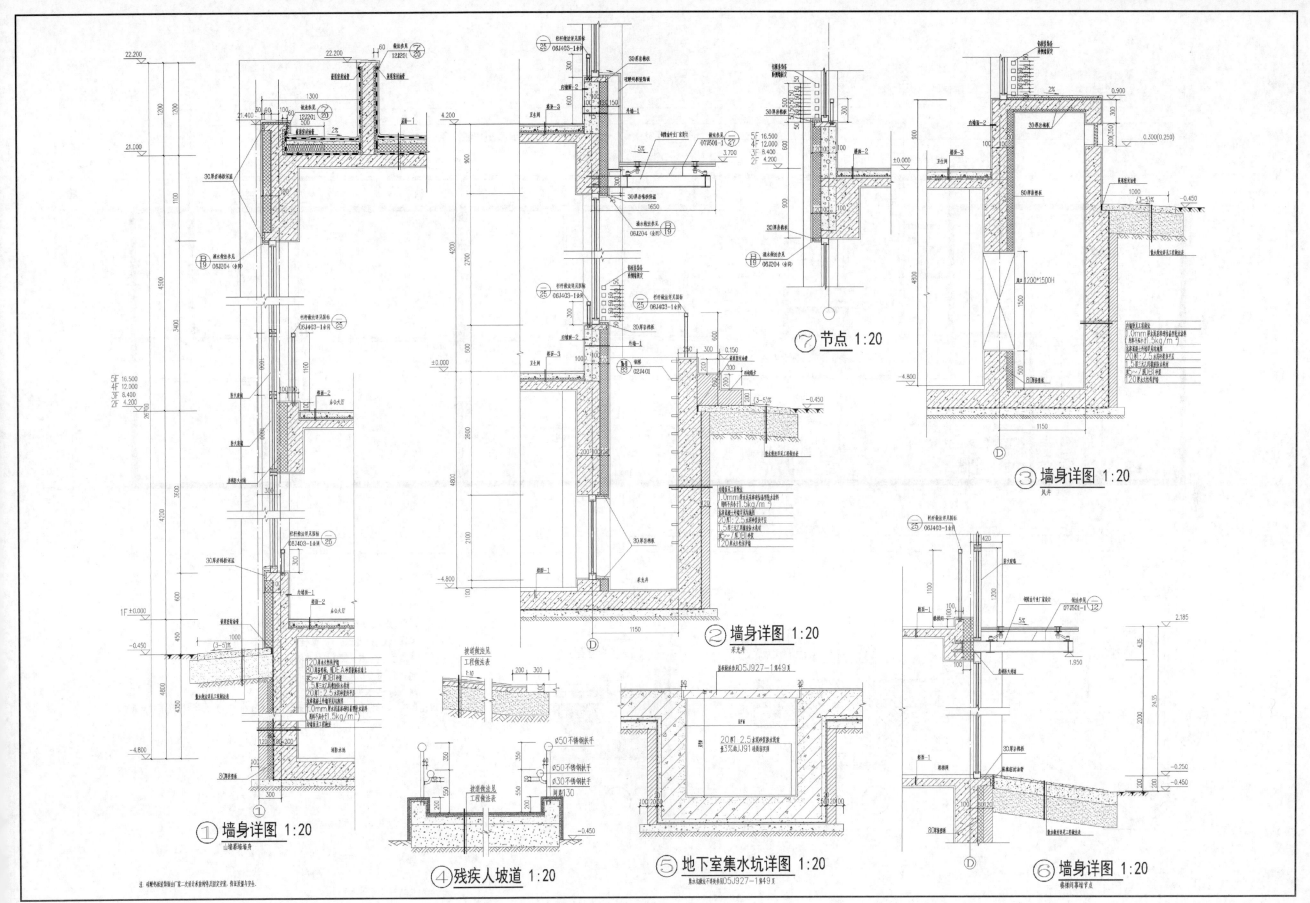

① 墙身详图 1:20
山墙幕墙墙身

② 墙身详图 1:20
采光井

③ 墙身详图 1:20
风井

⑦ 节点 1:20

④ 残疾人坡道 1:20

⑤ 地下室集水坑详图 1:20

⑥ 墙身详图 1:20
楼梯间幕墙节点

图 9-14　详图

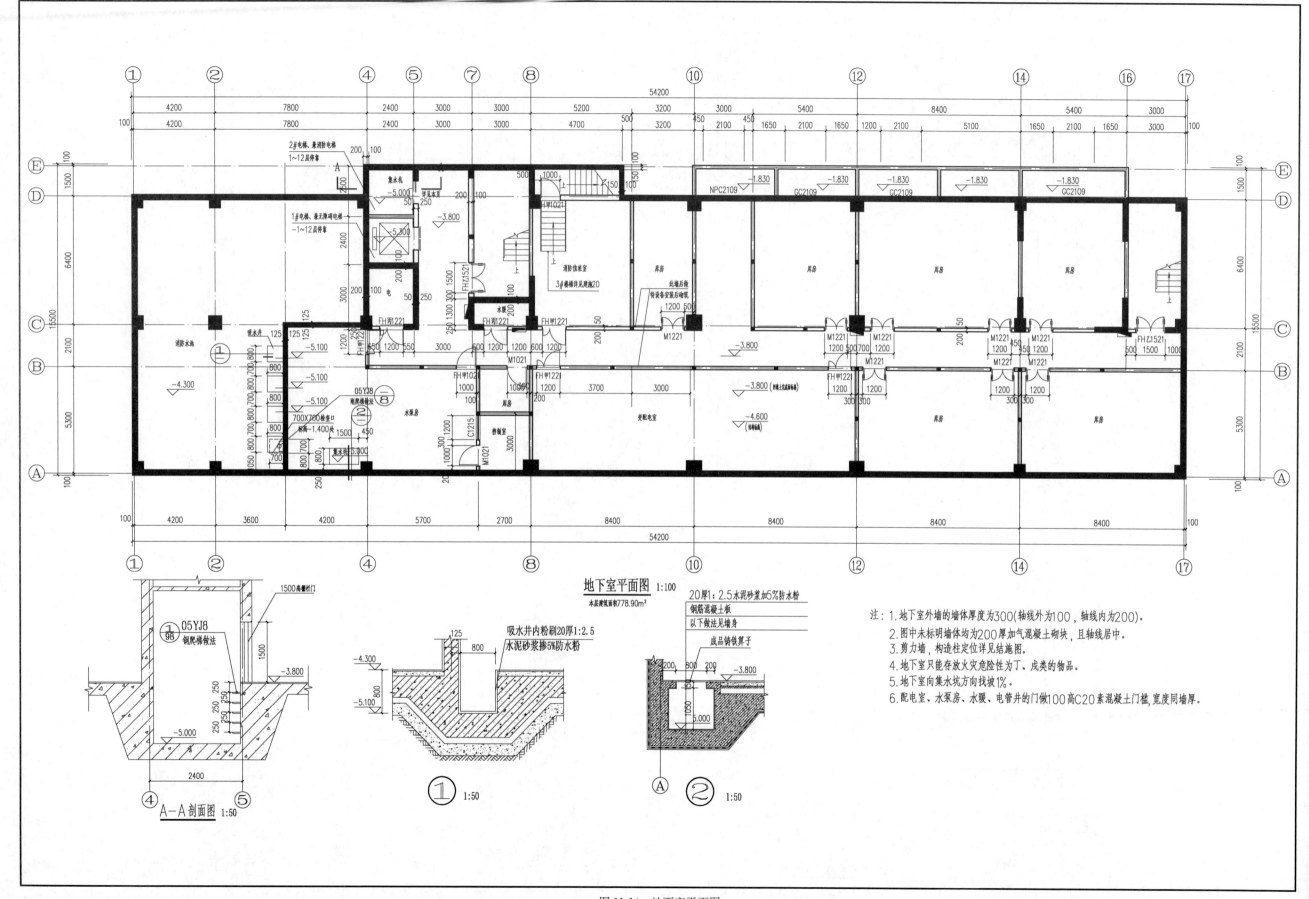

注：
1. 地下室外墙的墙体厚度为300(轴线外为100，轴线内为200)。
2. 图中未标明墙体均为200厚加气混凝土砌块，且轴线居中。
3. 剪力墙，构造柱定位详见结施图。
4. 地下室只能存放火灾危险性为丁、戊类的物品。
5. 地下室向集水坑方向找坡1%。
6. 配电室、水泵房、水暖、电管井的门做100高C20素混凝土门槛，宽度同墙厚。

地下室平面图 1:100
本层建筑面积778.90m²

A—A 剖面图 1:50

① 1:50

② 1:50

图 11-14　地下室平面图

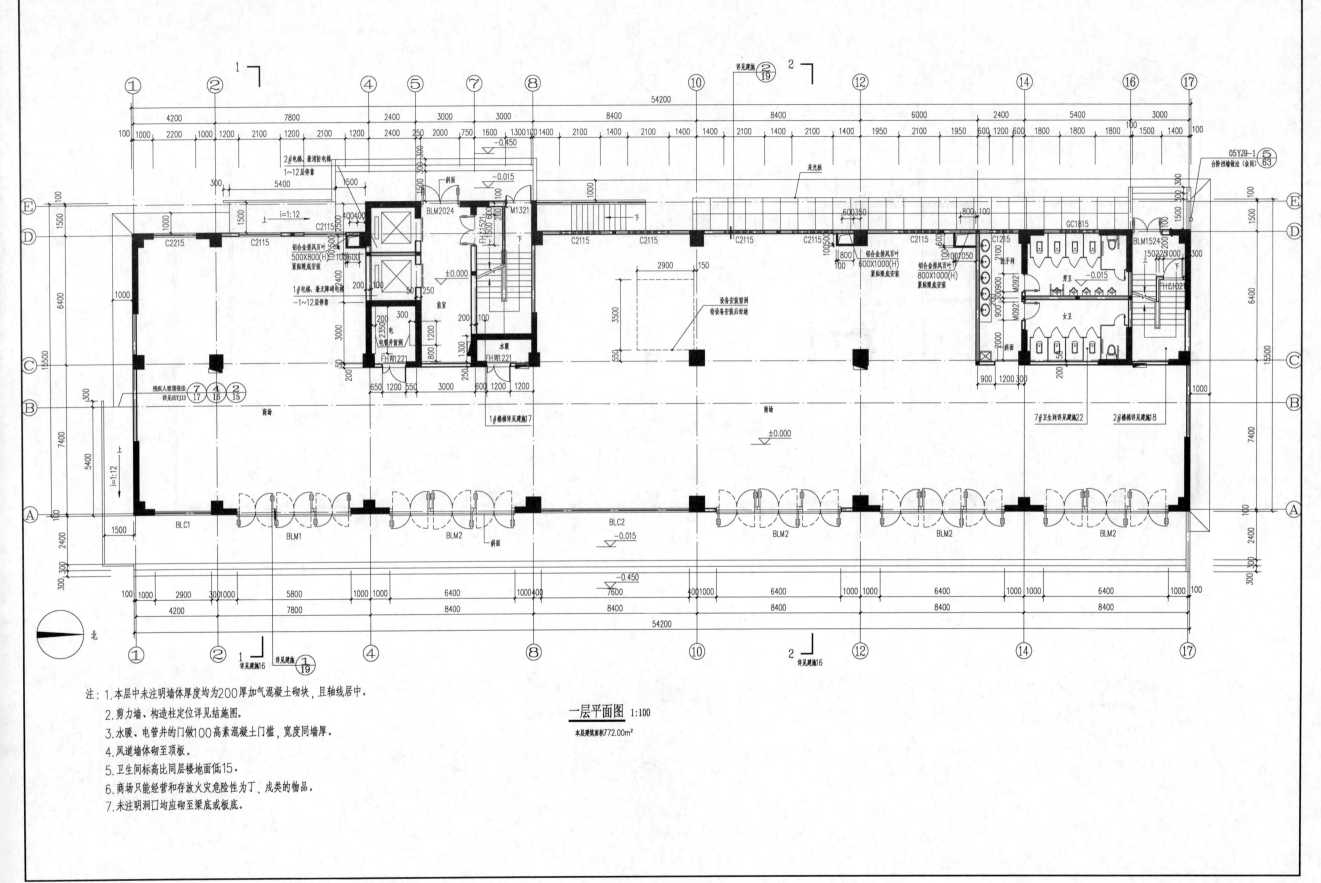

注: 1.本层中未注明墙体厚度均为200厚加气混凝土砌块,且轴线居中。

2.剪力墙、构造柱定位详见结施图。

3.水暖、电管井的门做100高素混凝土门槛,宽度同墙厚。

4.风道墙体砌至顶板。

5.卫生间标高比同层楼地面低15。

6.商场只能经营和存放火灾危险性为丁、戊类的物品。

7.未注明洞口均应砌至梁底或板底。

一层平面图 1:100

本层建筑面积772.00m²

图 11-15 一层平面图

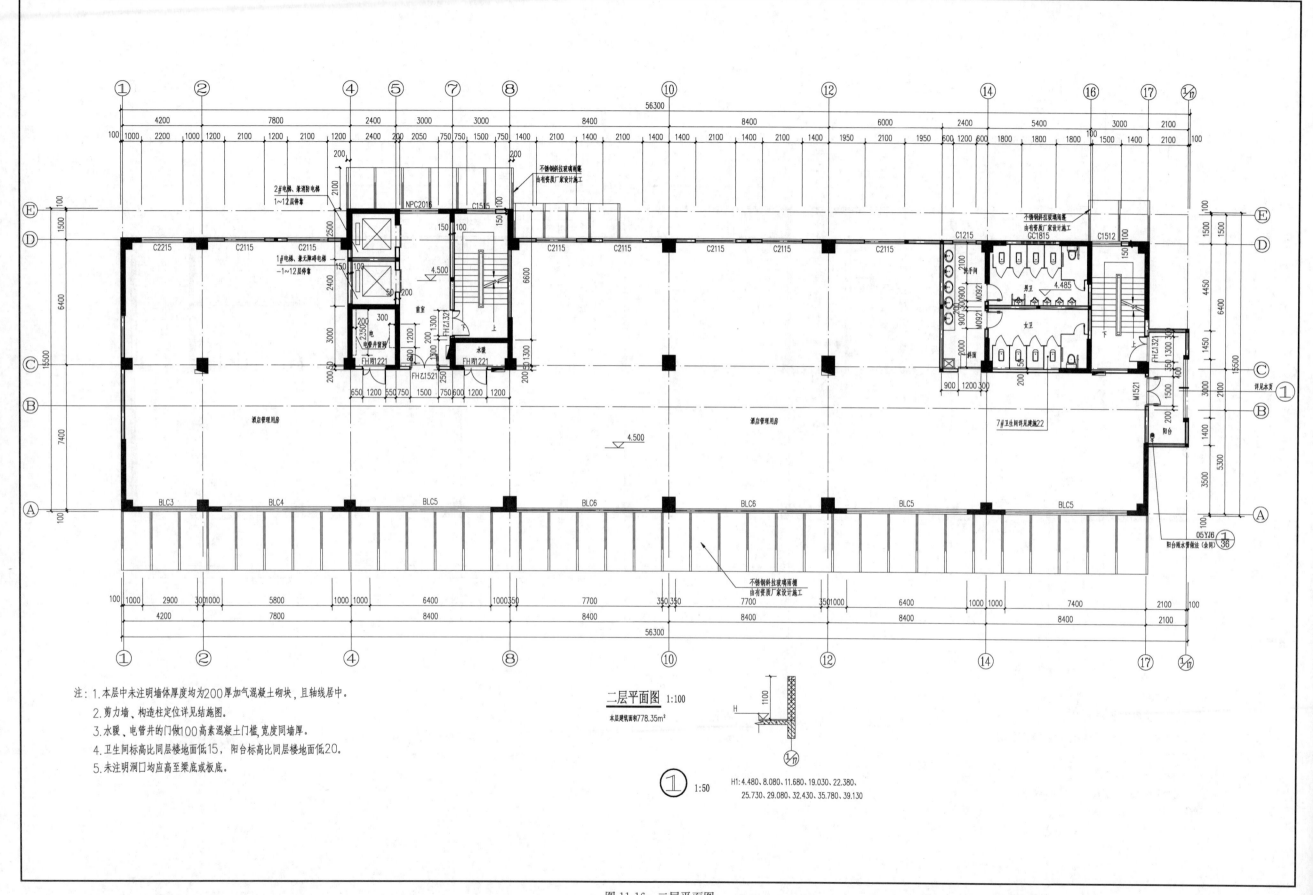

二层平面图 1:100

本层建筑面积778.35m²

注：1.本层中未注明墙体厚度均为200厚加气混凝土砌块，且轴线居中。
　　2.剪力墙、构造柱定位详见结施图。
　　3.水暖、电管井的门做100高素混凝土门槛，宽度同墙厚。
　　4.卫生间标高比同层楼地面低15，阳台标高比同层楼地面低20。
　　5.未注明洞口均应高至梁底或板底。

H1: 4.480、8.080、11.680、19.030、22.380、
25.730、29.080、32.430、35.780、39.130

图 11-16　二层平面图

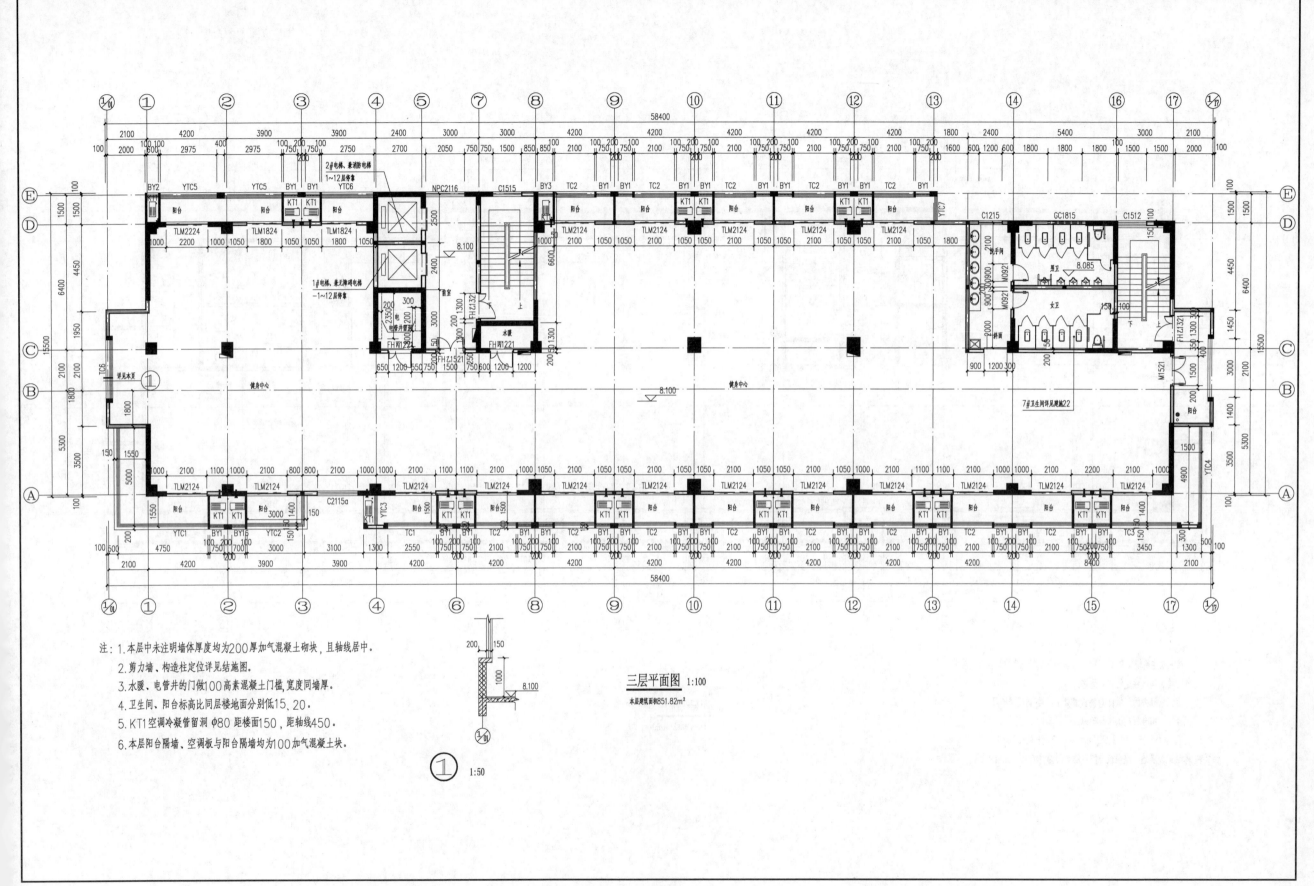

注：1.本层中未注明墙体厚度均为200厚加气混凝土砌块，且轴线居中。

2.剪力墙、构造柱定位详见结施图。

3.水暖、电管井的门做100高素混凝土门槛，宽度同墙厚。

4.卫生间、阳台标高比同层楼地面分别低15、20。

5.KT1空调冷凝管留洞 φ80 距楼面150，距轴线450。

6.本层阳台隔墙、空调板与阳台隔墙均为100加气混凝土块。

三层平面图 1:100

本层建筑面积851.82m²

图 11-17 三层平面图

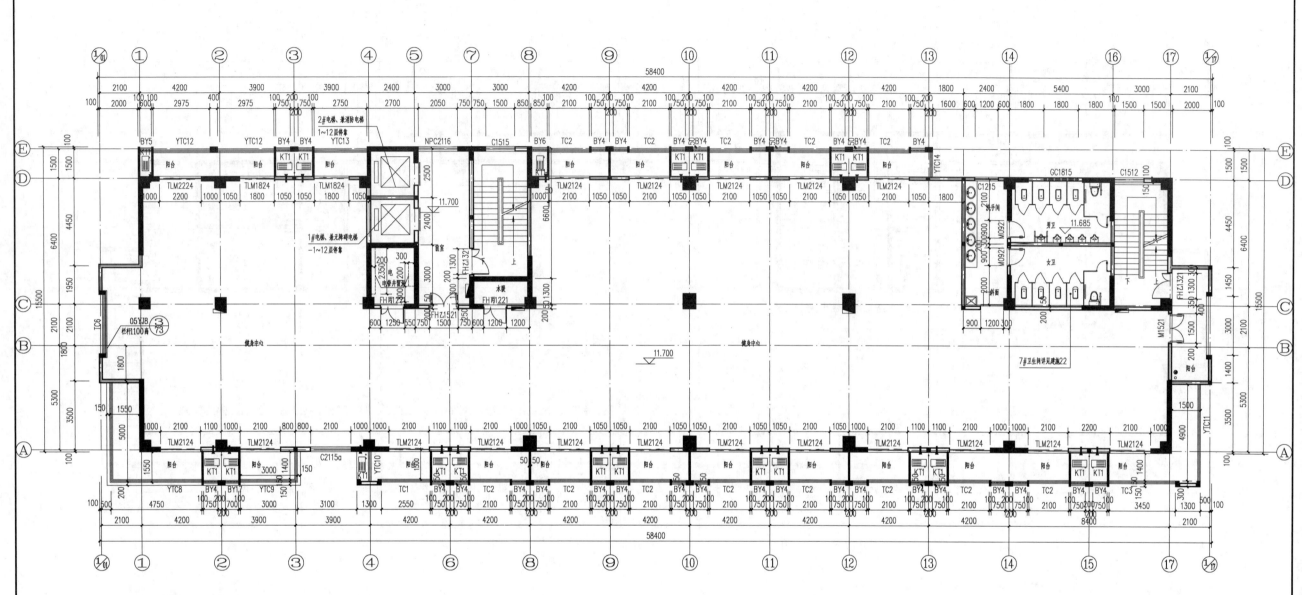

注：1.本层中未注明墙体厚度均为200厚加气混凝土砌块，且轴线居中。

2.剪力墙、构造柱定位详见结施。

3.水暖、电管井的门做100高素混凝土门槛，宽度同墙厚。

4.卫生间、阳台标高比同层楼地面分别低15、20。

5.KT1空调冷凝管留洞φ80距楼面150，距轴线450。

6.本层阳台隔墙、空调板与阳台隔墙均为100加气混凝土块。

四层平面图 1:100

本层建筑面积851.82m²

图 11-18 四层平面图

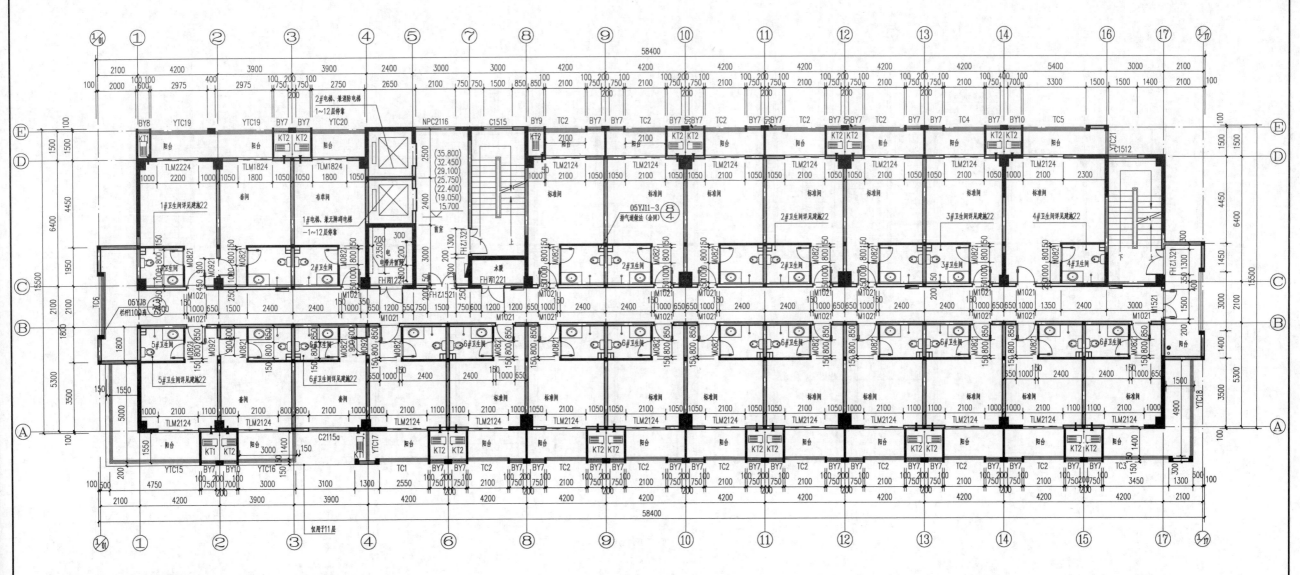

注：1.本层中未注明墙体厚度均为200厚加气混凝土砌块，且轴线居中。

2.剪力墙、构造柱定位详见结施。

3.水暖、电管井的门做100高素混凝土门槛，宽度同墙厚。

4.卫生间、阳台标高比同层楼地面分别低15、20。

5.KT1空调冷凝管留洞 φ80距楼面150；KT2空调冷凝管留洞 φ80距楼面2000，距轴线450。

五～十一层平面图 1:100

本层建筑面积855.56m²

图 11-19 五～十一层平面图

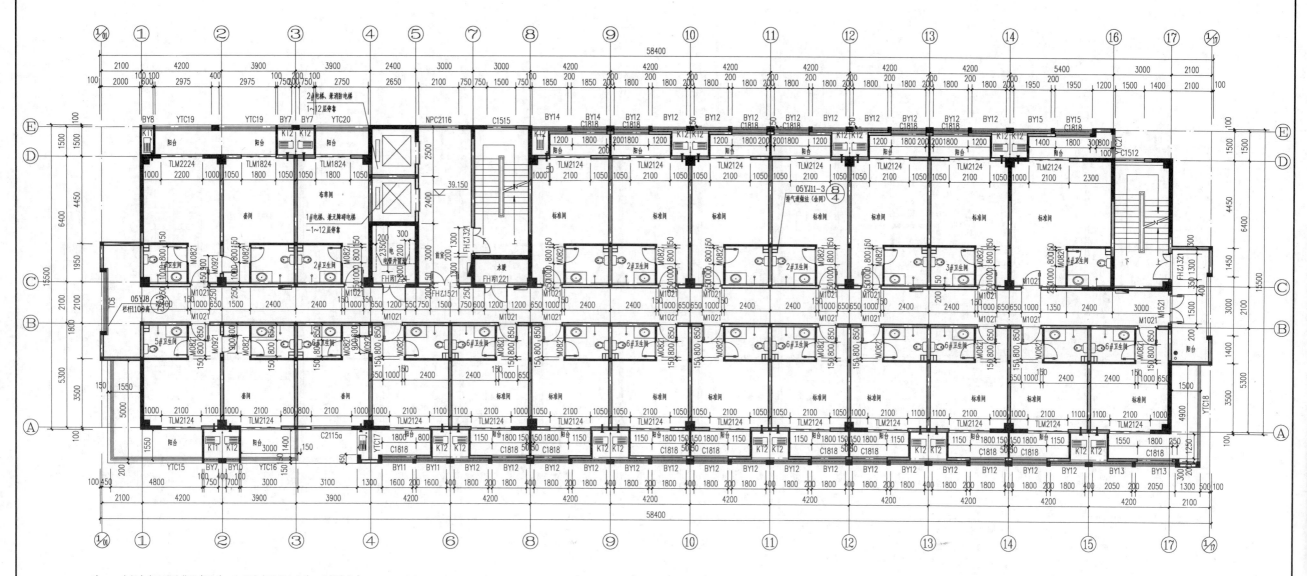

十二层平面图 1:100

本层建筑面积855.56m²

注：1.本层中未注明墙体厚度均为200厚加气混凝土砌块，且轴线居中。

2.剪力墙、构造柱定位详见结施。

3.水暖、电管井的门做100高素混凝土门槛，宽度同墙厚。

4.卫生间、阳台标高比同层楼地面分别低15、20。

5.KT1空调冷凝管留洞 φ80距楼面150；KT2空调冷凝管留洞 φ80距楼面2000，距轴线450。

图 11-20　十二层平面图

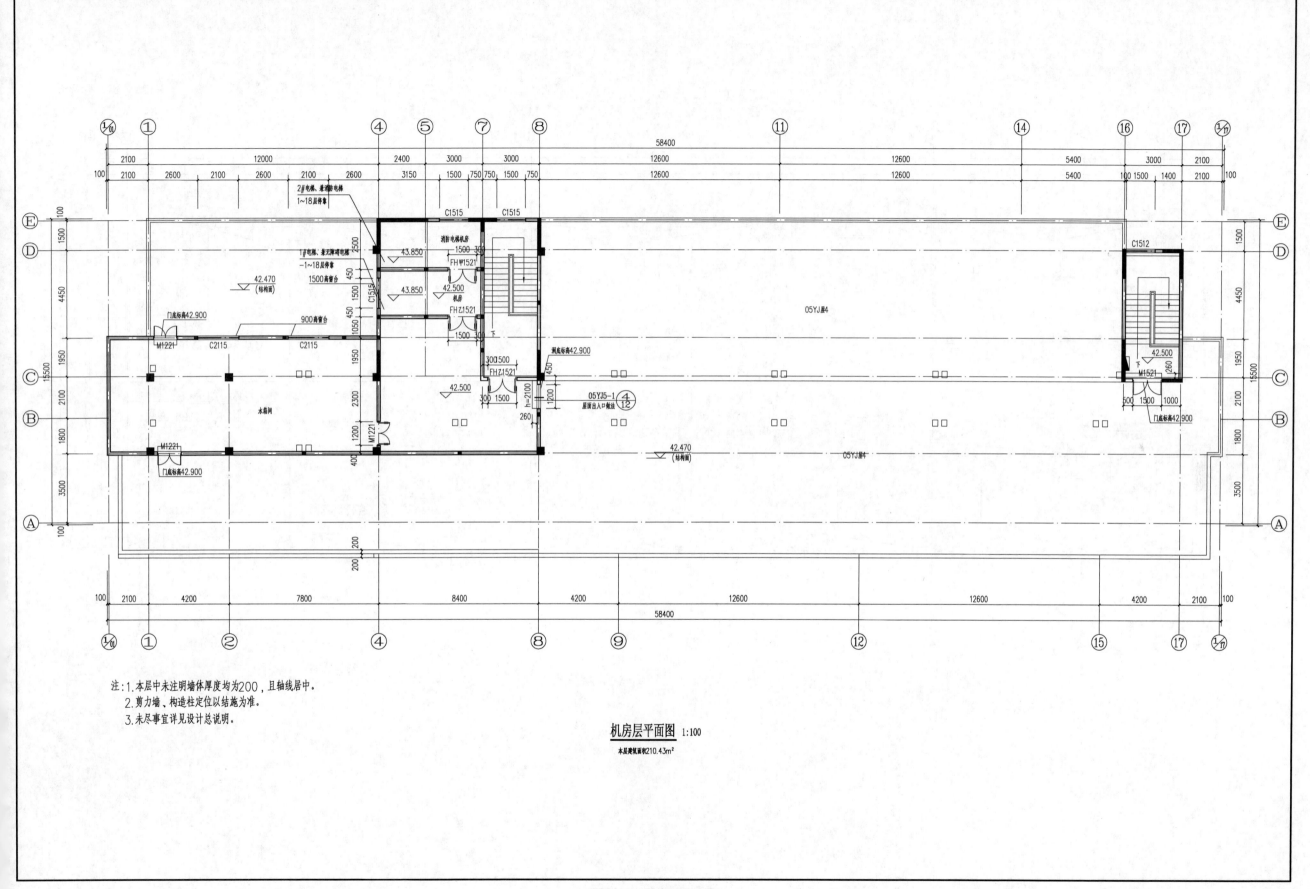

机房层平面图 1:100

本层建筑面积210.43m²

注:1.本层中未注明墙体厚度均为200,且轴线居中。
　　2.剪力墙、构造柱定位以结施为准。
　　3.未尽事宜详见设计总说明。

图 11-21　机房层平面图

45

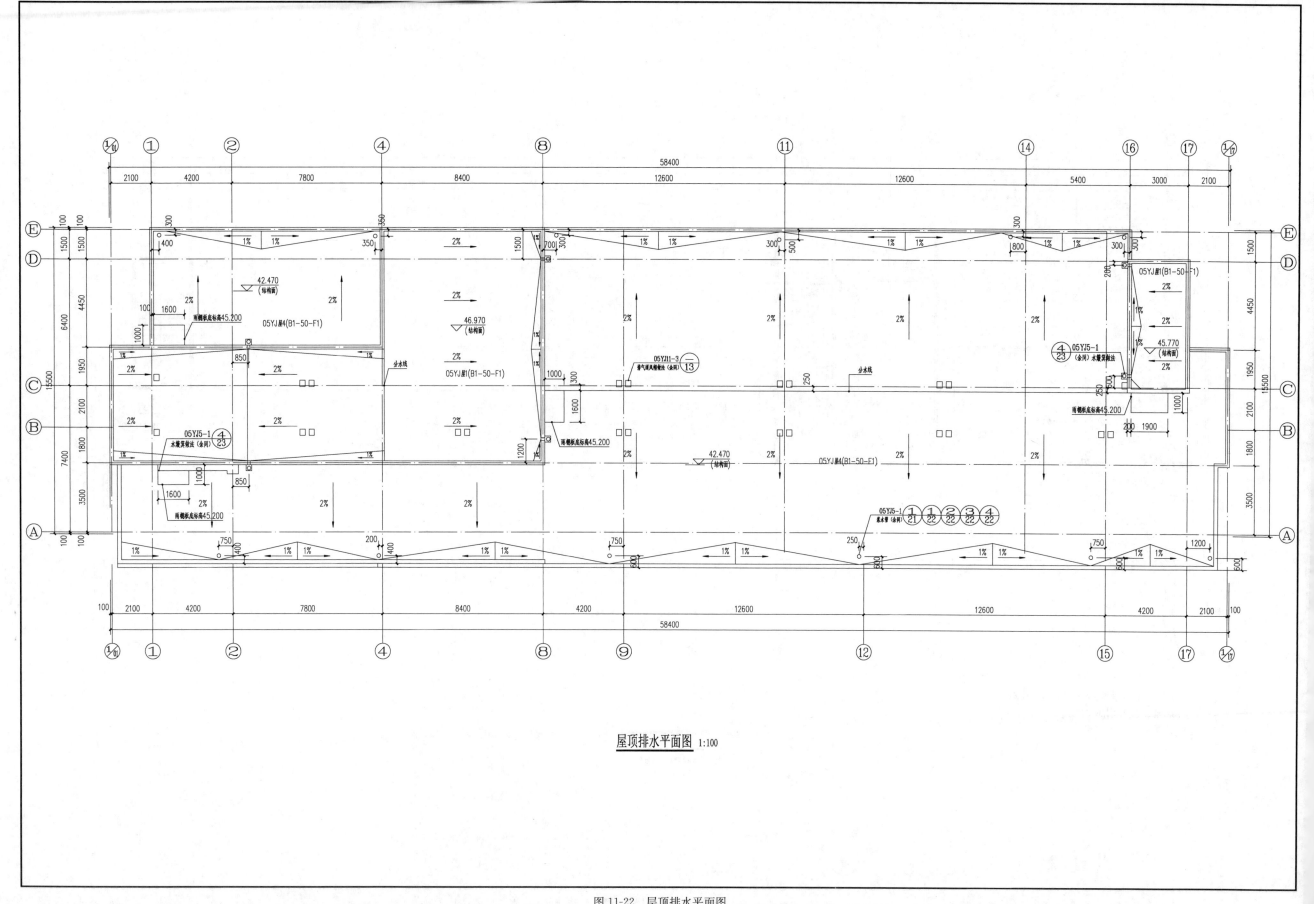

屋顶排水平面图 1:100

图 11-22 层顶排水平面图

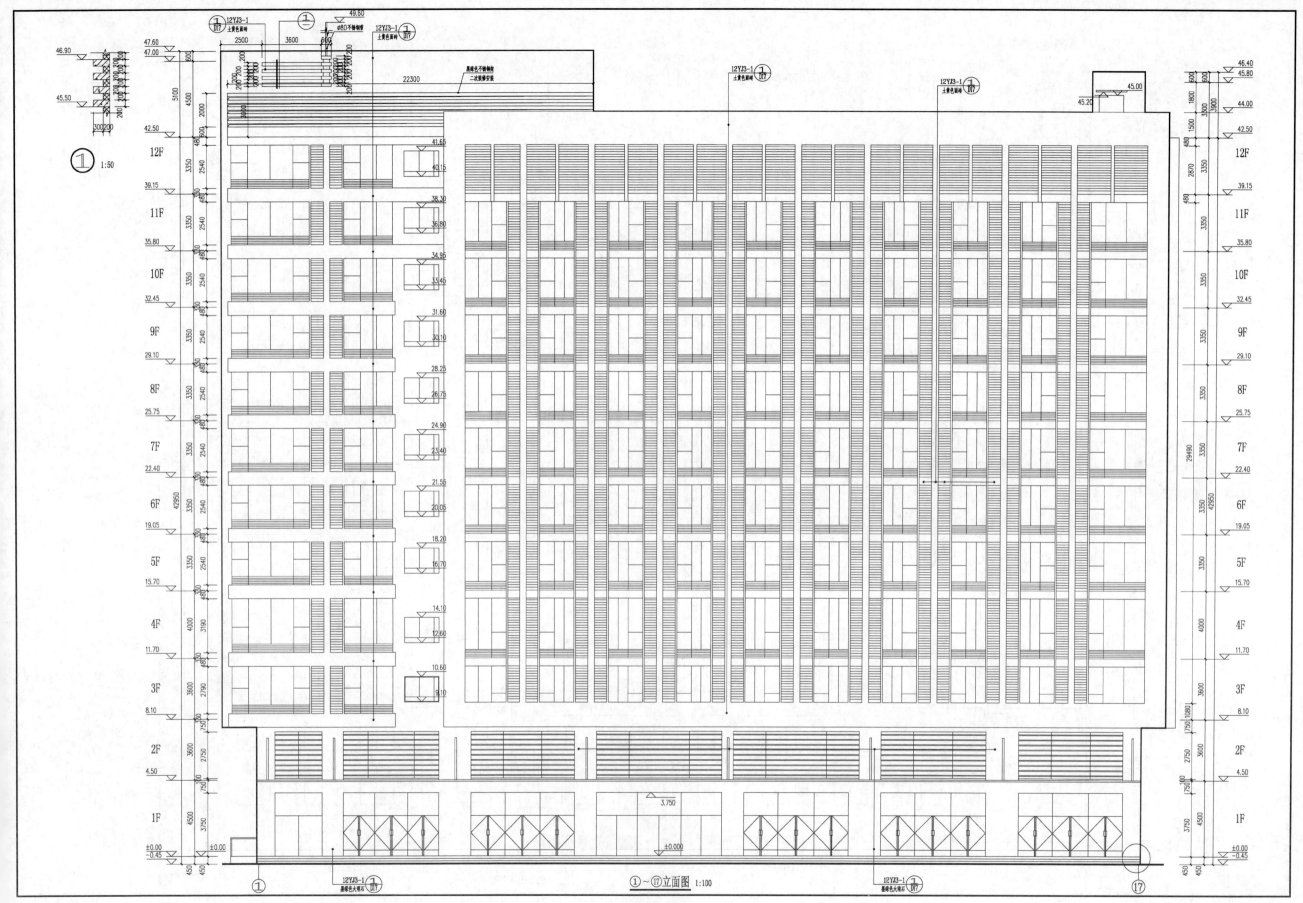

①～⑰立面图 1:100

图 11-23　①～⑰立面图

47

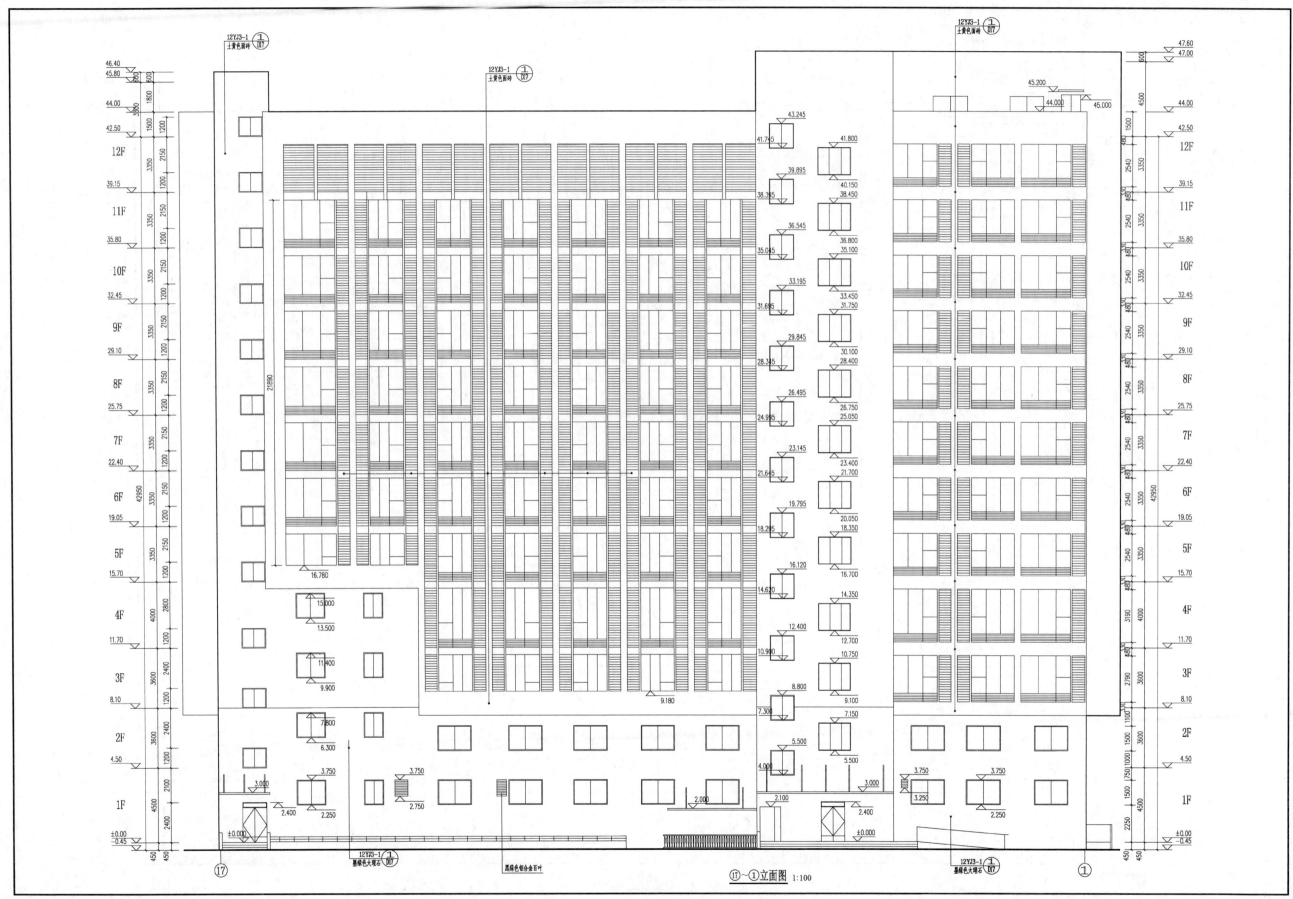

图 11-24 ⑰～①立面图

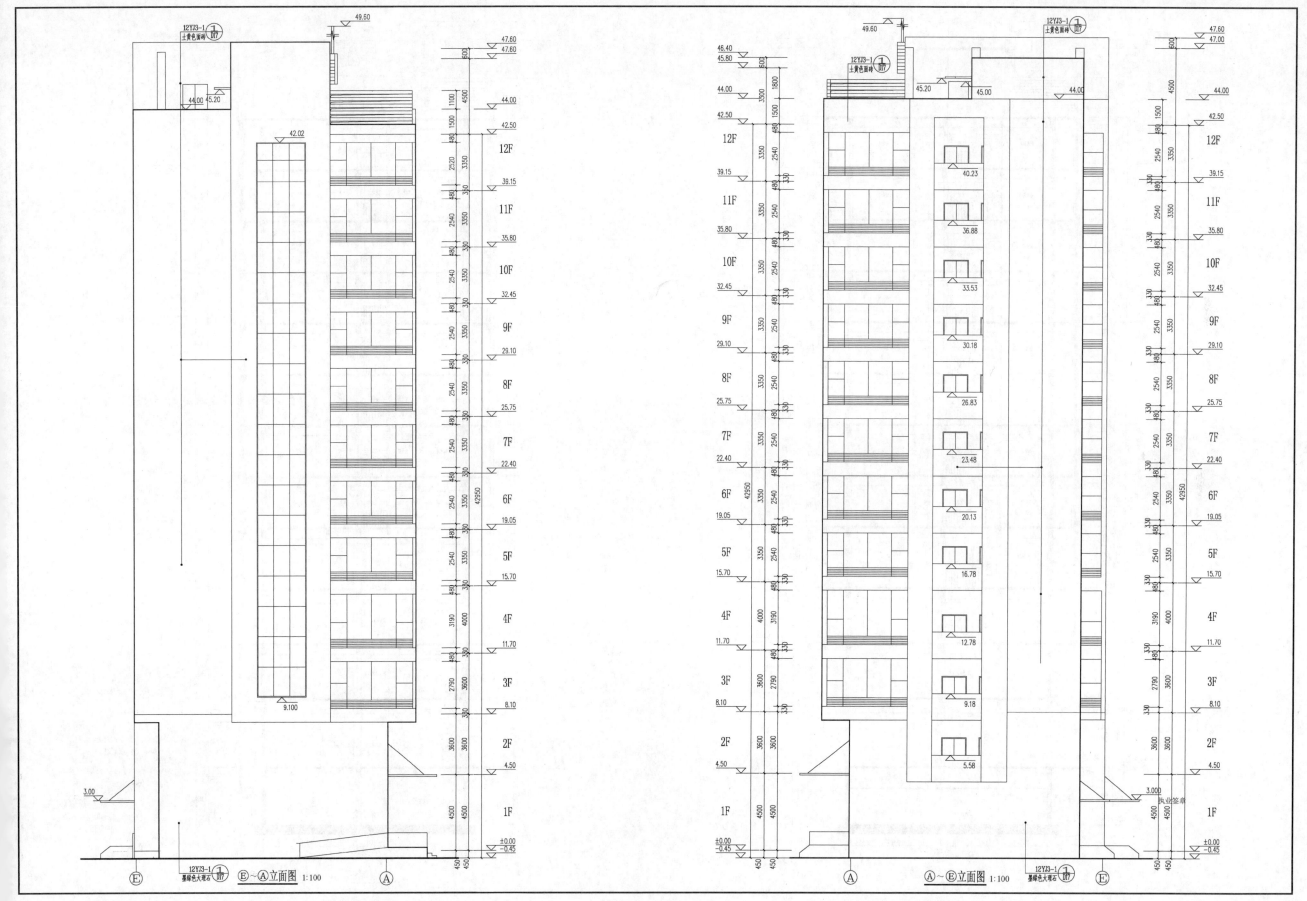

图 11-25 Ⓔ~Ⓐ立面图

图 11-26 Ⓐ~Ⓔ立面图

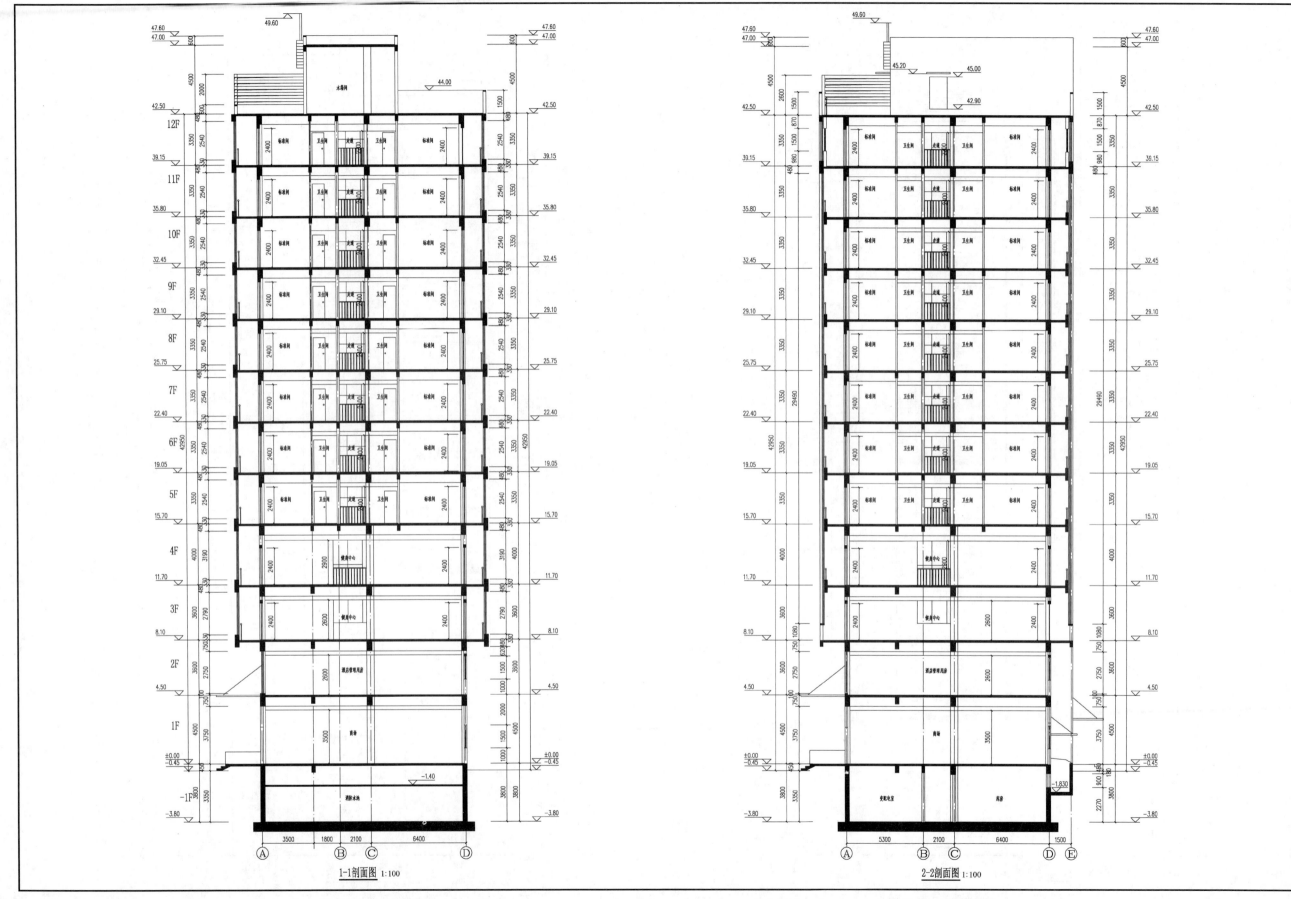

图 11-27 1-1 剖面图

图 11-28 2-2 剖面图

XXXXXXXXX小学

新建教学楼施工图

设计号：XXXXX

XXX建筑设计有限公司

2017年X月

图 12-1　施工图封面图

建 筑 设 计 说 明

一、设计依据

1. 有关部门批文和城市建设规划主管单位审批通过的规划。
2. 我公司与XXXXXXX小学签订的设计合同。
3. 甲方提供的有关技术资料和建筑设计要求。
4. 现行的国家有关建筑设计规定、规范及标准：
   1）《民用建筑设计通则》（GB 50352-2005）；
   2）《建筑设计防火规范》（GB50016-2014）；
   3）《中小学校设计规范》（GB50099-2011）；
   4）《无障碍设计规范》（GB 50763-2012）；
   5）《屋面工程技术规范》（GB 50345-2012）；
   6）《河南省公共建筑节能设计标准细则》（DBJ41/075-2006）。

二、工程概况

1. 建设单位：XXXXXXXXX小学。
2. 工程项目名称：新建教学楼。
3. 建设地点：XXXXXXX小学校园内，具体位置详见总平面图。
4. 本工程建筑高度、层数及使用功能：建筑高度为14.85m，一层层高3.70m
   二~四层层高为3.60m，地上四层，为多层公共建筑。
5. 建筑面积、基底面积及规模：建筑面积：4029.8m²，建筑基地
   面积：977.86m²，教学楼设有18个普通教室及两个功能教室。
6. 建筑耐火等级：二级。
7. 结构类型和抗震设防烈度：框架结构，抗震设防烈度8度。
8. 结构安全等级为三级，设计合理使用年限为五十年（3类）。

三、总图设计有关事项

1. 本建筑室内外高差为0.4500m，与室内标高±0.000相当于的绝对标高由
   建设单位结合当地有关部门协商确定。
2. 总平面图尺寸单位及标注单位为m，其余图纸尺寸单位为mm，各层标注标高为
   完成面标高（建筑标高），屋面标高为结构面标高。

四、屋面防水及保温工程

1. 本建筑物屋面防水等级为I级。
   a：上人屋面：做法采用12YJ屋105-1F1-70B1（用于标高17.800
   和18.400）。
   b：做法采用12YJ屋103-1F1-70B1（用于标高14.500）。
   c：钢筋混凝土屋面：20厚（最薄处）1：2.5水泥砂浆面层（加5%防水剂）
   并向出水口找1%坡。
2. 各种管道出屋面防水做法参见12YJ5-1第A21页。屋面排水组织见屋顶平面图。
3. 屋面做法未尽之处按照《屋面工程质量验收规范》（GB50207-2012）及
   《平屋面》（12YJ5-1）和《坡屋面》（12YJ5-2）施工。

五、墙体工程

1. 材料与厚度：本工程墙体±0.000以下用混凝土实心砖，±0.000以上填充墙
   为加气混凝土砌块，厚度详见平面图。
2. 构造要求：加气混凝土砌块的施工工艺以及相关构造做法要求参照河南省通用建
   筑标准图集《蒸压加气混凝土砌块墙》（12YJ3-3）。

3. 墙体空调管留洞：墙体留洞尺寸为ф90，预埋PVC管做法参照12YJ6第77页节点C，
   位置详见平面图。D1：预留洞洞底距楼地面80mm，洞中心距侧墙（柱）均为100mm。
4. 墙体留洞封堵：预留洞待管道设备安装完毕后，用C25混凝土填实。
5. 墙身防潮层：在室内地坪下约60处做20厚1:2水泥砂浆内加3%~5%防水剂的墙身
   防潮层（此处标高为钢筋混凝土构造时可不做）。
6. 卫生间和有防水要求的楼板四周墙下除门洞口外，向上做一道200mm高混凝土翻边
   与楼板一起浇筑。

六、门窗工程

1. 建筑门窗应遵照《建筑玻璃应用技术规程》（JGJ113-2015）和《建筑安全玻璃管理
   规定》发改运行【2003】2116号及地方主管部门的有关规定。
2. 本建筑外窗采用型材推拉窗（蓝灰色框料）。采暖部分外窗采用单框中空玻璃
   （5+9A+5），不采暖房间及不采暖楼梯间的窗采用单框单玻5厚白玻璃，所有外窗
   可开启的窗开启扇均设纱窗，外门设纱门。
3. 教室窗均在东西向设遮阳设施（甲方自定）。
4. 门立面表示窗洞口尺寸，窗加工尺寸应按照装修面厚度予以调整；门窗立樘除图中
   注明者外均为中立樘。
5. 建筑外窗的物理性能指标需达到：（属中性能窗）
   a. 抗风压强度性能：3级；b. 气密性：6级；c. 水密性：3级；
   d. 空气隔声性能：3级；e. 采光性：3级；f. 保温性：7级。

七、建筑隔声

1. 教室围护结构部位空气声隔声计权隔声量≥50dB。教室楼板撞击声隔声计权标准化撞
   击声压级≤65（dB）。
   楼道间墙体采取的隔声处理及公共走道顶面采取的吸声处理由甲方二次装修并应满足相
   关规范。

八、内装修工程（内装修用料做法及位置详见室内装修表）

1. 内装修工程应满足《建筑内部装修设计防火规范》（GB50222-95）及（2001年
   修订版），楼地面部分满足《建筑地面设计规范》（GB50037-2013）要求。
2. 凡设有地漏之间地面面均做防水层，防水层在内墙面上返300mm，图中未注明整
   个房间找坡者做0.5%坡度找坡向地漏，有水房间如浴室、卫生间、厨房楼地面面标高
   低于相邻楼地面面20mm。
3. 内墙阳角转角处采用1:2水泥砂浆护角1800高，做法见12YJ7-1第61页节点1，嵌入
   内墙内的暗装箱盖面双面无机盐盐防水砂浆抹灰。室内安装设备、装修材料在儿童容易
   接触的部位严禁出现棱角。
4. 卫生间排气道详见施工图集厦面。
5. 楼梯栏杆：金属栏杆扶手栏杆采用12YJ8第15页详图2。
   木件油漆采用调和漆，门窗采用亚白色调和漆。
   外露铁件做法见12YJ1第106页涂202。图中未注明的材料、颜色及规格均由甲方自定。

9. 内装修选用的材料，均由施工单位制作样板和选样，经甲方确认后进行封样，并据此进行
   验收。

九、外装修工程

1. 外墙颜色、分格做法参见效果图及立面图标注。外墙面施工前应做出样板，待建筑认可后
   方可进行施工。
2. 室外坡道、台阶、散水位置及做法见首层平面图标注。
3. 雨水管竖向每隔2m左右与墙体固定，各种管道洞口及挑檐边缘均做滴水，做法参见
   12YJ3-1第A9页详图Ⓐ，第A17页详图①。
4. 外保温部位相关构造做法同时参见12YJ3-1《外保温》A型一页C4、C5相应部位。
5. 外墙保温材料的燃烧性能为A级。
6. 外墙涂料应选择高耐候性（含保色性及光泽保持率）、高耐沾污性、高耐洗刷性和无毒
   性的外墙涂料。
7. 外墙的做法（由里到外）：
   1）基层墙体；
   2）刷专用界面剂一道；
   3）5厚干粉类聚合物水泥砂浆，中间压入一层耐碱玻璃纤维网布；
   4）50厚岩棉板，配套胶粘剂粘贴，锚栓固定；
   5）抹面砂浆，中间压入一层耐碱玻璃纤维网布；
   6）饰面基层（硅橡胶弹性底漆及柔性耐水腻子）；
   7）涂料饰面（真石漆）。

十、建筑节能设计（详见建筑节能设计一览表。）

1. 设计节能：《河南省公共建筑节能设计标准》（寒冷地区）（DBJ41/075-2006）；
   《民用建筑热工设计规范》（GB50176-93）；
   《外墙外保温工程技术规程 》（JGJ144-2004/J 408-2005）；
   《建筑外门窗气密、水密、抗风压性能分级及检测方法》（GB/T7106-2008）。
2. 节能措施：参见12YJ3-1-A型（外贴岩棉板薄抹灰外墙保温——燃烧性能为A级）
   墙体选用12YJ3-1-A8（涂料饰面）普通选用12YJ3-1顶A10：
   勒脚选用12YJ3-1第A14节点①；
   与室内空气接触的楼板选用12YJ3-1-A17。

十一、消防设计

1. 沿建筑物设有一条消防车道。
2. 每层设消火栓及灭火器。
3. 防火门：
   a. 本建筑选用的防火门均为在当地消防部门注册的厂家产品，其木制防火门应遵照国家
   标准《木制防火门通用技术条件》（GB14101-93）的有关规定。
   b. 防火墙和公共走廊上疏散用的平开防火门应装闭门器，双扇平开防火门安装闭门器
   和顺序器，带防火门信号控制关闭和反馈装置。
   4. 凡管道穿墙、楼板处，待所有管道安装后，均需用相当于墙、楼板耐火极限的不燃材料填
   堵密实，当在防火墙上安装设备箱时需在设备箱后面加贴耐火极限大于3.0h的防火板。

十二、安全防护措施

1. 所有低于900mm的窗台，加设净900mm高护窗栏杆，供幼儿经常活动的屋面
   其护栏净高1200mm，护栏垂直栏杆净距应小于110mm，详见12YJ7-1第85
   页详图Ⓐ。凡单块面积大于1.5m²的玻璃均为安全玻璃。
2. 临空装栏杆安全措施：栏杆能承受荷载规范规定的水平荷载，栏杆净高1200mm，
   护栏垂直栏杆净距净距应小于110mm，栏杆离楼面0.1m高度内不留空。

十三、无障碍设计（见建筑平面图）

1. 本建筑为公共建筑，依据《无障碍设计规范》在入口、公共走道等处作无障碍
   设计。
2. 主入口处门选用开门门，门窗安装视线观察玻璃，横执把手和关门拉手，在门扇
   下方安装高0.35m的不锈钢门板，门内外高差不大于15mm并以斜面找
   坡度。

十四、其他应注意事项

1. 土建施工中应注意建筑、结构、水、暖、电等各专业施工图纸互相对照，确认
   墙体与楼板的预留洞尺寸及位置无误时方可进行施工，若有疑问应提前与设
   计主管沟通解决。
2. 本工程建筑内部装修可由业主及建设方根据需要进行二次装修，二次装修材料
   及规格应符合当时现行《建筑室内装修设计防火规范》（GB50222-95）及
   （2001年修订版）的要求。二次装修及建筑不应影响和有建筑结构的安全
   性并符合国家有关使用安全的规范要求。
3. 本建筑严禁存放和使用火灾危险性为甲、乙类物品。
4. 本工程所采用的砂浆均应为预拌砂浆。
5. 选用图集为《12系列工程建设标准设计图集》。
6. 图中未详尽部分应按照国家现行有关施工及验收规范执行施工。
7. 本工程需经有关部门审查通过后方可进行施工。

十五、绿色建筑设计

1. 本工程为三星级绿色建筑，由甲方委托有资质的厂家对本建筑的绿色建筑
   策划、砌筑与环境、建筑设计与室内环境、建筑材料、给水排水、暖通
   空调、建筑电气等方面严格按照《民用建筑绿色设计规范》（JGJ/T229
   -2010）进行二次的绿色设计与施工。

门窗表

类型	设计编号	洞口尺寸(mm)	数量	选用图集及页次编号	备注
门	FM1220	1200X2000	8	参12YJ4-2页3-MFM01-1220	丙级防火门
	FM1827甲	1800X2700	1	参12YJ4-2页3-MFM01-1827	甲级防火门
	M0927	900X2700	16	参12YJ4-1页79-PM-0927	门下留30宽缝隙
	M1027	1000X2700	51	厂家定制	钢制推拉门
	M1527	1500X2700	3	厂家定制	钢制推拉门
	M1821	1800X2700	3	厂家定制	钢制推拉门
	M1830	1800X3000	3	厂家定制	钢制推拉门
组合门	SM3630	3600X2200	1	参见详图	蓝灰色中空玻璃
窗	C1218	1250X1800	6	参见详图	蓝灰色中空玻璃
	C1341	1300X4100	15	参见详图	蓝灰色中空玻璃
	C1518	1500X1800	44	参见详图	蓝灰色中空玻璃
	C1820	1800X2000	18	参见详图	蓝灰色中空玻璃
	C2520	2500X2000	48	参见详图	蓝灰色中空玻璃
	C3420	3400X2000	3	参见详图	蓝灰色中空玻璃
	C3720	3700X2000	14	参见详图	蓝灰色中空玻璃
	GC1508	1500X800	38	参12YJ4-1页21-TC1-1509	白色塑钢窗
墙洞	MD0930	900X3000	8		
	MD1230	1200X3000	12		

图 12-2　建筑设计说明

公共建筑节能设计一览表

热桥部位内表面温度θ'ᵢ=15.90≥室内露点温度tₐ=10.12			体形系数		0.24

项 目		标准指标		实际结果（计算值）	保温材料及厚度（mm）
		体形系数≤0.3	0.3＜体形系数≤0.4		
外围护结构传热系数 K值［W/(m²·K)］	屋面	≤0.55	≤0.45	0.45	挤塑聚苯板70厚
	外墙（包括非透明幕墙）	≤0.60	≤0.50	0.62	岩棉板50厚
	底面接触室外空气的架空或外挑楼板	≤0.60	≤0.50	—	岩棉板80厚
	非采暖空调房间与采暖空调房间的隔墙或楼板	≤1.50			
地面和地下室外墙热阻限值［(m²·K)/W］	地面	≥1.5			
	采暖空调地下室外墙（与土壤接触的墙）	≥1.5			
屋顶透明部分	传热系数［W/(m²·K)］	≤2.7			
	遮阳系数	≤0.5			
	面积百分比（%）	≤20		0.00	
外窗、玻璃幕墙气密性等级	外窗气密性等级	不低于4级(GB/T7107-2002)		—	6级
	透明幕墙气密性等级	不低于3级(GB/T15225)		—	

外窗（包括透明幕墙部分）	朝向	窗墙面积比（计算值）	传热系数（计算值）	遮阳系数（计算值）	可开启面积比（计算值）	可见光透射比（计算值）
	东	0.28	—	—	0.30≥30%	0.80
	南	0.00	2.80	0.90	0.30≥30%	1.00
	西	0.32	2.80	—	0.30≥30%	0.80
	北	0.06	2.80	0.90	0.30≥30%	0.80

是否完全符合规定性指标要求	□是	□否	
围护结构热工性能权衡判断	参照建筑采暖空气调节能耗(kW·h/m²)	73.20	附计算文件（书面、电子文档）
	设计建筑采暖空气调节能耗(kW·h/m²)	71.17	

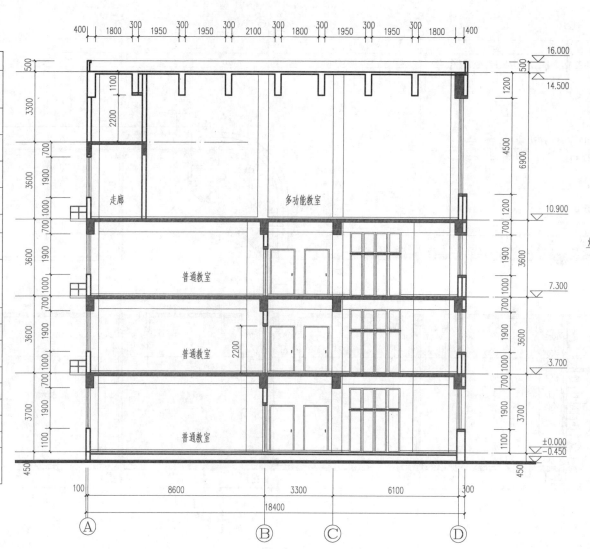

1—1剖面图 1:100

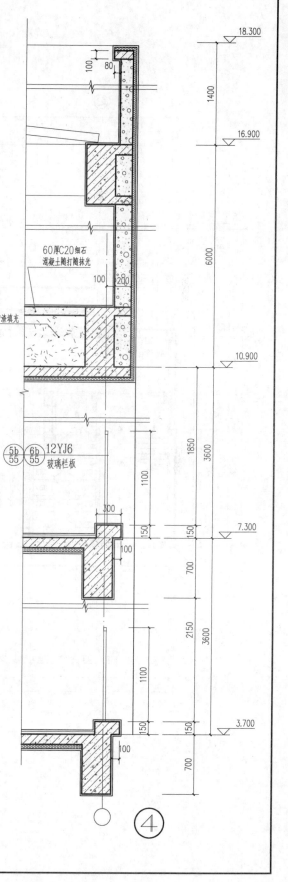

60厚C20细石混凝土随打随抹光

炉渣填光

5b / 6b 12YJ6 玻璃栏板
55   55

④

图 12-3 1-1 剖面图

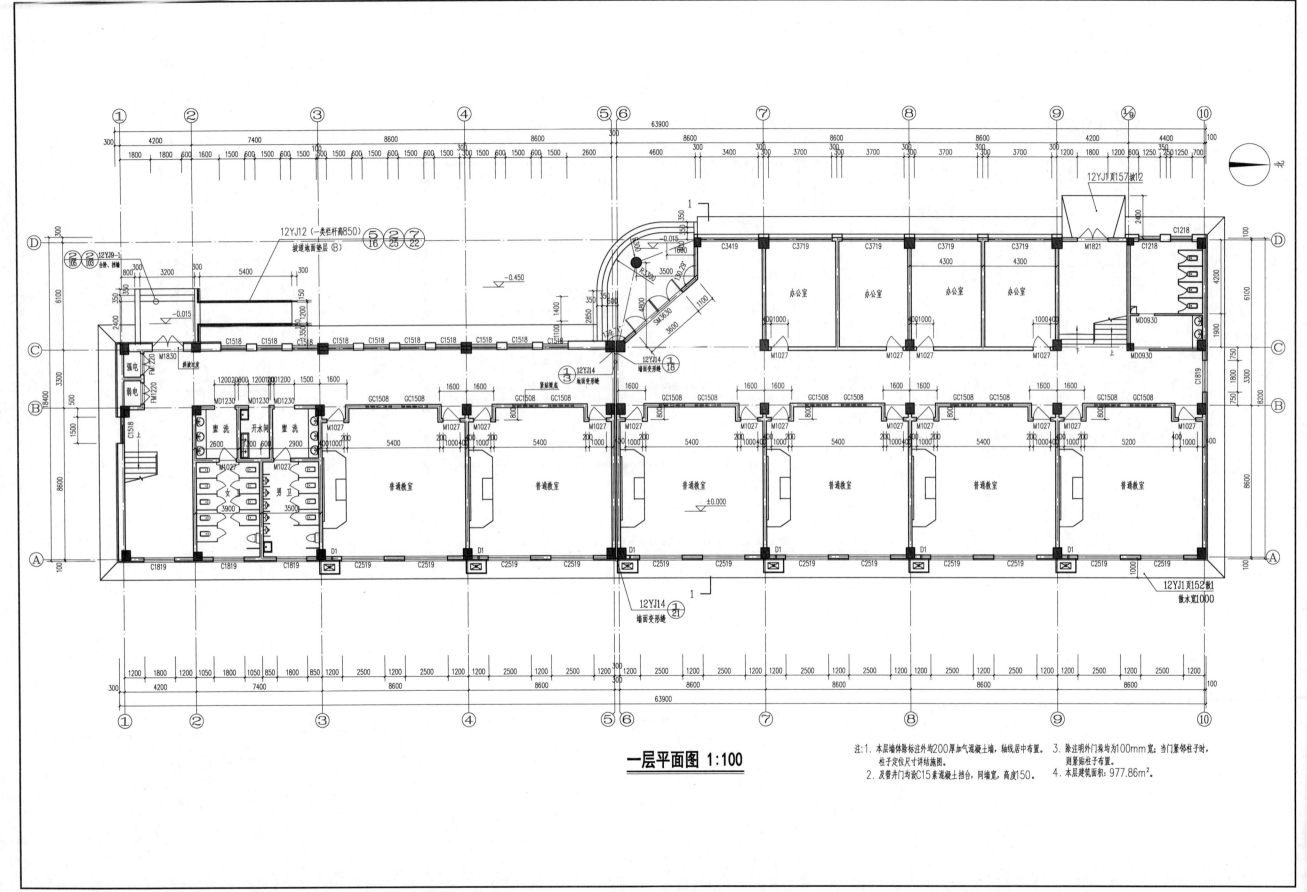

一层平面图 1:100

注: 1. 本层墙体除注标外均200厚加气混凝土墙, 轴线居中布置。柱子定位尺寸详结施图。　　3. 除注明外门梁均为100mm宽; 当门紧邻柱子时, 则紧贴柱子布置。

　　2. 及管井门均设C15素混凝土挡台, 同墙宽, 高度150。　　4. 本层建筑面积: 977.86m²。

图 12-4　一层平面图

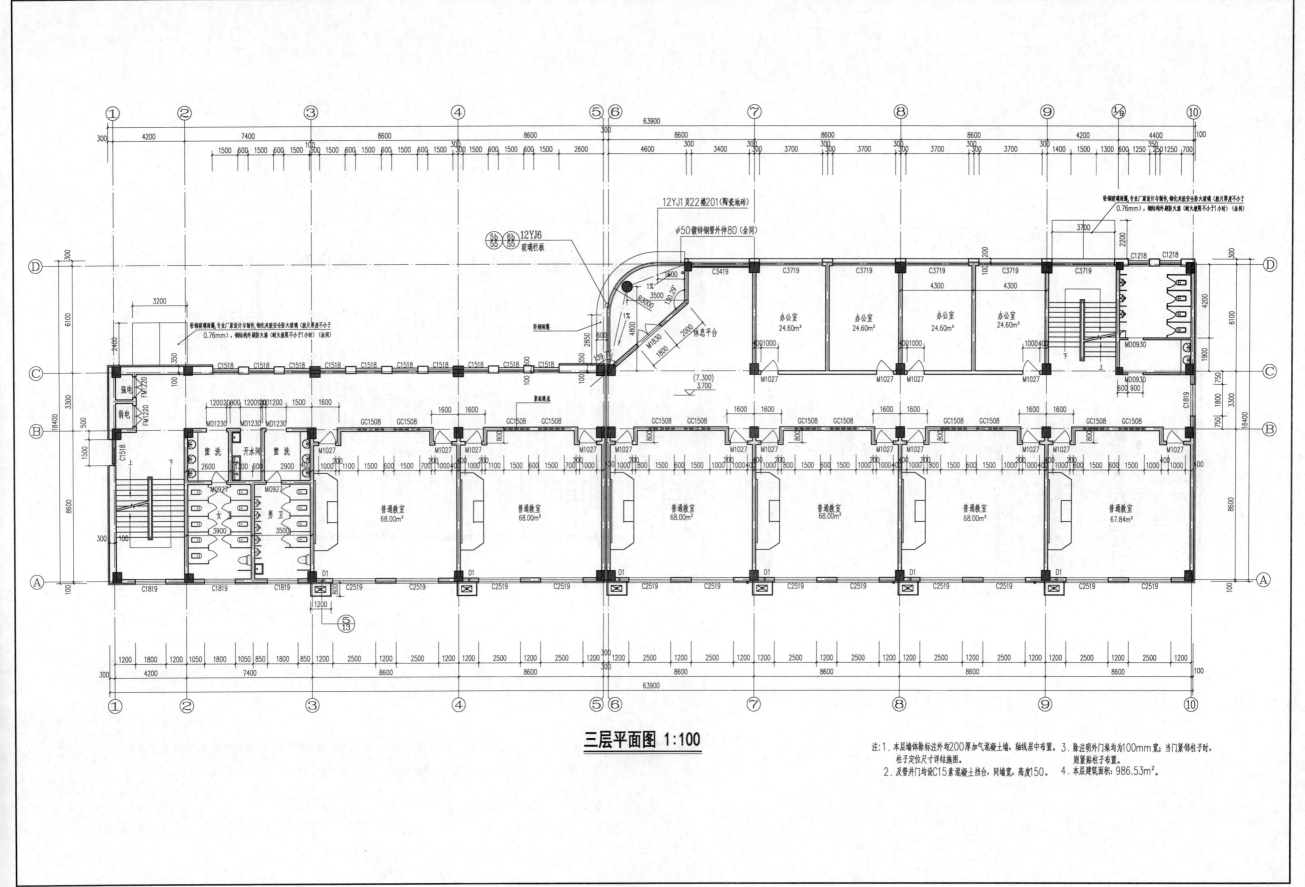

三层平面图 1:100

注：1.本层墙体除标注外均为200厚加气混凝土墙，轴线居中布置。
柱子定位尺寸详结构施图。
2.及管井门均设C15素混凝土挡台，同墙宽，高度150。
3.除注明外门垛均为100mm宽；当门紧邻柱子时，
则紧贴柱子布置。
4.本层建筑面积：986.53m²。

图 12-5 三层平面图

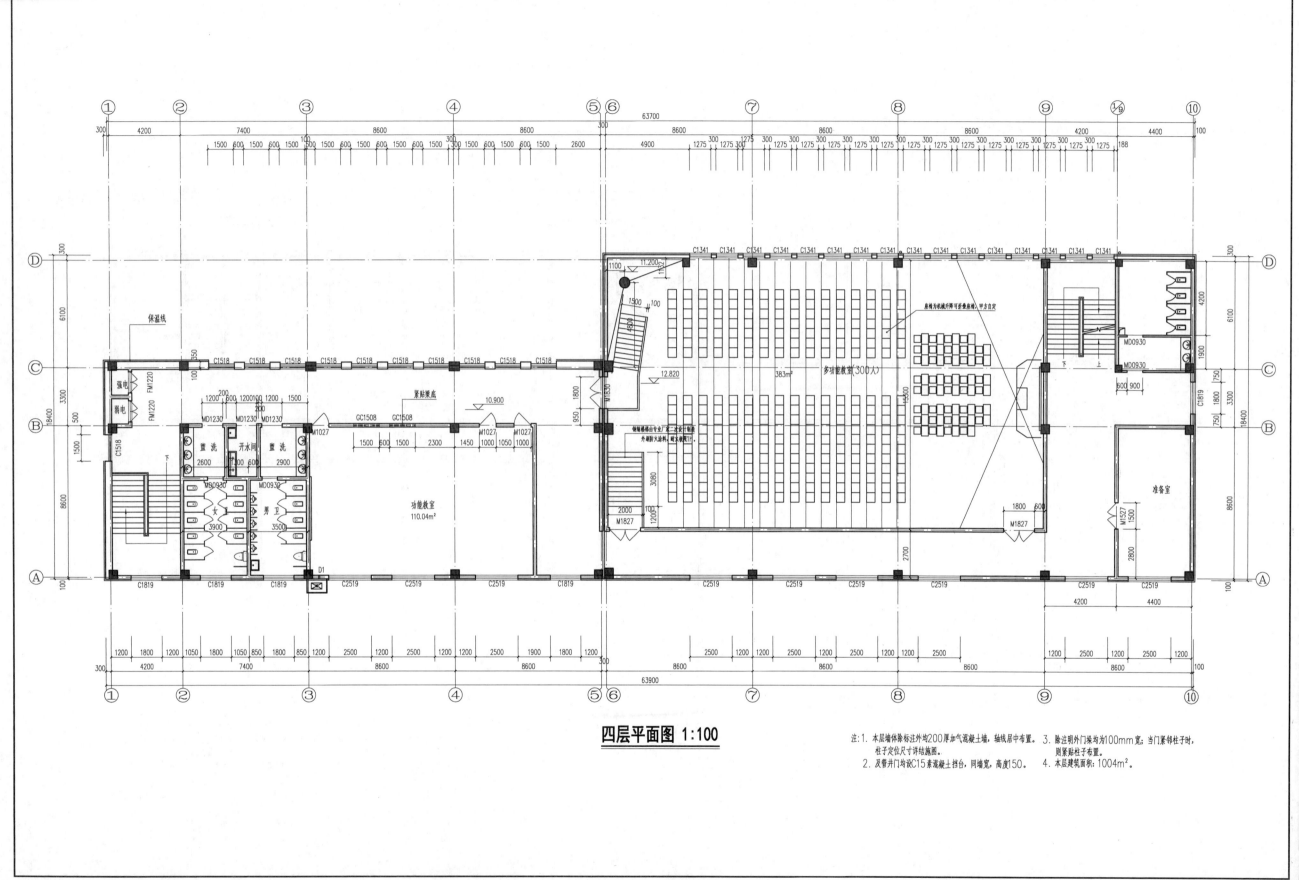

四层平面图 1:100

图 12-6　四层平面图

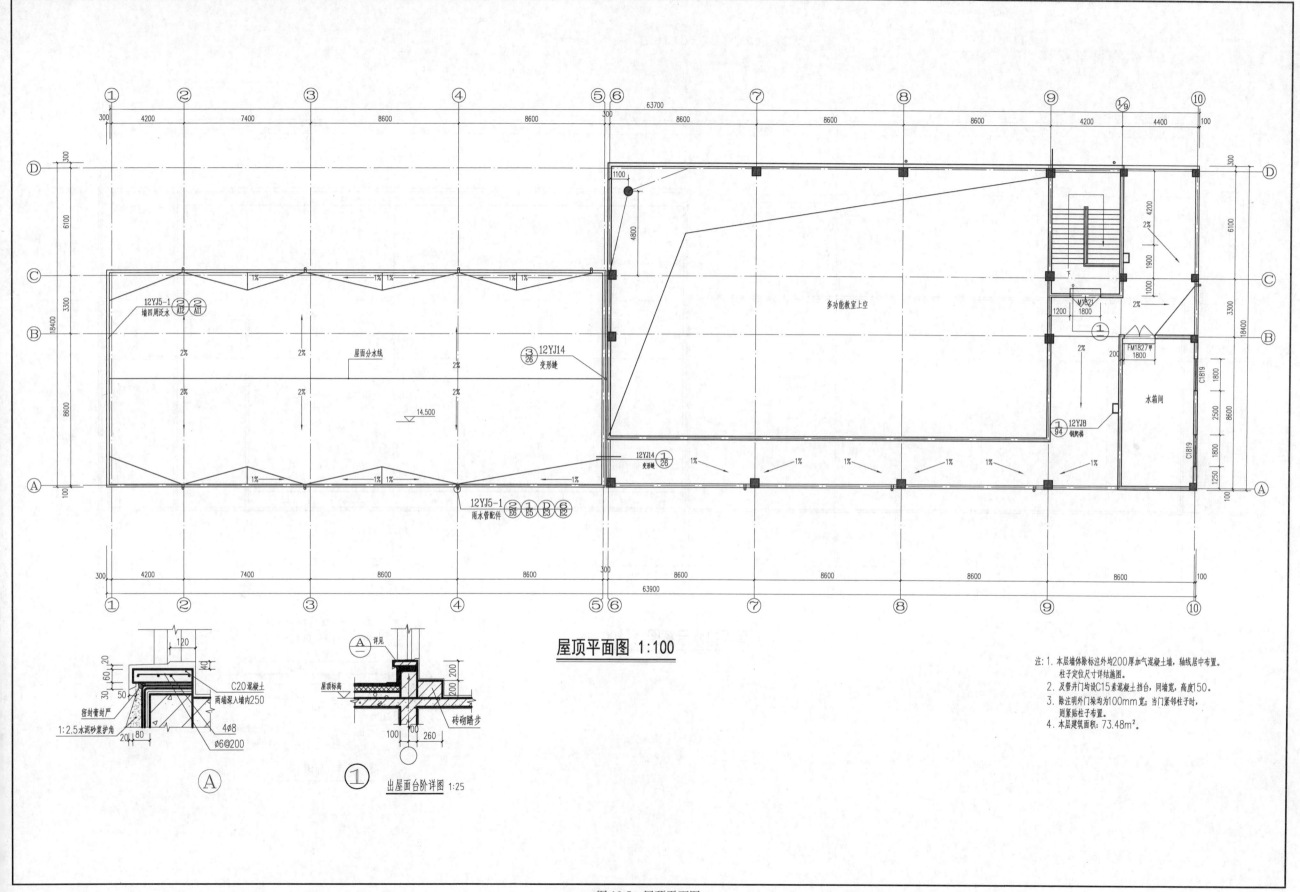

屋顶平面图 1:100

注:
1. 本层墙体除标注外均200厚加气混凝土墙,轴线居中布置。柱子定位尺寸详详结施图。
2. 反普井门均说C15素混凝土挡台,同墙宽,高度150。
3. 除注明外门垛均为100mm宽,当门紧邻柱子时,则紧贴柱子布置。
4. 本层建筑面积:73.48m²。

A

① 出屋面台阶详图 1:25

图 12-7 屋顶平面图

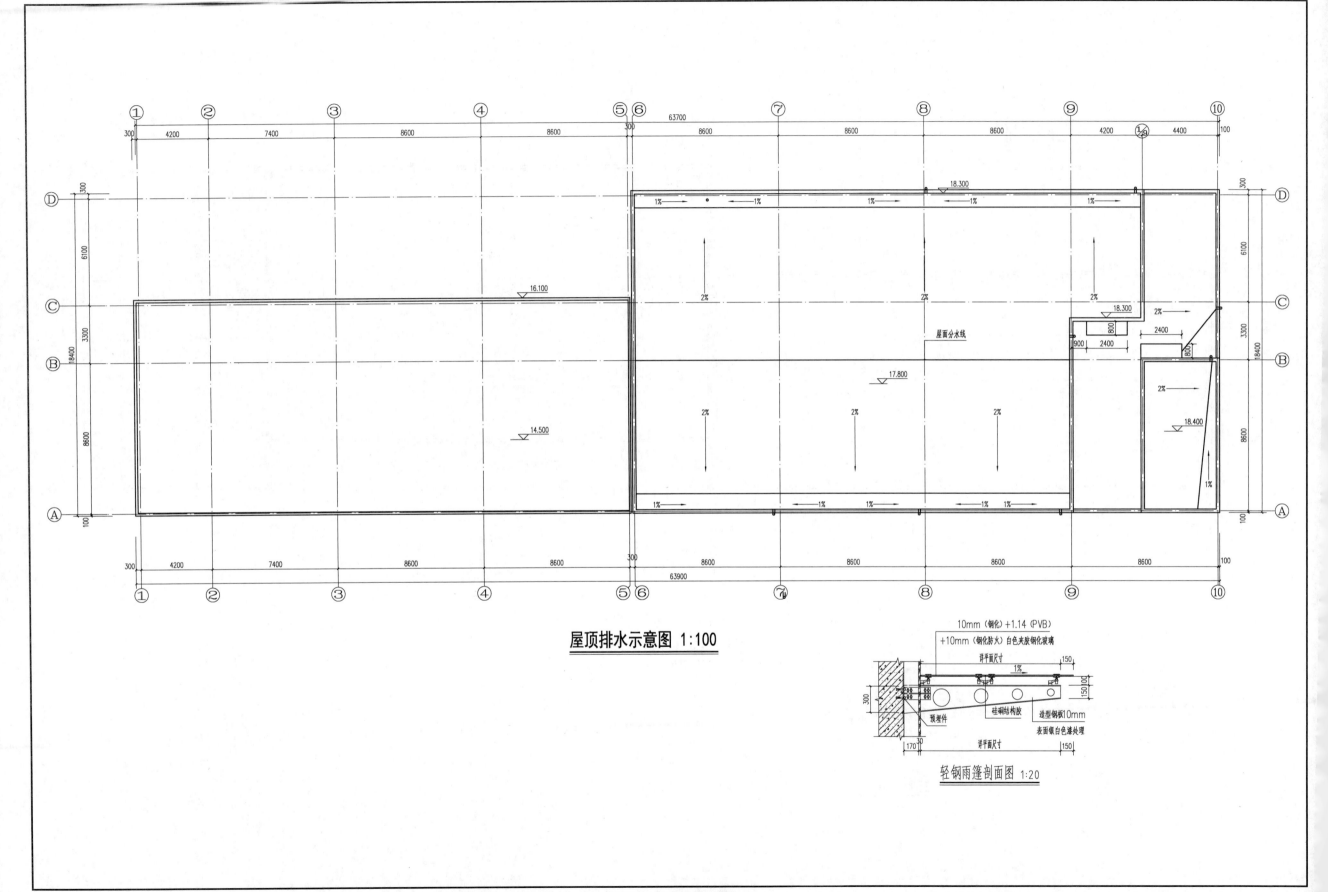

屋顶排水示意图 1:100

10mm（钢化）+1.14（PVB）
+10mm（钢化防火）白色夹胶钢化玻璃
详平面尺寸
硅酮结构胶
造型钢板10mm
表面银白色漆处理
预埋件

轻钢雨篷剖面图 1:20

图 12-8　屋顶排水示意图

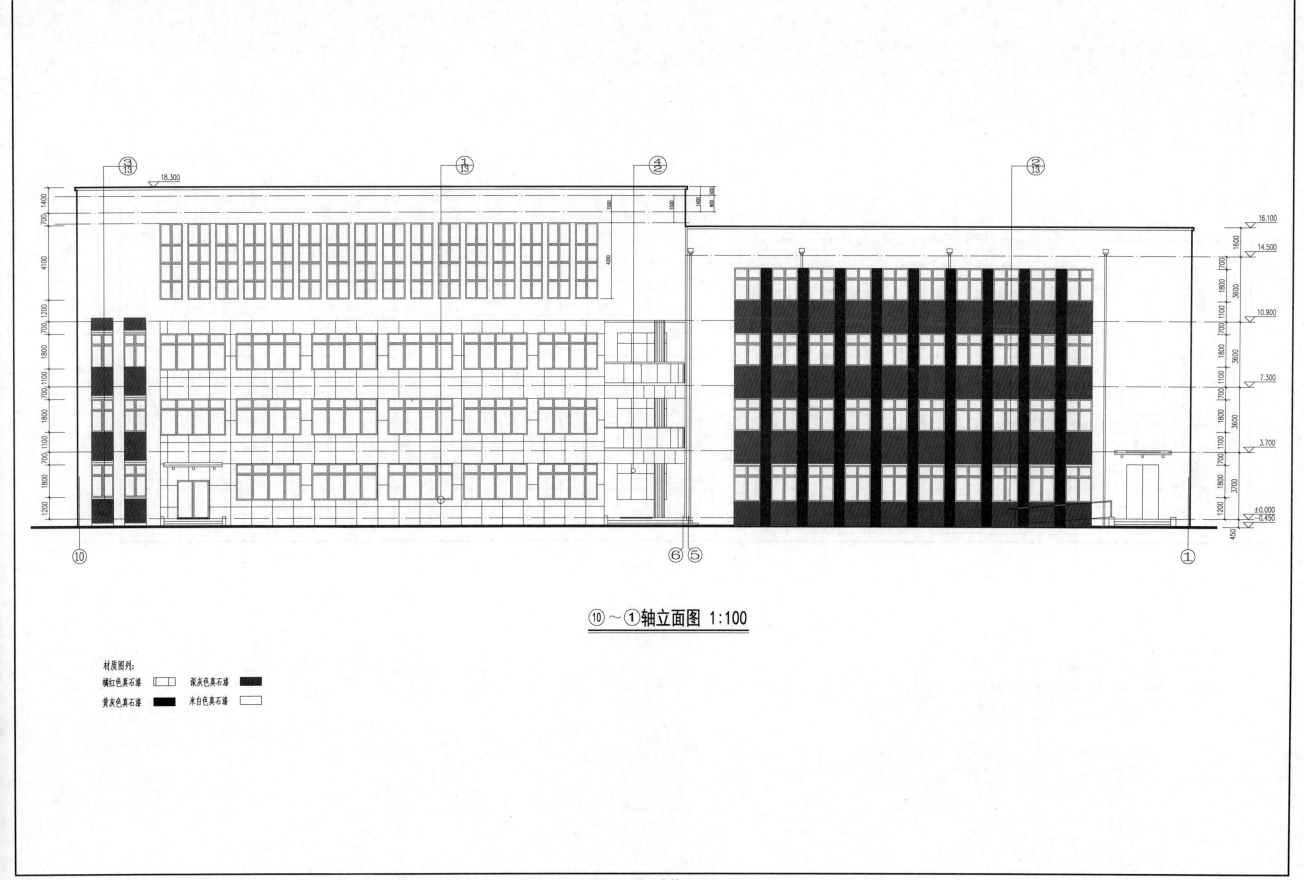

⑩～①轴立面图 1:100

材质图列:
橘红色真石漆 □ 深灰色真石漆 ▨
黄灰色真石漆 ■ 米白色真石漆 □

图 12-9 ⑩～①轴立面图

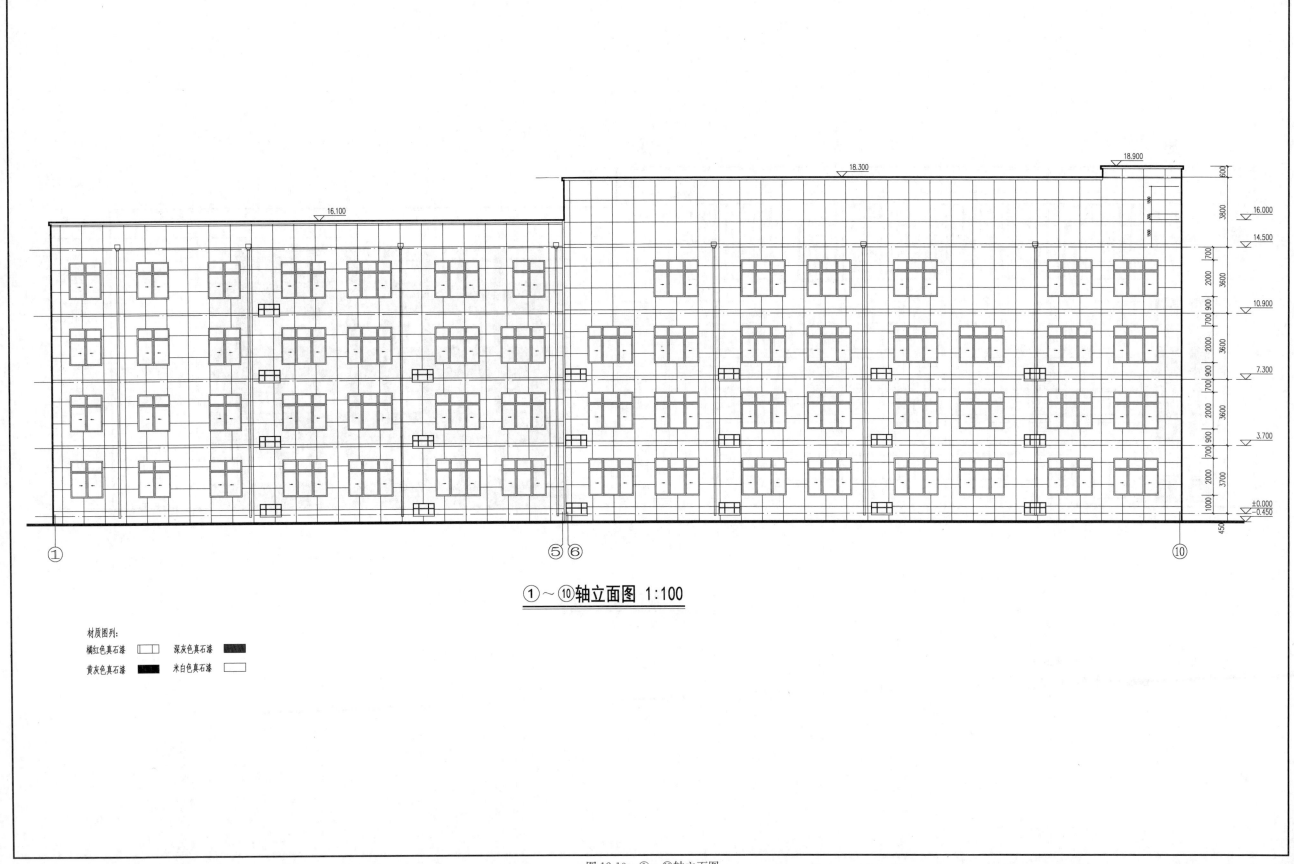

①～⑩轴立面图 1:100

材质图列:
橘红色真石漆　　深灰色真石漆
黄灰色真石漆　　米白色真石漆

图 12-10　①～⑩轴立面图

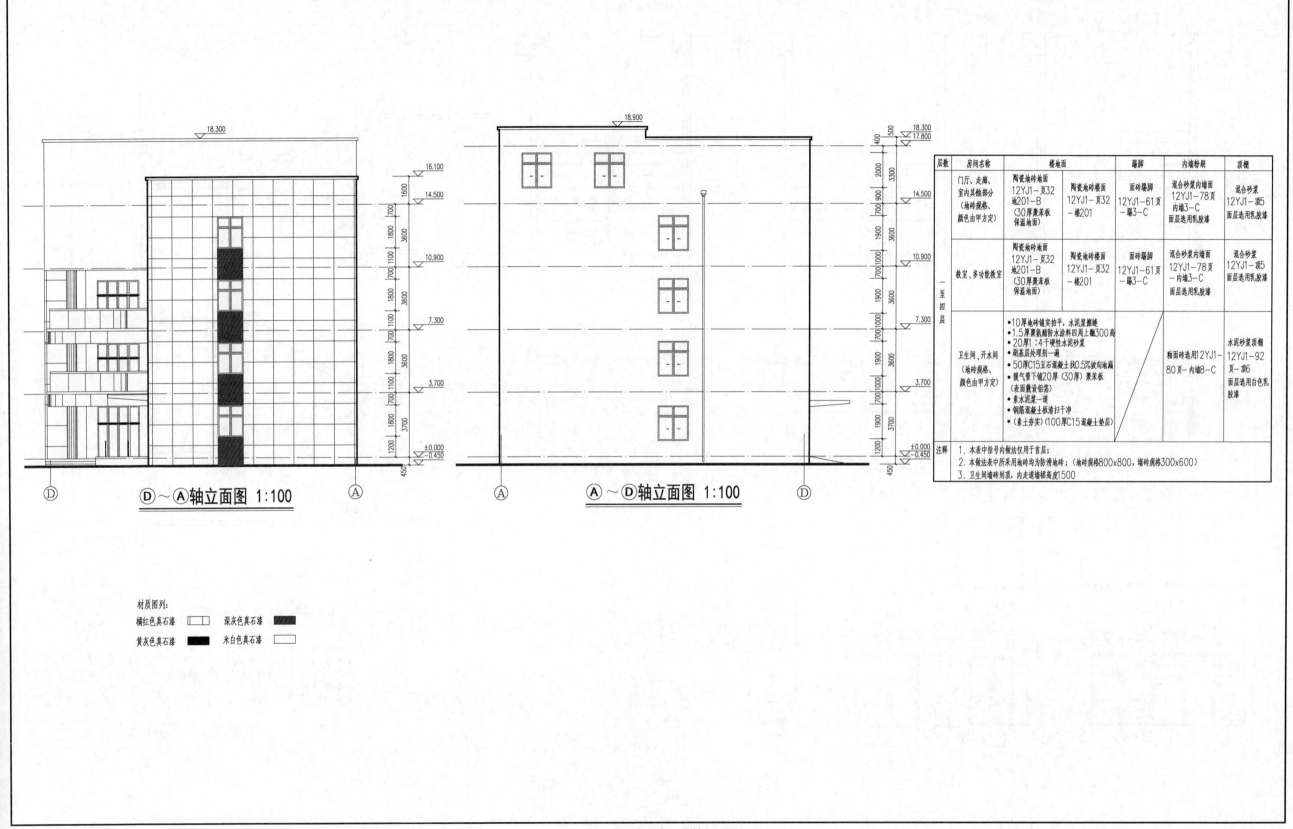

层数	房间名称	楼地面		踢脚	内墙粉刷	顶棚
一至四层	门厅、走廊、室内其他部分（地砖规格、颜色由甲方定）	陶瓷地砖地面12YJ1-页32地201-B（30厚聚苯板保温地面）	陶瓷地砖楼面12YJ1-页32-楼201	面砖踢脚12YJ1-61页-踢3-C	混合砂浆内墙面12YJ1-78页-内墙3-C面层选用乳胶漆	混合砂浆12YJ1-顶5面层选用乳胶漆
	教室、多功能教室	陶瓷地砖地面12YJ1-页32地201-B（30厚聚苯板保温地面）	陶瓷地砖楼面12YJ1-页32-楼201	面砖踢脚12YJ1-61页-踢3-C	混合砂浆内墙面12YJ1-78页-内墙3-C面层选用乳胶漆	混合砂浆12YJ1-顶5面层选用乳胶漆
	卫生间、开水间（地砖规格、颜色由甲方定）	•10厚地砖铺实拍平，水泥浆擦缝•1.5厚聚氨酯防水涂料四周上翻300高•20厚1:4干硬性水泥砂浆•刷基层处理剂一道•50厚C15豆石混凝土找0.5%坡向地漏•暖气管下铺20厚（30厚）聚苯板（表面敷设铝箔）•素水泥浆一道•钢筋混凝土板清扫干净（素土夯实）(100厚C15混凝土垫层)		釉面砖选用12YJ1-80页-内墙8-C		水泥砂浆顶棚12YJ1-92页-顶6面层选用白色乳胶漆
注释	1. 本表中括号内做法仅用于首层； 2. 本做法表中所采用地砖均为防滑地砖；（地砖规格800x800、墙砖规格300x600） 3. 卫生间墙砖到顶，内走道墙裙高度1500					

D～A轴立面图 1:100

A～D轴立面图 1:100

材质图列：

橘红色真石漆 □ 深灰色真石漆 ■

黄灰色真石漆 ■ 米白色真石漆 □

图 12-11　D～A及A～D轴立面图

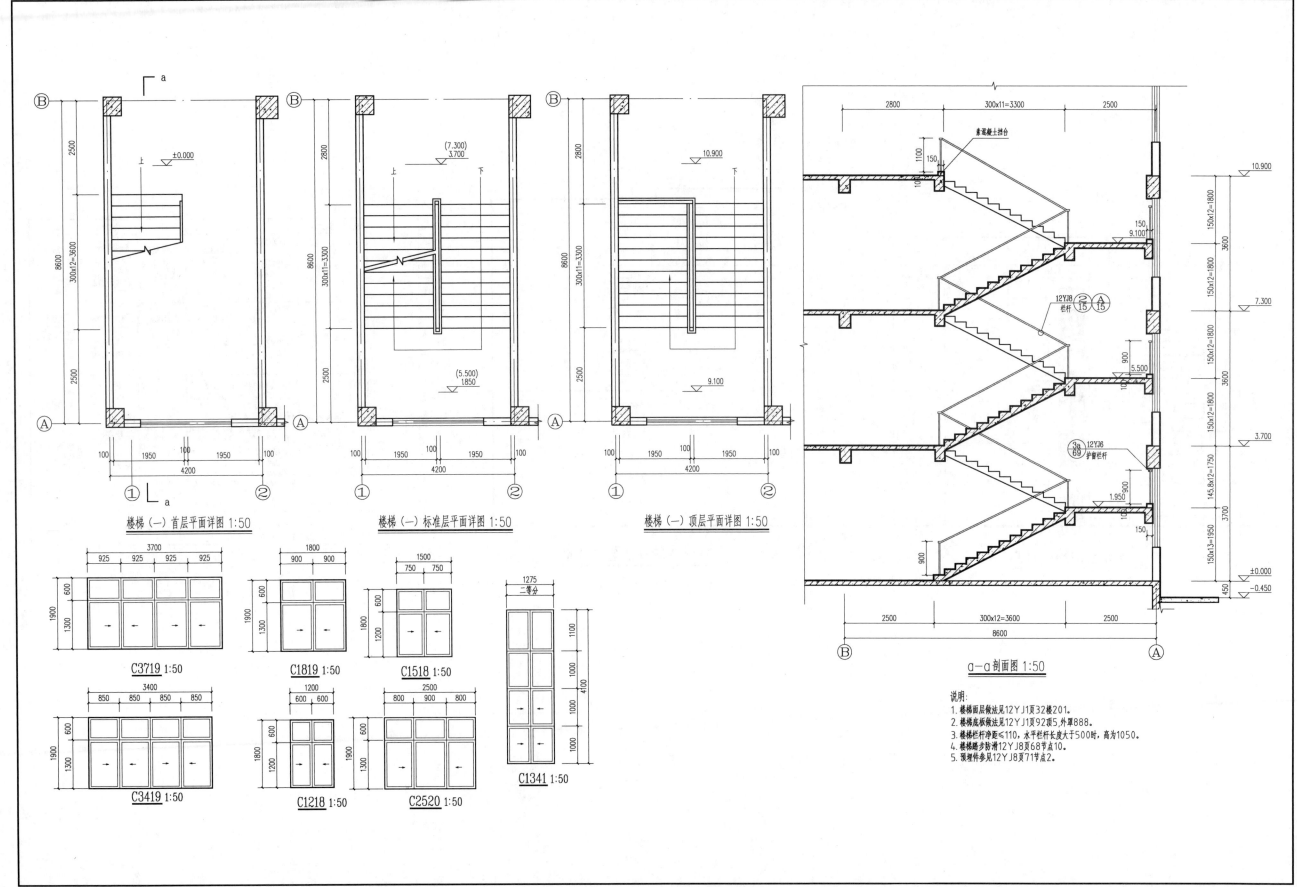

楼梯（一）首层平面详图 1:50

楼梯（一）标准层平面详图 1:50

楼梯（一）顶层平面详图 1:50

C3719 1:50

C1819 1:50

C1518 1:50

C3419 1:50

C1218 1:50

C2520 1:50

C1341 1:50

a—a 剖面图 1:50

说明：
1. 楼梯面层做法见12YJ1页32楼201。
2. 楼梯底板做法见12YJ1页92顶5,外罩888。
3. 楼梯栏杆净距≤110,水平栏杆长度大于500时,高为1050。
4. 楼梯踏步防滑12YJ8页68节点10。
5. 预埋件参见12YJ8页71节点2。

图 12-12 横梯（一）平面详图及剖面图

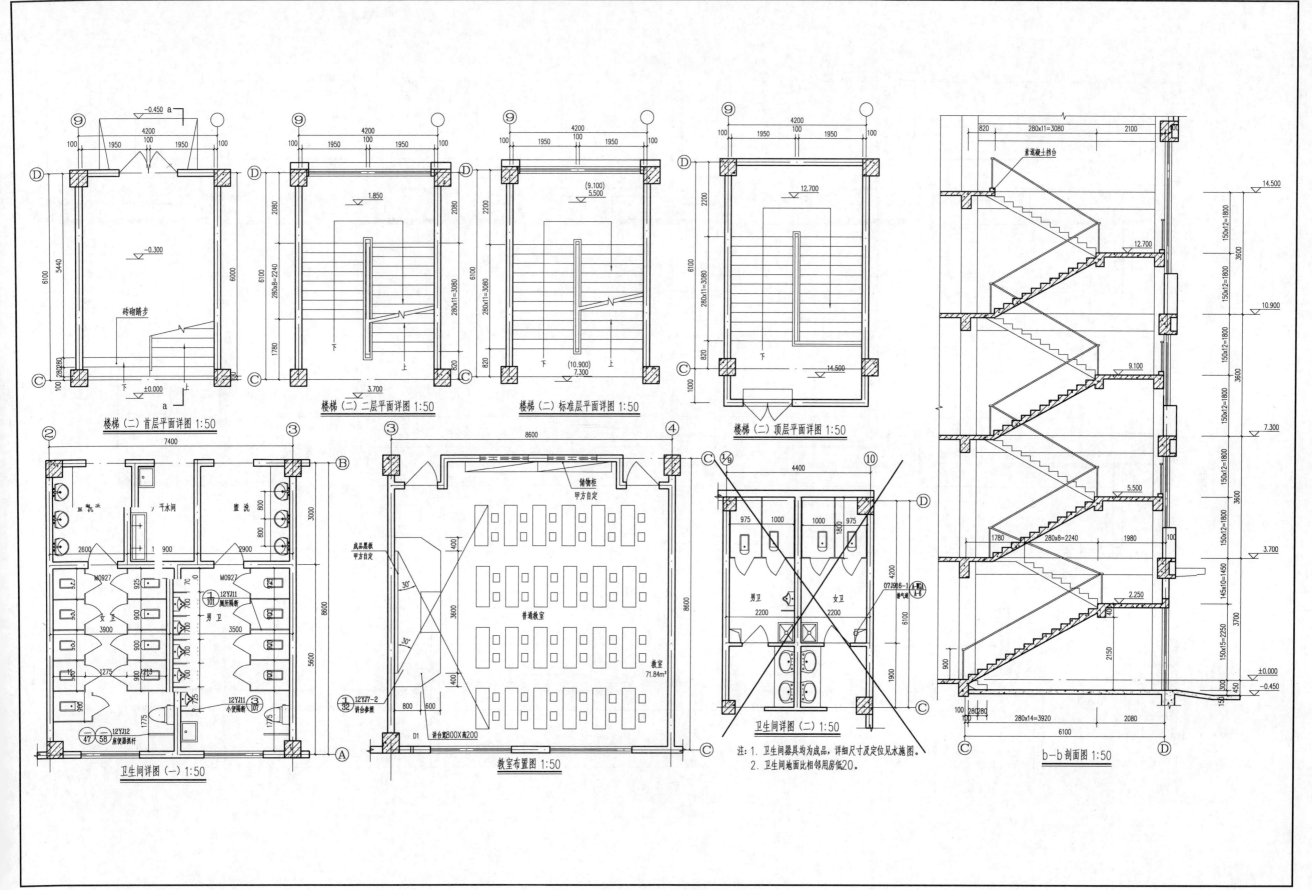

楼梯（二）首层平面详图 1:50

楼梯（二）二层平面详图 1:50

楼梯（二）标准层平面详图 1:50

楼梯（二）顶层平面详图 1:50

卫生间详图（一）1:50

教室布置图 1:50

卫生间详图（二）1:50

注：1. 卫生间器具均为成品，详细尺寸及定位见水施图。
　　2. 卫生间地面比相邻房间用低20。

b—b 剖面图 1:50

图 12-13　各详图及剖面图

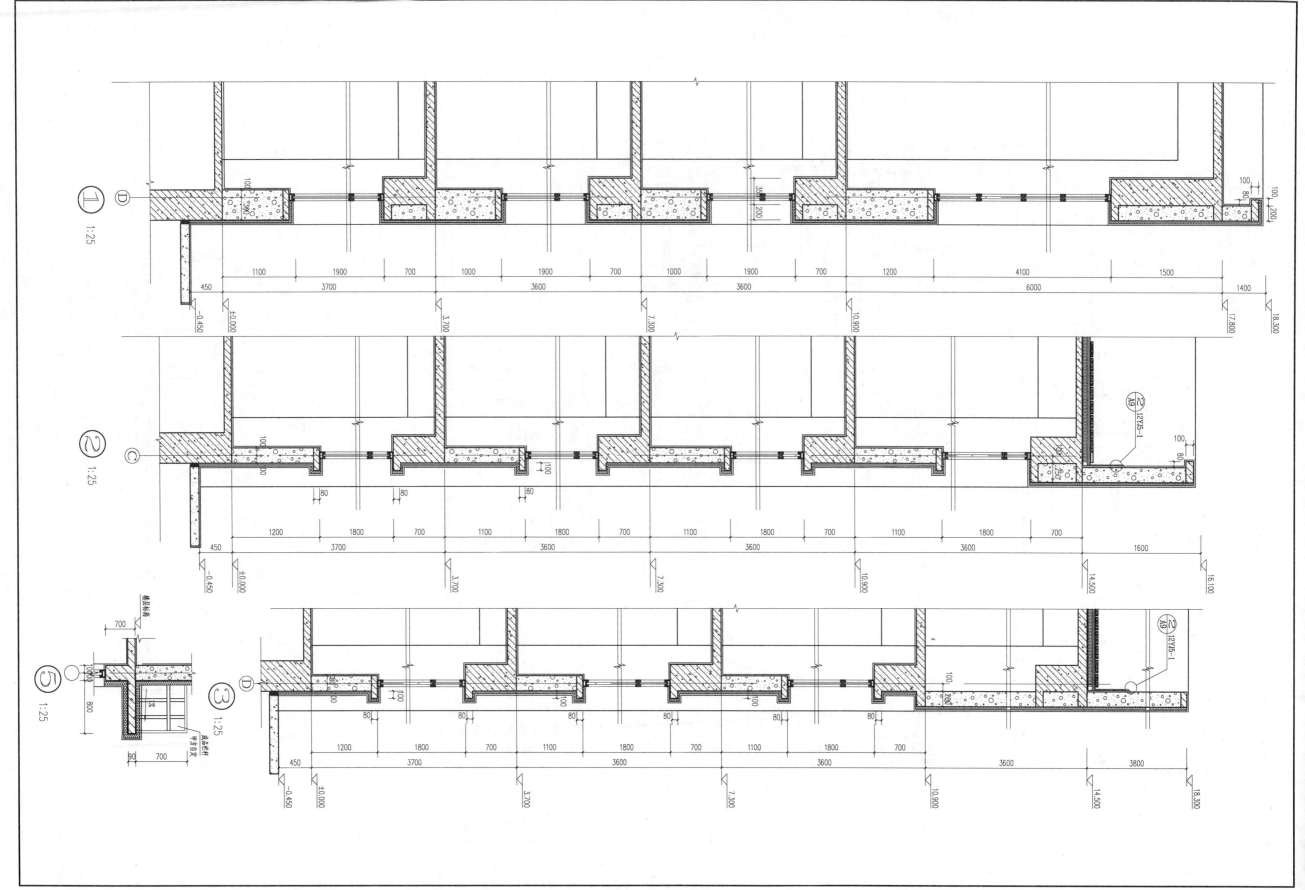

图 12-14　各剖面图